中国工程科技发展战略四川研究院
战略研究与咨询项目丛书

四川绿色生态优势及其转化发展研究

费世民 主编

中国林业出版社
China Forestry Publishing House

图书在版编目（CIP）数据

四川绿色生态优势及其转化发展研究 / 费世民主编. -- 北京：中国林业出版社, 2024.9. -- ISBN 978-7-5219-2910-2

Ⅰ.X321.271

中国国家版本馆CIP数据核字第2024SL3491号

策划编辑：刘先银
责任编辑：张　健
封面设计：北京钧鼎文化传媒有限公司

出版发行	中国林业出版社（100009，北京市西城区刘海胡同7号，电话010-83143621）
电子邮箱	cfphzbs@163.com
网　　址	https://www.cfph.net
印　　刷	河北鑫汇壹印刷有限公司
版　　次	2024年9月第1版
印　　次	2024年9月第1次印刷
开　　本	787mm×1092mm　1/16
印　　张	16.25
字　　数	380千字
定　　价	168.00元

编委会

主　编

费世民

副主编

骆宗诗　叶　兵　王　兵　赖长鸿　苗　壮
林　静　张晋宁　马文宝　徐　嘉

编　委

费世民　骆宗诗　叶　兵　王　兵　赖长鸿
苗　壮　林　静　张晋宁　马文宝　徐　嘉
王纪杰　张革成　宋　放　简　毅　秦　茂
吴　戈　李海天　刘思岑　李升芳　钟绍卓

前言

当今世界正经历百年未有之大变局,人类面临许多共同挑战,特别是生态环境问题,全球气候变化已经是不争的事实,成为21世纪人类发展最大的挑战之一。推动绿色发展,已经成为世界各国的普遍共识和一致行动。中国作为世界上最大的发展中国家,一直秉持生命共同体理念,积极参与全球环境治理,切实履行气候变化、生物多样性等环境相关条约义务。实施生态文明建设战略是我国参与全球治理和坚持多边主义的重要抓手,事关我国发展的全局和长远。

生态文明建设是关系中华民族永续发展的根本大计,以习近平同志为核心的党中央把生态文明建设放在突出地位,融入中国经济社会发展各方面和全过程。2012年党的十八大首次将生态文明纳入"五位一体"总布局,标志着我国在百年的发展过程中,从激进地追求西方模式的现代化转为认同生态文明,是一个巨大的时代性转变。十八届五中全会把"绿色发展"作为五大发展理念之一,实现了从较为消极的"经济发展兼顾生态环境保护"到更为积极的"以绿色生态建设促进经济社会发展"方式的转型,走生产发展、生活富裕、生态良好、绿色发展的文明道路。

党的十九大报告把"坚持人与自然和谐共生"作为习近平新时代中国特色社会主义思想的十四个基本方略之一,要求必须树立和践行绿水青山就是金山银山的理念,坚定走生产发展、生活富裕、生态良好的文明发展道路。十九届五中全会规划了2035年基本实现美丽中国的远景目标,即广泛形成绿色生产生活方式,碳排放达峰后稳中有降,生态环境根本好转。

党的二十大报告指出,必须牢固树立和践行绿水青山就是金山银山的理念,站在人与自然和谐共生的高度谋划发展,协同推进降碳、减污、扩绿、增长,推进生态优先、节约集约、绿色低碳发展,努力建设人与自然和谐共生的美丽中国。尊重自然、顺应自然、保护自然,是全面建设社会主义现代化国家的内在要求。中国式现代化是人与自然和谐共生的现代化。二十大报告将"人与自然和谐共生的现代化"上升到"中国式现代化"的内涵之一,再次明确了新时代中国生态文明建设的战略任务,总基调是推动绿色发展,促进人与自然和谐共生。二十大报告就"建立生态产品价值实现机制,完善生态保护补偿制度"作出具体部署,指明了建设人与自然和谐共生的现代化的发展方向和战略路径。生态产品价值实现是我国生态文明建设的重要抓手,是打造人与自然和谐共生新方案的理论基石,是实现共同富裕的绿色引擎,是发展方式绿色转型升级的关键步骤,同时也是塑造城乡区域协调发展新格局的创新举措。

"生态兴则文明兴,生态衰则文明衰。""自然是生命之母,人与自然是生命共同体。""人的命脉在田,田的命脉在水,水的命脉在山,山的命脉在土,土的命脉在林和草,这个生命共同体是人类生存发展的物质基础。""保护生态环境就是保护自然价值和增值自然资本,就是保护经济社会发展潜力和后劲,使绿水青山持续发挥生态效益和经济社会效益。""良好生态环境是最公平的公共产品,是最普惠的民生福祉。""绿色生态是最大财富、最大优势、最大品牌,一定要做好治山理水、显山露水的文章,走出一条经济发展和生态文明水平提高相辅相成、相得益彰的路子。""让良好生态环境成为人民生活的增长点、成为经济社会持续健康发展的支撑点、成为展现我国良好形象的发力点,让中华大地天更蓝、山更绿、水更清、环境更优美。"……这一系列关于加强生态文明建设的国家重大决策部署都充分体现了绿色发展的生态价值观的诉求,绿水青山既是自然财富、生态财富,又是社会财富、经济财富、文化财富。它们不仅是人类智慧的结晶,也是社会进步的重要标志。

2020年,我国正式宣布将力争2030年前实现碳达峰、2060年前实现碳中和,并将其纳入社会经济发展和生态文明建设总体布局,生态文明建设进入了以降碳为重点战略方向、推动减污降碳协同增效、促进经济社会发展全面绿色转型、实现生态环境质量改善由量变到质变的关键时期。2021年,中共中央办公厅、国务院办公厅印发了《关于建立健全生态产品价值实现机制的意见》,在浙江、江西、贵州、青海、福建、海南等6个省先行开展了试点。"建立生态产品价值实现机制"作为基于绿水青山就是金山银山理念的政策和制度创新,是新时期摆在全国理论和实际工作者面前一项十分重大的理论和实践课题,旨在打通绿水青山转化为金山银山实现路径的政策和制度创新,是推动生态产品价值转化、绿水青山变成金山银山的关键。

2022年3月,党中央首次提出,森林是水库、钱库、粮库、碳库,森林和草原对国家生态安全具有基础性、战略性作用,林草兴则生态兴,这是党中央对林草生态系统具有多重效益的重要论述,更是对森林和草原发挥改善民生福祉作用的充分肯定。

2024年1月,中共中央政治局第十一次集体学习会议指出,绿色发展是高质量发展的底色,新质生产力本身就是绿色生产力。推动新质生产力加快发展,就要牢固树立和践行绿水青山就是金山银山理念,坚定不移走生态优先、绿色发展之路,加快发展方式绿色转型,助力碳达峰碳中和,以绿色发展的新成效不断激发新质生产力。

从"绿水青山就是金山银山"到"良好生态环境是最普惠的民生福祉","绿色生态是最大财富、最大优势、最大品牌"再到森林"四库""林草兴则生态兴""新质生产力本身就是绿色生产力",党中央一系列决策部署,阐述了人与自然之间的反哺关系,强调了自然蕴藏的巨大生态价值、经济价值和社会价值,为推动绿色生态优势转化、发展新质生产力优势指明了方向、提供了根本遵循。

巴山蜀水,自古生态良好、环境优美。四川具有独特的自然生态之美,多彩人文之

前言

韵，地处长江、黄河上游，横跨五大地貌单元，生物资源全国第二，自然保护区全国第一，是全国三大林区、五大牧区之一，又是千河之省，是长江黄河上游重要生态屏障和水源涵养地，在国家生态安全格局中具有突出地位；四川是西部地区的重要大省，是我国人口大省、农业大省、资源大省、经济大省，是支撑"一带一路"建设、长江经济带发展和成渝地区双城经济圈建设的战略纽带与核心腹地，是"稳藏必先安康"的战略要地，在推动绿色发展、维护全国发展大局中具有重要的地位。

作为中华民族两大母亲河长江、黄河上游重要的水源涵养地和补给区，四川绿色生态屏障，既是中国半壁江山的水塔、生物多样性的宝库、未来气候变化的晴雨表和典型的生态与环境脆弱带，也是长江流域产业带发展的保障。四川独特的生态区位特点，决定了其在整个中国生态安全格局中的重要地位。

四川人口多、底子薄、不平衡、欠发达的基本省情没有根本改变，发展不足仍然是最突出的问题，产业结构、区域发展、城乡发展不平衡问题凸显，人口、资源、生态、环境等与社会经济发展面临诸多挑战。同时，也面临难得的发展机遇，生态文明建设、"一带一路"、全面推进乡村振兴、新一轮西部开发开放和长江经济带、成渝地区双城经济圈建设以及实施碳达峰碳中和等国家重大战略、国家重大布局、国家重大政策，在四川交汇叠加，绿色生态转化发展潜力和空间巨大。

20世纪80年代末，四川省委、省政府作出"绿化全川"重大决定；20世纪90年代末，提出建设长江上游生态屏障，开始谋划和启动一系列措施，启动实施天然林资源保护、退耕还林（还草）、长江防护林建设、水土保持等工程。"十二五"以来，按照四川省人民政府《关于加快城乡绿化工作的决定》要求，启动实施"天保"二期工程和新一轮退耕还林工程，积极开展森林城市、绿化模范县、园林城市、生态县（区）等创建，不断强化森林、草原、湿地、荒漠、农田等生态系统保护和修复，国土绿化和生态建设步伐进一步加快，长江上游生态屏障建设稳步推进，绿色生态基础进一步夯实。

2016年7月，四川省委《关于推进绿色发展建设美丽四川的决定》提出，"把良好的生态优势转化为生态农业、生态工业、生态旅游等产业发展优势……开展大规模绿化全川行动，实施造林增绿和森林质量提升工程。"明确提出了构建绿色发展空间体系、绿色低碳产业体系、新型城乡体系、绿色发展制度体系等"四大体系"。2018年出台了《中共四川省委关于全面推动高质量发展的决定》，明确提出新时代治蜀兴川的总体战略要求，要认真落实习近平总书记对四川工作系列重要指示精神，提出建设经济强省，促进区域协调发展，全方位提升开放型经济水平，激发改革创新动力活力，坚持生态优先、绿色发展，坚持质量第一、效益优先，全面推动高质量发展。2021年4月，根据中共中央办公厅、国务院办公厅印发的《关于建立健全生态产品价值实现机制的意见》，四川作为中国西部资源大省、生态大省，坚持绿水青山就是金山银山理念，推进生态产业化和产业生态化，围绕建立健全生态产品价值实现机制，开始在大邑县、米易县、宣汉县、洪雅县、邛崃市、色达县、广元市、营山县、宝兴县、万源市、中江县、屏山县、盐边县、巴中市等启动生态产品价值实现机制试点。2021年12月，四川省委《关于以实现碳达峰碳中和目标为引领推动绿色低碳优势产业高质量发展的决定》提出，"加快把四川建设成为全国重要的先进绿色低碳技术创新策源地、绿色低碳优势产业集中承载区、实现碳达峰碳中和目标战略支撑区、人与自然和谐共生绿色发展先行区。"

四川是长江上游重要的水源涵养地、黄河上游重要的水源补给区，也是全球生物多样性保护重点地区，要把生态文明建设这篇大文章做好。四川是我国发展的战略腹地，在国家发展大局，特别是实施西部大开发战略中具有独特而重要的地位。要增强大局意识，牢固树立上游意识，坚定不移贯彻共抓大保护、不搞大开发方针，筑牢长江上游生态屏障，守护好这一江清水。要以更高标准打好蓝天、碧水、净土保卫战，积极探索生态产品价值实现机制，完善生态保护补偿机制，提升生态环境治理现代化水平。

绿色，生命的颜色，财富的底色。绿色是可持续发展的必要条件和人民对美好生活追求的重要体现，绿色生态是构成陆地自然生态系统的主体，绿色生态是"绿水青山"的绿色本底，是"金山银山"的生态基础。从四川的情况看，林木覆盖率51.84%、森林覆盖率35.72%、草原综合植被盖度82.57%、湿地保护率57%，全省绿色生态资源在全国排名位居前列，绿色生态空间在全国排名第5位，在西部排名第4位。可见，四川是全国的生态大省，作为全国生态文明建设优先区，四川最大的优势是绿色生态，最大的资源是绿色生态，最大的财富是绿色生态。

四川的生态与发展如同一条扁担的两头，一头挑着绿水青山，一头挑着金山银山。如何让绿水青山和金山银山画上等号、如何把四川的绿色生态优势转化成绿色发展优势，是政府重视和社会关注的重大问题。

绿色是四川发展的最大本钱，生态是四川发展的最佳引擎，绿色生态是四川发展的最大优势。在新时代新形势下，四川应围绕国家生态文明战略和高质量发展战略，按照长江黄河上游生态屏障建设和长江经济带建设的新要求，把握国家"双碳"战略、森林"四库"论断的挑战和机遇，坚定生态优先、绿色发展，坚持质量第一、效益优先，大力发展生态经济，转变发展方式，守住生态红线，从"绿色端"推进供给侧结构性改革，找准解决生态保护和经济发展之间的矛盾的着力点和突破口，创新探索绿色生态优势转化发展的技术、经济、政策途径，推进生态产业化和产业生态化，把绿色生态优势转化为发展优势，推进生态产品价值实现，使绿水青山释放出巨大生态效益、经济效益、社会效益，为子孙后代留下绿水青山、蓝天净土，为推进人与自然和谐共生现代化、建设美丽四川奠定绿色发展基础。

编　者

2024年7月

目 录

前 言

1 绿色生态相关研究与实践进展 ··· 1

1.1 绿色生态相关概念 ·· 2
  1.1.1 生态空间 ·· 3
  1.1.2 绿色生态 ·· 4
1.2 绿色生态相关研究与实践现状 ·· 6
  1.2.1 绿色生态价值评估相关研究和实践 ······································· 6
  1.2.2 生态产品价值实现相关研究和实践 ······································· 10
  1.2.3 绿色GEP（生态系统生产总值）核算相关研究和实践 ·············· 41
  1.2.4 绿色生态转化相关研究和实践 ··· 43

2 推进绿色生态转化的时代背景 ··· 47

2.1 绿水青山就是金山银山是绿色生态转化的高度概括 ··································· 48
2.2 绿色生态转化在决胜全面建成小康社会中的独特优势 ································ 49
2.3 绿色生态转化肩负着建设人与自然和谐共生的美丽中国的历史使命 ·············· 52
  2.3.1 绿色转彩化、资源转效益推进美丽中国建设和全面乡村振兴 ······ 52
  2.3.2 绿色生态转化为经济价值凸显发展优势 ································· 55
2.4 绿色生态转化发展推动形成新质生产力 ·· 59

3 四川绿色生态优势分析 ·· 67

3.1 四川绿色生态的战略地位 ·· 68
  3.1.1 地理区位独特 ··· 68

	3.1.2	自然条件复杂多样	68
	3.1.3	生态地位突出	69
	3.1.4	社会经济稳中有进	70
	3.1.5	四川绿色发展的战略地位	71
3.2	四川绿色生态空间数量分析		73
	3.2.1	森林资源	74
	3.2.2	湿地资源	76
	3.2.3	草地资源	79
	3.2.4	荒漠化土地	82
	3.2.5	生物资源	84
	3.2.6	小结	85
3.3	绿色生态空间（GES）分布格局		86
	3.3.1	绿色生态空间分布	86
	3.3.2	绿色生态空间承载格局	89
	3.3.3	绿色生态空间区域格局	91
3.4	绿色生态供给能力分析		92
	3.4.1	绿色生态供给数量分析	92
	3.4.2	绿色生态供给质量分析	94
	3.4.3	绿色生态供给均衡结构	96
	3.4.4	绿色生态产业（林草产业）结构	97
	3.4.5	绿色生态产品供给存在的问题	99
	3.4.6	小结	100
3.5	总结		101

4 四川绿色生态价值评估   103

4.1	四川绿色生态效益监测评估		104
	4.1.1	生态效益监测方法	104
	4.1.2	评估指标和方法	110
	4.1.3	林业生态服务功能监测与评估结果	119
4.2	绿水青山指数		124
	4.2.1	评价思路与原则	125
	4.2.2	绿色生态指数构建	126
	4.2.3	青山绿水指数构建	131

4.2.4 数据来源···131
　　4.2.5 结果分析···131
　　4.2.6 结论和建议···135

5 四川绿色生态优势转化发展策略···139

5.1 绿色生态转化的实践案例分析···140
　　5.1.1 国外的典型案例···142
　　5.1.2 国内的典型案例···151
5.2 绿色生态转化路径···173
　　5.2.1 生态产品价值实现路径···173
　　5.2.2 绿色生态转化路径··179
5.3 绿色生态转化优势转化发展面临的战略形势···185
　　5.3.1 国家战略··186
　　5.3.2 区域战略··188
5.4 绿色生态转化优势转化发展面临的挑战···192
　　5.4.1 科技支撑挑战··192
　　5.4.2 经济支持挑战··194
　　5.4.3 政策保障挑战··197
5.5 绿色生态转化优势转化发展的路径···198
　　5.5.1 森林"四库"建设···200
　　5.5.2 生态产品价值实现··209
　　5.5.3 推进绿色生态转化成效考核··219
5.6 绿色生态转化优势转化发展的对策建议···232

参考文献··241

后　记··249

绿色生态相关研究与实践进展

1.1 绿色生态相关概念

通过文献查询，检索、收集中国知网核心期刊、CSSCI来源期刊、CSCD来源期刊、博硕士学位论文等国内外绿色生态相关文献资料，得到来自56种期刊、以"绿色生态"为关键词的科技文献1260篇，其中学术期刊1000篇，学位论文29篇，会议文献35篇。主要包括国土空间、生态空间、绿色生态空间、生态产品价值实现、生态转化等相关研究。"发展、保护、产品、产业、补偿"等词汇出现的频率较大，逐步成为当前研究的重点和热点。保护和利用自然资源，发展生态产业、生产生态产品，对产权、碳汇等指标交易或生态产品的开发、生态补充、生态治理与修复，提升拓展绿色生态资源的生态服务价值。

绿色生态相关研究在2004前发文量较少，2005—2010年发文量增长较快，2010年以后每年稳定在50篇以上，2018—2023年每年发文量超过80篇（图1-1）。究其原因，2018年5月召开的全国生态环境保护大会提出，"要加快构建生态文明体系"，并建立"反映市场供求和资源稀缺程度、体现生态价值、代际补偿的资源有偿使用制度和生态补偿制度"。这引发了学者对绿色生态转化的广泛关注。

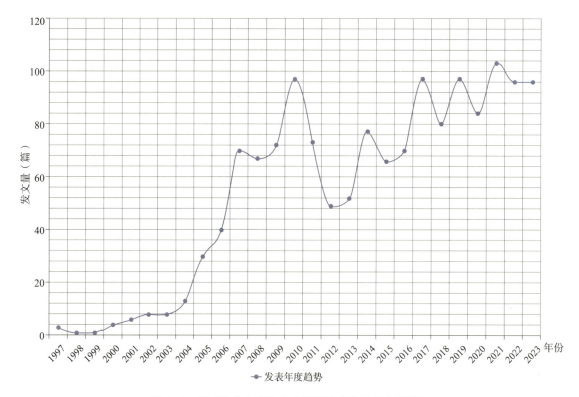

图1-1 以"绿色生态"为关键词检索的科技文献情况

以森林生态产品价值研究为例,近10年的关键词共现图,如图1-2所示。图谱关系线颜色由深蓝向橙红的过渡代表着时间的演进顺序。图1-2中,节点数N=285,连线E=492,出现了生态产品、价值实现、生态补偿、森林、森林汇碳等字号较大的关键词,表明这些关键词在森林生态产品价值实现文献中出现的频率较高,是森林生态产品价值实现领域研究的核心问题。其他关键词,如森林生态、机制等也有学者关注。图中生态产品与价值实现的节点颜色主要呈现橙红色,说明相关话题在最近几年受到的关注较多。

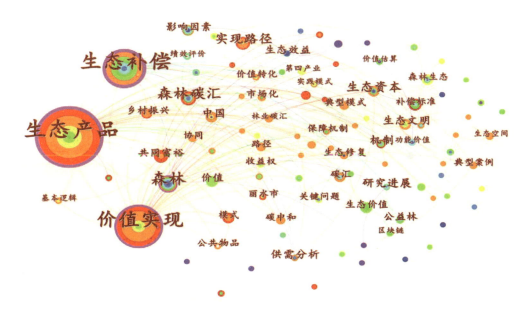

图1-2 近10年森林生态产品价值研究关键词共现图

1.1.1 生态空间

生态空间一词最早大致始于18世纪60年代欧洲地区工业革命引发的公众健康问题,由提出的科学保护和规划自然系统"绿色空间"衍化而来,它的起始本义指的是所有绿色植被覆盖的土地类型(含农用地)及具有植被覆盖和自然、享乐功能的开敞空间。Gause(1934)首次提出生态空间这一概念后,Ian、McHarg将其内涵由自然条件及生物行为的空间范围扩展至人类生态系统。中国学者1981年开始引入生态空间的研究。

从内涵上讲,生态空间的概念无论是从学术研究还是从行政管理来说,都处于起步阶段,缺少必要的基础理论与核心关键技术,前者更多是从生态系统的类型及要素出发,强调的是生态系统的空间载体,而后者主要区别于城镇、农业空间,强调其相对独立的范围或空间,侧重用地属性和生态功能,相同点是两者都趋向于提供生态系统服务功能的区域空间。生态空间的类型丰富多样,具有空间性、复杂性和多样性的特点。从概念来讲,必须要搞清楚广义和狭义生态空间两个概念。其实就广义生态空间而言,在人类诞生之前,地球生态系统就是最大的生态空间,随着人类社会的不断向前发展,地球生态空间也逐渐演变为城镇空间、农业空间和自然生态空间的大格局，类似于现在的国土空间。因此，生态空间（国土空间）景观格局发展至今天，已经化整为零，开枝散叶，其含义也已经发生了彻底的变化，需要重新梳理、定义。

广义生态空间，指以提供生态系统服务或生态产品为主体功能，为城镇空间和农业空间可持续发展提供基础保障的国土空间，包涵自然生态空间、城镇生态空间和农业生态空间三大类型。

狭义生态空间，就是指我们平常所说自然生态空间，又分为广义和狭义自然生态空间两个概念。

广义自然生态空间，指具有自然属性、以提供生态服务或生态产品为主体功能的国土空间，为城镇空间和农业空间的可持续发展提供基础保障，包括森林、草原、湿地、河流、湖泊、滩涂、岸线、海洋、荒地、荒漠、戈壁、冰川、高山冻原、海岛等。

狭义自然生态空间，指生物维持自身生存与繁衍需要一定的环境条件，一般是处于宏观稳定状态的某物种所需要或占据的环境总和。

新一轮机构改革后，林业部门在森林、湿地、荒地荒漠的基础上，接收了草原、自然保护区、地质公园、地质遗迹、风景名胜区。至此，国土空间治理由自然资源、生态环境部门总体负责，农业空间、城镇空间成为农业农村和住建部门的主阵地，生态空间治理成为林草部门的主阵地。从生态空间治理角度出发，生态空间又分为永久生态空间和一般生态空间。永久生态空间其实和生态保护红线息息相关，在中共中央办公厅、国务院办公厅《关于划定并严守生态保护红线的若干意见》中，生态保护红线是指在生态空间范围内具有特殊重要生态功能、必须强制性严格保护的区域，是保障和维护国家生态安全的底线和生命线，通常包括具有重要水源涵养、生物多样性维护、水土保持、防风固沙、海岸生态稳定等功能的生态功能重要区域，以及水土流失、土地沙化、石漠化、盐渍化等问题的生态环境敏感脆弱区域。因此，永久生态空间和一般生态空间也可以定义为：

永久生态空间，指在生态空间范围内具有特殊重要生态功能、必须强制性严格保护的区域，也就是生态保护红线范围内的空间区域。

一般生态空间，指除永久生态空间范围外的所有生态空间。

生态空间是维护区域可持续发展的重要组成部分，是国土空间规划体系的核心领域。生态空间的概念必须具备三大属性，一是自然属性，以森林、草原、湿地和荒漠等自然生态系统为主，区别于农业、城镇人工生态系统；二是功能属性，以提供生态产品或生态系统服务为主导功能的国土空间，在土地使用上具有生态属性；三是作用属性，为城镇空间、农业空间的可持续发展提供基础保障。

1.1.2 绿色生态

随着生态文明建设的推进，绿色生态一词愈来愈多地被使用，但绿色生态的概念比较模糊。在相关文献中，多把绿色生态看作为森林、草地生态系统或森林、草原、湿地生态系统，其中，刘珉、胡鞍钢（2012）提出并界定了"绿色生态空间（Green Ecological Space，GES）"的概念，即指森林、草地、湿地的面积总和。2017年，《自然生态空间用途管制办法（试行）》首次明确了自然生态空间的内涵，即具有自然属性、以提供生态产品或服务为主导功能的国土空间。基于"三生"空间划分的考虑，生态空间涵盖除农业空间、城镇空间之外的所有国土空间。从提供生态产品多寡来划分，生态空间又可以分为绿色生态空间和其他生态空间两类。绿色生态空间主要是指林地、水面、湿地、内海，有些是人工建设的如人工林、水库等，更多的是自然存在的如河流、湖泊、森林等。

因此，可以把绿色生态定义为一定区域内森林生态系统、湿地生态系统、草地生态系统及其生物多样性的总称。森林生态系统、湿地生态系统、草地生态系统及其生物多样性，构成陆地自然生态系统的主体框架，维持着地球的生态平衡。绿色生态空间则是城乡发展的绿色基底和生态基础，其协同联系"山水林田湖草沙"各生态系统构成生命共同体的主体，是动植物和自然生态多种过程的空间载体，同时也是人类进行社会经济活动的场所，与城乡生态经济社会发展息息相关。

根据生态学的生态系统服务理论，联合国《千年生态系统评估报告》就将地球生态系统的服务划分为供给、调节、文化、支持四大类23种。其中，供给服务指的是食物、淡水、燃料、纤维、基因资源、生化药剂等；调节服务指的是气候调节、水文调节、疾病控制、水净化、授粉等；文化服务指的是精神和宗教价值、审美、教育、激励、娱乐与生态旅游等；支持服务指的是土壤形成、养分循环、初级生产、制造氧气、提供栖息地等。著名环境哲学家罗尔斯顿也将生态系统服务的价值确定为生态价值、经济价值、精神价值三大类至少15种，即生命支撑价值、经济价值、消遣价值、科学价值、审美价值、使基因多样化的价值、历史价值、文化象征的价值、塑造性格的价值、多样性与统一性的价值、稳定性与自发性的价值、辩证的价值、生命价值、宗教价值。

绿色是生命的象征，是大自然的底色，符合人民群众的期盼和愿望。良好生态是人类生产生活赖以永续生存与发展的基本条件，本身蕴含着无穷的经济价值，能够源源不断创造综合效益。绿色生态是最大财富、最大优势、最大品牌，一定要保护好，做好治山理水、显山露水的文章。党的十九大首次将"必须树立和践行绿水青山就是金山银山的理念"写入大会报告。《中国共产党章程》总纲中明确指出，树立尊重自然、顺应自然、保护自然的生态文明理念，增强绿水青山就是金山银山的意识。绿水青山就是金山银山的绿色发展观，是马克思主义中国化的新概括，发展了马克思主义的生态观。绿水青山既是自然财富、生态财富，又是社会财富、经济财富，应在发展中保护，在保护中发展，实现经济社会发展与人口、资源、环境相协调，让良好生态环境成为人民生活改善的增长点、成为经济社会持续健康发展的支撑点、成为展现我国良好形象的发力点。在我国经济由高速增长阶段转向高质量发展阶段的过程中，坚持生态优先、绿色发展，必须坚定不移走出一条生产发展、生活富裕、生态良好的文明发展道路。

可见，绿色是可持续发展的必要条件和人民对美好生活追求的重要体现，绿色生态是构成陆地生态系统的主体，集生态效益、经济效益、社会效益于一体，是建设和保护自然生态系统的主体，是社会生态产品的最大生产车间，是发展绿色经济的根本，是生态文化的主要源泉和重要阵地，是绿色发展的优势和潜力所在。

1.2 绿色生态相关研究与实践现状

1.2.1 绿色生态价值评估相关研究和实践

1.2.1.1 生态系统服务价值

生态服务价值是指人类直接或间接从生态系统得到的利益，主要包括向经济社会系统输入有用物质和能量、接受和转化来自经济社会系统的废弃物，以及直接向人类社会成员提供服务（如人们普遍享用洁净空气、水等舒适性资源）。

生态系统服务与人类存在着动态的相互作用关系，一方面人们努力提高生产和生活水平，可能会促使对生态系统的过度利用，进而导致生态系统结构发生变化和服务能力下降；另一方面，人们对美好环境的向往和对可持续发展目标的追求，需要保护和恢复生态系统及其服务能力。为了科学地理解生态系统保护和利用之间的矛盾，最好的途径是量化生态系统服务，从而使决策者和公众能够清晰地看到一个健康生态系统为人类提供的巨大服务，以及一个受损的生态系统所带来的巨大损失。

生态系统服务价值评估可以提高人们的生物多样性保护意识和对"自然资源有价"的认识，进而重视生物多样性保护与可持续利用，促进将自然资源纳入国民经济核算体系，纠正当前一些地方"唯GDP论"的错误导向，推动经济社会的可持续发展。

20世纪90年代以来，生态系统服务价值评估成为研究热点，生态系统服务价值评估从单一食物、燃料等物质产品经济价值的核算，发展到气候调节、水源涵养等生态价值以及包含社会、经济、生态价值的生态系统服务价值核算。学者们从生态系统服务价值的内涵和体系、评估对象、评估方法及评估尺度等方面开展研究，取得较丰硕成果。

Costanza等（1997）关于全球生态系统服务与自然资本价值估算的研究工作，进一步有力地推动和促进了关于生态系统服务的深入、系统和广泛研究。在测算全球生态系统服务价值时，首先将全球生态系统服务分为17类子生态系统，采用或构造了物质量评价法、能值分析法、市场价值法、机会成本法、影子价格法、影子工程法、费用分析法、防护费用法、恢复费用法、人力资本法、资产价值法、旅行费用法、条件价值法等一系列方法分别对每一类子生态系统进行测算，最后进行加总求和，计算出全球生态系统每年能够产生的服务价值。每年的总价值为16万亿~54万亿美元，平均为33万亿美元。33万亿美元是1997年全球GNP的1.8倍。但评估结果存在一定误差，如耕地价值评估过低（Niquisse et al., 2017）。2014年，针对早期核算的不足，Costanza改变单位值，重新估算全球生态服务价值，得出1997—2011年14年间因土地利用变化全球生态系统服务损失为4.3万亿~20.2万亿美元/年。Groot（2012）采用全球300多个生态系统服务价值研究案例，对草原、热带雨林、海岸系统等10个主要生态系统的服务价值进行评估。Lavoie等（2016）采用MACBETH方法，估算了魁北克城1347个湿地综合体的生态服务价值。国内学者在空间尺度上的评估主要集中于区域范围，如赵景柱等（2003）测算了中国、法国、美国等13个国家的生态系统服务价值，也有对全国（谢高地等，2015）、省级（欧阳志云等，2013）区域生态系统的服务价值进行评估，还有学者评估沿海地区土地利用生态价值（束邱恺等，2016）、土地整治前后耕地的生态价值（王瑗玲等，2013）、生态修复工程对生态服务价值的提高作用（马东春等，2017）。

基于生态系统系统提供的服务和功效，结合经济学知识，学者们提出了单位价值法、揭示偏好法、陈述偏好法、市场价值法等评估方法。

单位价值法是将生态系统、服务功能划分类型，确定单类生态系统、服务功能的单位面积价值，以此评估生态系统服务价值，包括功能价值法和当量因子法。Costanza（1997）综合多种评估方法，首次评估单类服务功能单位面积价值，构建了生态系统服务价值评估体系。谢高地等（2008，2015）基于Costanza评估体系，设定农田食物生产的生态服务价值当量为1，其他生态服务价值与农田生产粮食每年获得的福利之比为其贡献度，制订中国生态系统单位面积服务价值标准——当量因子表，在国内得到较高认可并广泛应用（汪冰等，2012）。

揭示偏好法指利用市场消费信息，间接推断消费者偏好，估算商品价值的方法，包括特征价值法和旅行费用法。特征价值法基于特征价值理论产生，通过观察人们的消费推断消费者对商品功能和价值的评价。Bastian等（2002）使用特征价格模型，评估了美国怀俄明州农地的生态价值。旅行费用法由美国经济学家霍特林于1947年提出，通过估算旅行者的旅游消费来评估资源价值，并衍生出分区旅行费用模型和个人旅行费用模型两种基本模型。国内学者较多利用旅行费用法评估旅游区的游憩价值，如对神农架地区（李娜等，2010）、黄山风景区（谢贤政等，2006）、舟山普陀"旅游金三角"（肖建红等，2011）等景点的评估，而特征模型法在我国多用于分析房产影响因素、编制房产价格指数，生态系统服务价值评估方面未有报道。

陈述偏好法是指通过调查问卷，收集公众支付意愿信息进行价值评估的方法，包括条件价值法和选择实验模型。条件价值法利用效用最大理论，设计假想市场，让受访者对其支付意愿做出回答，推导价值。条件价值法最早由美国资源经济学家Ciriacy-Wantrup（1947）提出，后改进应用于生态系统价值评估（Louviere，1982）。选择实验模型基于随机效应理论和效益最大化理论构建，由Louviere等（1982）提出，最早应用于交通、公共卫生等领域。20世纪90年代，Adamowicz（1994）将其用于非市场价值评估，此后应用逐渐普及。我国学者唐建等（2013）采用双边界二分式条件价值法，评估耕地生态系统服务价值。樊辉等（2013）、史恒通等（2015）分析了选择实验模型的优点，并运用该方法对渭河流域生态服务的非市场价值进行评估。

市场价值法包括替代市场价值、直接市场价值、虚拟市场价值，具体指影子工程法、替代市场法、边际机会成本法等。市场价值法是一种发展较为成熟的方法，在国内外应用较广泛。Milne等（2007）利用市场价值法，核算加拿大南安大略湖地区风景保护用地的生物多样性和生态价值。Geneletti（2006）提出了基于常规数据评价农地景观生态价值的数学方法，评估农地资源的生态经济价值。欧阳志云等（1999）选取有机质生产、碳氧平衡、营养循环与储存等6类生态系统服务，采用替代工程等方法，计算出中国陆地生态系统间接经济价值为28.67×10^{12}元/年。

这些方法确实取得了一些进展，但有一个核心问题没有解决，就是缺少统一的量纲。针对绿色核算的量纲问题，刘世锦（2020）提出基于"生态元"的生态资本服务价值核算体系，以生态系统的调节服务价值为核算对象，选择太阳能值作为核算量纲，将"生态元"作为核算基本单位，按照生态、环境、可持续发展的内在联系分步核算和调整"生态元"价值，运用市场交易方式对核算的"生态元"进行货币化定价。

1.2.1.2 生态系统价值评估面临的难题

尽管生态系统价值评估受到方方面面的大力支持，但仍面临概念区分、技术缺乏、经济因素等难题。

一是存在估价目的被忽视、核算指标体系构建不合理、核算方法混乱等问题。计算中应用参数不合理，追求结果最大化，导致核算结果不严谨、不可比，难以满足实践需求。如效益评价、资产评估、资产核算是内涵、用途完全不同的3个概念，不能混为一谈。

二是当前有关生态系统价值核算的研究存在流量、存量不分及累加计算现象。生态系统价值包括生态系统存量价值和生态系统流量价值，而生态系统存量价值是生态系统流量价值的基石。同时，许多研究者将支持服务相关指标列入核算指标体系，不可避免地导致重复计算、夸大服务贡献，无法与国民经济核算相衔接。

三是针对生态系统提供的非物质产品服务的相关数据匮乏，难以满足不同层面生态价值评估需求。生态系统价值评估是对整个生态系统的评估，数据获取难度较大，所需的数据应为连续观测数据，也增大数据获取难度。另一方面，缺乏具体的量化标准。以生态系统生产总值（GEP）为例，虽然很多学者对GEP展开研究，但是全球科学界关于生态产品价值的核算方法并没有定论。其中，价值量化中生态系统提供的调节服务为公共产品，不能通过市场体系给出正确合理的价格。

四是从事生态系统服务价值研究的专家学者多属自然科学研究背景，经济学基础较为薄弱，不同区域评估结果出现同质性现象。生态系统价值评估的研究是多学科的综合研究领域。在实操中，学科之间互动不够，更需要多学科专家协同合作，目前各学科专家合作较少。

五是研究案例中使用的资产、生产与服务的概念、定义、分类、核算方法等差异较大，多有空缺、含混、疏漏或重复等现象，核算结果存在太多随意性。

六是各部门的管理职责及资源保护对象与理念不同，产生管理权属不清、职能交叉、标准不统一等现实问题。虽然机构改革要求一件事一个部门管理，但生态系统评估还是参与部门较多,制定的相关标准不统一甚至矛盾。尽管各部门相继出台《全国生态状况调查评估技术规范》等一系列标准规范,但是由于出台技术规范的部门不同,目前的技术规范和行业标准并没有形成体系。

1.2.1.3 绿色生态价值评估

党的十八大提出要把资源消耗、生态效益纳入经济社会发展评价体系,建立体现生态文明要求的目标体系、考核办法、奖惩机制;建立反映市场供求和资源稀缺程度、体现生态价值和代际补偿的资源有偿使用制度和生态补偿制度。党的十九大进一步提出建立市场化、多元化生态补偿机制;设立国有自然资源资产管理和自然生态监管机构的战略任务。顶层设计确定了生物多样性经济价值的评估在经济发展和生态环保决策中的地位。

绿色生态作为陆地生态系统的主体,绿色生态价值评估是生态系统服务价值评估的核心内容。目前,各级政府都在积极开展以绿色生态为主的生态系统服务价值评估工作。这是推动各地生态文明建设进程、落实党和国家相关战略任务和优先行动的具体行动。

根据评估结果,可展示不同区域生态系统的重要性,确定和优化生物多样性保护区域,指导编制各类功能区划、生物多样性与自然资源保护和利用规划;为制定政府生物多样性保护和可持续利用战略与行动计划提供依据;也是推动各级政府实施生物多样性保护战略行动计划的一个具体行动和依据。

通过评估,对引导、规范和约束当地各类开发、利用、保护自然资源的行为决策,具有重要指导意义。

一是有助于我国生态文明体系完善。加强对森林、草原生态系统价值的计量问题研究,可以为自然资源资产负债表价值量部分的编制提供更多参考。

二是引导和深化自然资源价格改革,体现绿水青山就是金山银山的理念。绿色生态价值评估不仅关注其对当地的贡献,更重要的是关注其对外部的贡献,不仅能唤醒人们对生态环境的保护意识,提升人们对破坏环境代价的认识,还有助于减少环境污染事件发生,改善环境应急处置费用和修复费用由政府买单的现象。

三是摸清"家底",揭示自然资源真实价值和生态建设绩效,提升决策的科学性、针对性、准确性和可行性,为完善生态文明制度建设以及将生物多样性纳入部门或领导干部政绩考核、领导干部离任审计等提供依据。

四是科学评价林草业发展及其可持续性的重要工具。森林和草原是陆地生态系统的主体,对于维系人类生存环境具有不可替代的作用。林草业是生态文明建设的主体。绿色生态价值评估有助于生态文明体系建设。

五是为完善实施生态补偿机制奠定基础。绿色生态系统提供的各类服务不仅具有稀缺性,而且在时空上具有异质性、不均衡性。从经济学角度看,生态系统存量价值类似于"本金"或"银行存款",而流量价值类似于"机会成本"或"利息",可为政府自然资产负债表的编制、生态补偿政策的制定与实施、自然资源有偿使用和惠益分享等提供依据。

1.2.1.4　绿色生态价值评估建议

绿色生态价值评估顺应国家发展理念，符合人类生存发展的需求，是验证绿水青山就是金山银山理论的途径，是实现经济发展和生态环境保护协同共生的新工具。

20世纪90年代以来，生态系统服务价值评估得到长足发展。但由于生态系统自身的复杂性、部分非市场价值难量化性等特点，生态系统服务价值评估研究仍存在不足。推动绿色生态价值评估，迫在眉睫，应在以下四个方面进一步加强。

一是应在全国建立生态监测机构，为生态系统价值评估提供数据支撑，为生态价值评估制定具体的量化标准和统一行业准则，以规范评估师或者专家的评估行为。不同的生态系统服务价值体系依据一定标准建立，但不同价值体系间对应关系不明确，各生态系统、各价值类型间难以比较。因此，应当加强生态系统服务价值体系研究，建立统一的服务价值体系，为生态系统服务价值评估提供理论基础。

二是完善评估方法。生态系统服务价值评估方法有多种，但每种方法都存在一定不足。如单位价值法受区域差异性限制，揭示偏好法收集的市场资料真实性难以判定，陈述偏好法与人的主观愿望密切相关，市场价值法则存在工程花费计算不完全等问题。今后应加强评估方法的深入研究，针对每种方法不足，探究解决对策。

三是生态价值评估可能成为污染环境、破坏生态行为司法量刑的重要依据，成为开展生态环境修复工作的基础，为司法量刑提供数据支持。

四是生态价值评估所需基础数据可能会涉及资源保密问题，需得到林业、气象、国土等多部门的支持和配合，应充分发挥行业优势、展现行业特点，积极开展生态价值评估的实践探索，积累生态价值评估的案例、总结评估经验，在推动生态价值评估市场化的过程中起到应有的作用。

1.2.2　生态产品价值实现相关研究和实践

工业文明发展范式下，工业化、化学化、无机化生产方式普及，加之各利益个体间以利润最大化为目标进行竞争，生态系统被无限切割、完整性遭到破坏，导致生态环境承载能力已经达到或接近上限。面对人民群众日益增长的优美生态环境需要，必须大力提升优质生态产品供给能力。

党的十八大以来，生态文明建设被纳入中国特色社会主义事业"五位一体"总体布局，增强生态产品供给能力成为生态文明建设的重要内容。党的十八大报告提出，要"增强生态产品生产能力"。党的十九大报告指出，既要创造更多物质财富和精神财富以满足人民日益增长的美好生活需要，也要提供更多优质的生态产品来满足人民群众日益增长的优美生态环境需要。随着我国生态文明建设不断推进，"生态产品"的内涵已由最初作为国土空间优化的一种主体功能，拓展为满足人民日益增长的优美生态环境需要的必需品。2021年4月，中共中央办公厅和国务院办公厅联合印发《关于建立健全生态产品价值实现机制的意见》(以下简称《意见》),受到广泛关注,生态产品价值研究成为热点。国家和地方层面开展了生态产品价值实现试点,各地区争先开展相关实践,积极探索生态保护修复和生态产业化路径。国家"十四五"规划提出的"建立生态产品价值实现机制,完善市场化、多元化生态补偿",为生态产品价值实现指明了方向。

当生态优势转化为经济优势时,绿水青山就成了金山银山。践行绿水青山就是金山银山的理念,关键在于促进生态优势向经济优势转化,也就是经济学意义上的生态产品的价值实现。当前,许多地方正在进行生态产品价值实现探索,努力将生态优势转化为经济优势。

1.2.2.1 生态产品的概念辨析

生态系统为人类提供了生活与生产所必需的食物和原材料等生物质产品、赖以生存与发展的自然环境条件、提升生活质量与精神健康的文化服务。在生态产品的提出以及生态产品价值实现的过程中,不仅可以将生态优势有效转化为经济优势,还可以满足人们对美好生活的向往与追求。

根据文献查询,国内学者对于生态产品的相关研究逐年增加,关于生态产品研究论文的关键词分布如图1-3(a)所示,图中节点的连线、大小和颜色分别表示关键词之间的相互联系、出现的频次以及首次出现的年份。我国生态产品种类丰富多样,国内学者对于生态产品价值的实现,在理论与实践方面都进行了一定的探索。根据文献分析得出,生态产品相关研究可分为3个阶段,即起步阶段(1986—2010年),侧重生态产品内涵等基础研究;缓慢增长阶段(2011—2016年),聚焦生态产品供给等应用研究;快速发展阶段(2017—2020年),关注生态产品价值实现的同时具有多元化特征,包括生态产品实现模式、路径等研究大量涌现。

目前,对生态产品概念的理解主要有3类观点:第一类观点认为生态产品等同于生态

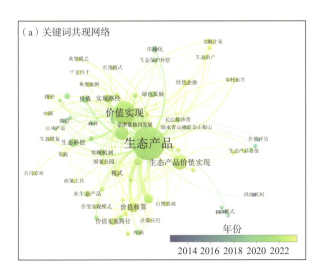
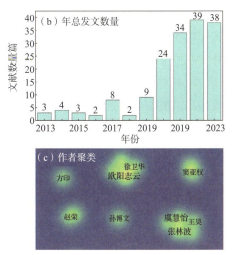

图1-3 生态产品概念发展时间脉络(张百婷等,2024)

标签产品,是基于生态设计研发或生态工艺的具有低碳、环保等生态特性的产品;第二类观点认为生态产品与生态系统服务是同义语,千年生态系统评估(MA)将生态系统服务定义为人们从生态系统中获得的惠益;第三类观点认为生态产品的包容性更大,生态系统服务、生态设计产品、生态标签产品等均包括在内。

"生态产品"作为一个正式表述,是我国独创的概念,国际上并无与之完全对应的概念。2010年12月发布的《全国主体功能区规划》中将生态产品定义为维系生态安全、保障生态调节功能、提供良好人居环境的自然要素,其中主要包括清新的空气、洁净的水源、清洁的土壤和宜人的气候等产品。随着生态文明建设的大力推进,"生态产品"一词开始高频次出现在政府文件中,与此相关的学术研究也蓬勃发展。国内学者对生态产品的分类和特点进行探讨,2012年,葛剑平和孙晓鹏将生态产品分为生态享受产品、生态支持产品和生态调节产品。同年,马涛提出生态产品包括保障生态调节、维系生态安全、提供宜人居住环境,具体包括水源、空气、森林、气候和土壤等纯自然产品,同时包括通过人类经济活动产出的绿色环保、生态有机的物质产品。

张瑶(2013)以人地关系为切入点,提出生态产品的特征在于强调人地关系,同时具备公共产品属性的一类产品。曾贤刚等(2014)按照生态产品供给方式与运行方式的不同,将生态产品分类为全国性、区域性、流域性和个人性公共生态产品。杨庆育(2014)基于马克思劳动价值理论将生态产品分为纯自然要素与人类参与要素两大类。黄如良(2015)将生态产品的概念界定为包含融入产品设计、经过生态认证、贴上生态标签、维系生态安全、提供良好人居环境等要素的一个连续统一体模型。张英等(2016)将生态产品凝练为优质的环境要素作为生态产品的有形产品载体。唐潜宁(2017)参照《主体功能区规划》对生态产品概念的界定开展相关研究。李庆(2018)在梳理生态产品概念内涵的基础上,提出生态产品分为自然生态产品和人工生态产品两类。张林波(2019)将生态产品定义为生态系统在自然环境活动与人类生产活动共同作用后产出为人类发展提供福祉的最终服务或产品。

国际上与"生态产品"最接近的一个概念是联合国等国际组织在2021年制定的国际标准《环境经济核算体系——生态系统核算》(SEEA EA)中提出的"生态系统最终服务"概念,后者是指生态系统为经济活动和其他人类活动提供的最终产品。

随着对生态产品的认识不断深化,将供给服务和文化服务纳入生态产品范畴已成为主流共识。所谓生态产品,是指在不损害生态系统稳定性和完整性的前提下,生态系统为人类生产生活所提供的物质和服务,主要包括物质产品供给、生态调节服务、生态文化服务等。广义的生态产品可以理解为某区域生态系统所提供的产品和服务的总称。生态产品价值可以定义为区域生态系统为人类生产生活所提供的最终产品与服务价值的总和。

与生态产品价值相关的概念主要有:生态系统服务(ecosystem services,简称ES)、生态服务价值(payments for ecosystem services,简称PES)、生态系统生产总值(gross ecosystem product,简称GEP)等。生态系统服务,是指人类能够从生态系统获得的所有惠益,包括产品供给服务(如提供食物和水)、生态调节服务(如控制洪水和疾病)、生态文化服务（如精神、娱乐和文化收益）以及生命支持服务（如维持地球生命生存环境的养分循环）。生态服务价值，是指人类直接或间接地从生态系统得到的利益，主要包括生态系统向经济社会系统输入有用物质和能量、接受和转化来自经济社会系统的废弃物，以及直接向人类社会成员提供服务（如人们普遍享用洁净空气、水等资源）。生态系统生产总值，是指生态系统为人类提供的产品和服务的经济价值总量，即一定区域生态系统为人类和经济社会可持续发展提供的最终产品与服务价值的总和，包括物质产品价值、调节服务价值和文化服务价值。

生态产品不但具有生态属性，同时还兼具独特的社会经济属性。另外，生态产品还兼具公共和商品双重属性。

丁宪浩（2010）认为生态产品的属性包括维持生态安全和促进生态平衡。2012年，樊继达提出生态物质、生态调节和生态文化产品共同构成生态产品，目前的核算评估方法多从经济效益角度衡量其价值，会忽略产品的公共属性。昌龙然（2013）为生态产品提出了生态资本的概念，是指一种能够自身运作或与外部资本融合后，区域经济、社会、自然综合发展的综合体现。生态产品具有稀缺性、收益性和投入性等一般属性，同时具有阈值性、产权有限性、包容性等特殊属性。杨庆育（2014）提出人类劳动凝结于生态产品，因此生态产品具有产品特征，同时，人类生存和发展离不开生态产品，但是由于生态产品的地域性、整体性等特点，通过市场化交易生态产品较为困难。黄如良（2015）将生态产品属性归纳为价值多维性、正外部性和人类受益性。张英等（2016）认为生态产品具有典型的公共物品属性和俱乐部物品属性。唐潜宁（2017）将生态产品属性划分为非排他性、非竞争性、地域性、无形性、整体不可分性和有限可生产性。肖南云（2018）提出森林生态产品具有自然、公共、市场和社会4种属性。高晓龙（2019）提出生态产品供给过程中，市场机制会因外部性影响而失灵，在生态产品价值实现过程中需关注公共物品属性、交易信息不对称和交易成本等因素的影响。陈佩佩和张晓玲（2020）认为生态产品具有公共和商品双重属性，一方面能够发挥协调区域发展与治理作用；另一方面也能成为产业化生产资料或市场化产品。

国际上基于生态系统为人类提供惠益的类型，对生态系统服务进行的分类，得到了广大学者的认可。其中，千年生态评估（MA）建立的生态系统服务分类体系不仅将生态系统服务划分为供给服务、调节服务、文化服务和支持服务，还具体补充了各类服务对人类社会带来的利益，说明了各生态系统服务之间的联系和相互作用，获得了国内外学者的高度认可，被广泛应用于生态系统服务价值的研究中。然而，该分类体系没有明确区分中间服务（如果一个生态系统提供的服务被该生态系统内部或另一个生态系统所使用，则该服务应被视为生态系统中间服务）、最终服务和惠益，导致在价值评估时出现重复计算。随着研究的不断推进，该分类体系得到进一步完善，联合国环境规划署（UNEP）主持生态系统与生物多样性经济学（TEEB）研究的学者认为，MA分类体系中生态系统服务的支持服务应被视为生态系统的基本结构、过程和功能的一部分，没有被人类直接使用和消费，并有成为其他产出提供中间支持部分的可能，所以对MA生态系统服务分类体系进行了改进，构建了包括供应服务、调节服务、栖息服务、文化与休闲服务4类的新分类体系，其中包含了22个生态系统服务类型。欧洲环境署发布的《生态系统服务通用国际分类》（CICES）借鉴了MA对生态系统的分类方法，将生态系统服务划分为供给服务、调节与维持服务、文化服务3类，并明确指出生态系统服务是生态系统的最终服务，不包括支持服务，这与MA的思路一致。在此基础上，联合国统计司对生态系统核算体系进行研发，对生态系统服务进行测度、核算和估价。这两组重要概念的区别在于：一是生态系统服务应该是生态系统的最终服务，支持服务不应被直接纳入（如生物多样性维持服务）；二是生态系统的贡献并不等同于人们在后续阶段所获得的商品和利益。2021年3月，经联合国统计委员会第52届大会审核批准，SEEA EA分类体系成为新的国际标准，它采纳了将生态系统服务分为供给服务、调节和维护服务、文化服务这3类被广泛认同的服务类别（图1-4）。

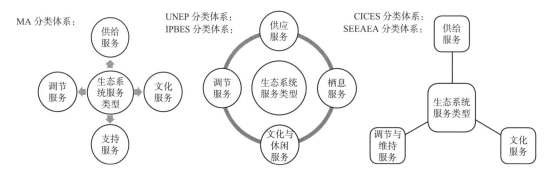

图1-4 国际组织对生态系统服务类型的划分（梁玉莲等，2023）

因此，生态产品类型目前主要有以下5种划分方法：一是基于生态系统服务的类型分类，分为供给服务、调节服务、文化服务；二是按产品形态分类，分为有形产品和无形产品；三是按供给主体分类，分为私人性生态产品和公共性生态产品；四是按受益范围分类，分为可向任何地区或人口供给或运行的全域性生态产品、跨越多个主体提供的区域性生态产品、对一定区域内的人群供给的社区性生态产品和作为个人所有的私人生态产品；五是按空间特征和流动方向分类，可分为服务的产生和使用在同一位置的原位服务和非原位服务两大类，非原位服务又可分为向任意方向流动的全方位服务或向需求服务方向流动的方向性服务。

生态物质产品：主要包括两类，一是自然形成的野生食品、纤维、淡水、燃料、中草药和各种原材料；二是人们利用生态环境与资源要素人工生产的农业产品、林业产品、渔业产品、畜牧业产品和各类生态能源（表1-1）等。

生态调节服务：生态系统为人类提供的维持空气质量、调节气候、控制侵蚀、防治病虫害以及净化水源等调节性物质效益。包括水源涵养、土壤保持、洪水调蓄、空气净化、水质净化、固碳释氧、气候调节、病虫害控制等。

生态文旅服务：人们从生态系统中获取的丰富精神生活、生态认知与体验、自然教

表1-1 生态物质产品种类（资料来源于兴安林草公众号）

生态物质产品	农业产品	谷物	稻谷、玉米、副产品等
		豆类	大豆、蚕（豌）豆、副产品等
		薯类	番薯、马铃薯、副产品等
		油料	油菜籽、花生、副产品等
		药材	菊花、铁皮石斛等
		蔬菜	白菜、菠菜、油菜、卷心菜、苋菜、韭菜、蒿菜、香菜、芥菜等
		水果	柑橘、梨、桃、李子、樱桃、柚子、猕猴桃等
		食用菌	香菇、黑木耳、鲜蘑菇等
		茶叶	春茶、夏茶、秋茶
		食用坚果	核桃、栗子、其他坚果等
		其他农作物	饲料、草绿肥、席草等
	林业产品	木材	木材、毛竹、麻竹等
		其他林业产品	油茶籽、松脂、笋干、毛料、竹壳、人造板原料、野生植物等
	畜牧业产品	畜禽产量	猪肉、牛肉、羊肉、禽肉、兔肉等
		奶类	牛奶
		蜂产品	蜂蜜、蜂皇浆、蜂蜡、蜂花粉
		禽蛋	鸡、鸭、鹅蛋等
	渔业产品	水产品	鲤鱼、鲫鱼、黑鱼、青鱼、草鱼、鲢鱼、贝壳、虾、蟹等
	生态能源	水能、太阳能等	发电量
	其他产品	其他产品	花卉、苗木、盆栽类园艺等

育、休闲游憩和美学欣赏等服务性非物质效益。包括生态旅游、休闲娱乐、艺术灵感、房地产景观增值等。

生态产品具有稀缺性，数量巨大或是人类当前没有能力控制的产品，即不能给人类福祉带来边际效用的不属于生态产品。生态系统维持自身功能或在过程中仅间接对人类福祉产生惠益的，如植物蒸腾、自然授粉等，不属于生态产品。

生态产品必须具备可持续性，其背后依赖的自然环境资本存量始终保持不变或随时间不断增加。煤、石油、天然气等矿产资源虽然属于自然资源，但由于其不可持续性，不属于生态产品。

生态产品蕴含了人类改善自然环境的有意识劳动。比如通过循环经济手段生产的农产品，利用生态学原理规划提供的休憩康养服务等。

生态产品公共属性不仅体现在其产品表现形式上，也体现在其价值构成上。生态产品绝大部分价值体现在其通过改善一般生产生活环境，提升自然生产力、促进民众身心健康，从而产生公益性使用价值。生态产品使用价值优先于交换价值，强调从生产端调节而提升供给能力，满足民众对良好生产生活条件的需求。

生态产品部分属于公共产品，部分属于公共资源，从经济学视角看，生态产品具有以下几个经济学特性。

(1) 外部性

公共产品和公共资源都具有非排他性，但公共产品是非竞争性的，公共资源则具有竞争性。从竞争性的角度看，生态调节服务和生命支持服务往往属于公共产品；物质产品供给服务、生态文化服务往往是公共资源。无论是公共产品或是公共资源都具有外部性。从本质上讲，生态产品价值就是一种外部经济，是生态系统向人类社会提供的正向外部经济。

生态产品的外部性会带来以下几个问题：一是公共产品的非排他性和非竞争性会带来搭便车问题，导致公共产品供给不足。二是公共资源的非排他性和竞争性会带来公共资源的过度利用，导致资源损耗、环境污染、生态退化等负外部性（外部不经济）。因此，生态产品的外部经济是动态变化的，如果处置不当，有可能造成负面影响。一般来说，为了克服公共产品和公共资源的外部性带来的问题，需要引入公共治理。公共治理的手段主要包括：政府提供公共产品，对公共资源的利用实行一定的规制，也就是经济学所讲的使外部成本内部化。就生态产品价值实现而言，公共治理的任务既要防止公共资源过度利用带来的负外部性，又要防止搭便车导致的公共产品供给不足。公共治理的重点领域主要有生态基础设施建设投入、生态产品经营的发展规划、生态资源利用的统筹协调和规制管理等。

(2) 不可分割性

生态产品或生态系统服务具有不可分割性，不能无限细分，而且往往有一定的规模门槛。因此，对于生态产品价值实现而言，整体规划和统筹协调就变得十分重要。这就是为什么许多生态基础设施建设不能依靠个体或企业自发进行，而是需要地方政府的统筹规划，甚至建设资金投入也需要依赖地方政府的根本原因。

(3) 生态产品定价取决于质量

评价生态产品价值，取决于生态产品的质量而非数量，而且生态产品千差万别，导致生态产品的市场结构是差异化市场，市场竞争是差异化竞争，而不是同质产品的数量竞争。因此，生态产品质量管理和维护，对于生态产品价值实现具有至关重要的意义。

生态产品是自然生态系统与人类生产共同作用所产生的、能够增进人类福祉的产品和服务，是维系人类生存发展、满足人民日益增长的优美生态环境需要的必需品。生态产品概念的提出是社会发展到一定阶段的必然结果，一方面是解决生态环境保护与经济生产矛盾的内在要求，另一方面是民众生活水平提升引致消费升级的客观需求。进一步来讲，在人类赖以生存的一般生产生活条件由纯自然属性向兼具自然与人为属性转变的情况下，生态产品概念的提出，目的是从理论与实践层面，探索人类劳动参与生态保护修复并获得合理回报的新机制，能推动经济社会系统与生态系统协调发展范式深度转型，实现人与自然和谐共生。

生态产品概念具有鲜明的中国特色。自2010年，国务院印发《关于印发全国主体功能区规划的通知》，首次在政策文件中明确了"生态产品"的内涵；到2017年，中共中央、国务院印发《关于完善主体功能区战略和制度的若干意见》首次明确提出建立健全生态产品价值实现机制，主要关注生态功能区实现自我发展和增强造血能力；再到2021年，中共中央办公厅、国务院办公厅印发《关于建立健全生态产品价值实现机制的意见》《关于深化生态保护补偿制度改革的意见》等重要文件，从国家层面对生态产品价值实现机制进行了系统性、制度化阐述。生态产品价值实现实践不断与区域协同发展、共同富裕、乡村振兴等国家战略有机融合。

"生态产品"可以被看作是"生态系统服务"的中国升级版！与学术领域常用的"生态系统服务"概念相比，"生态产品"概念的战略意图宏大，内涵和外延更为精确、科学和规范，使其在理论上显示出强大的生命力，在实践中具有广阔的应用前景。

绿水青山就是金山银山的科学论断，表明以"绿水青山"为代表的高质量森林、草地、湿地等生态系统提供了丰富的生态产品，这些产品不仅包括人类生活与生产所必需的食物、医药、木材、生态能源及原材料等物质产品，还包括调节气候、水源涵养、土壤保持、洪水调蓄、防风固沙等生态调节服务，以及文化服务，具有巨大的生态价值，也是经济财富。党的十九大报告提出，要提供更多优质生态产品，以满足人民日益增长的优美生态环境需要。如何核算生态产品的价值？生态产品价值怎么转化？目前存在哪些难点？有哪些路径可探索？这些问题是当前的研究热点。

生态产品及其价值实现理念的提出是我国生态文明建设在思想上的重大变革，随着我国生态文明建设的逐步深入，逐渐演变成为贯穿习近平生态文明思想的核心主线，成为贯彻习近平生态文明思想的物质载体和实践抓手，显示出了强大的实践生命力和重要的学术理论价值。充分了解生态产品概念提出和发展的时间脉络（图1-5），对于理解生态产品的内涵及其价值实现方式具有重要意义。

2010年12月国务院发布《全国主体功能区规划》，政府文件中首次提出了生态产品概念。将生态产品与农产品、工业品和服务产品并列为人类生活所必需的、可消费的产品，重点生态功能区是生态产品的主要产区。但此时生态产品概念的提出仅仅是为我国制定主体功能区规划提供重要的科学依据和基础。

2012年11月，党的十八大报告提出"增强生态产品生产能力"，将生态产品生产能力看作是提高生产力的重要组成部分。党的十八大报告中，生态文明建设被提到前所未有的战略高度，生态文明建设在理念上的重大变革就是不仅仅要运用行政手段，而且要综合运用经济、法律和行政等多种手段协调解决社会经济发展与生态环境之间的矛盾。增强生态产品生产能力被作为生态文明建设的重要任务，体现了"改善生态环境就是发展生产力"的理念，突出强调生态环境是一种具有生产和消费关系的产品，是使用经济手段解决环境外部不经济性、运用市场机制高效配置生态环境资源的具体体现。

2013年11月，党的十八大中央委员会第三次全体会议，提出"山水林田湖草"生命共同体的重要理念。会议通过的《中共中央关于全面深化改革若干重大问题的决定》中有关生态文明建设的论述虽然没有直接使用生态产品的概念，但会议所提出的"山水林田湖"生命共同体理念与生态产品一脉相承，山水林田湖草是生态产品的生产者，生态产品是山水林田湖草的结晶产物，体现了我国生态环境保护理念由要素分割向系统思想转变的重大

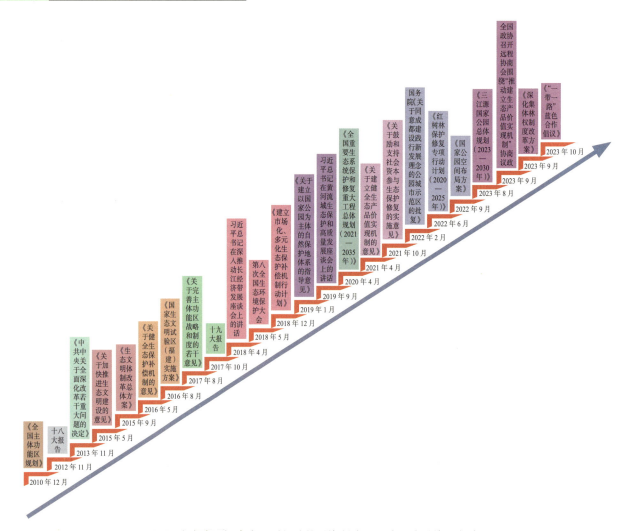

图 1-5 生态产品概念发展时间脉络（资料来源于中国自然资源部官网）

变革。该文件中提出建立损害赔偿制度、实行资源有偿使用制度和生态补偿制度，加快自然资源及其产品价格改革，表明我国开始逐步落实生态文明建设的总体设计，深入推进经济手段在生态环境保护中的作用。

2015年5月，中共中央、国务院出台《关于加快推进生态文明建设的意见》，首次将绿水青山就是金山银山写入中央文件，提出要深化自然资源及其产品价格改革，凡是能由市场形成价格的都交给市场。生态产品成为绿水青山的代名词和实践中可操作的有形抓手。绿水青山就是金山银山，生态产品就是绿水青山在市场中的产品形式，生态产品所具有的价值就是绿水青山的价值，保护绿水青山就是提高生态产品的供给能力。2015年9月，中共中央、国务院发布《生态文明体制改革总体方案》，指出自然生态是有价值的，要使用经济手段解决外部环境不经济性。与上个文件同年出台的这个文件进一步强调"自然生态是有价值的，……，保护自然就是增值自然价值和自然资本的过程，就是保护和发展生产力，就应得到合理回报和经济补偿"，清晰地反映出以发展经济的方式解决生态环境外部不经济性的战略意图，通过把生态环境转化为可以交换消费的生态产品，使生态产品成为自然生态在市场中实现价值的载体融入市场经济体系，用搞活经济的方式充分调动起社会各方开展环境治理和生态保护的积极性，让价值规律在生态产品的生产、流通与消费过程发挥作用，从而大幅度提高优质生态产品的生产供给能力，促进我国生态资源资产与经济社会协同增长。2016年5月，国务院办公厅发布《关于健全生态保护补偿机制的意见》，提出以生态产品产出能力为基础，加快建立生态保护补偿标准体系。《意见》要求建立多元化生态保护补偿机制，将生态补偿作为生态产品价值实现的重要方式，明确生态产品产出能力是生态补偿标准的确定依据。2016年8月，中共中央办公厅、国务院办公厅印发《国家生态文明试验区（福建）实施方案》，在生态产品概念基础上首次提出价值实现理念。福建省是我国首批国家生态文明试验区，也是唯一将生态产品价值实现作为重要改革任务的省份。《方案》将"生态产品价值实现的先行区"作为福建省建设国家生态文明试验区的目标，这是在生态产品概念提出基础上的又一重大理论深化，首次将生态产品概念由提高生产能力扩展到价值实现理念，将传统劳动价值论看作是没有凝结人类劳动的纯粹自然产物赋予了价值属性，是对劳动价值论等价值理论体系的丰富和拓展。2017年8月，中共中央、国务院印发《关于完善主体功能区战略和制度的若干意见》，提出开展生态产品价值实现机制试点。将贵州等4个省份列为国家生态产品价值实现机制试点，标志着我国开始探索将生态产品价值理念付诸为实际行动。2017年10月，党的十九大将"增强绿水青山就是金山银山的意识"写入党章，进一步深化了对生态产品的认识和要求。党的十九大报告提出"提供更多优质生态产品以满足人民日益增长的优美生态环境需要"，将生态产品短缺看作是新时代我国社会主要矛盾的重要方面，生态产品成为"两山"理论在实际工作中的有形助手，是绿水青山在实践中的代名词。2018年4月，习近平总书记在深入推动长江经济带发展座谈会上发表重要讲话，为生态产品价值实现指明了发展方向、路径和具体要求。党中央明确长江经济带要开展生态产品价值实现机制试点，要求探索政府主导、企业和社会各界参与、市场化运作、可持续的生态产品价值实现路径，明确了建立市场机制是生态产品价值实现的发展方向，生态产品价值实现需要充分调动社会各界等利益主体参与。2018年5月，第八次全国生态环境保护大会总结提出了习近平生态文明思想，生态产品价值实现理念成为贯穿习近平生态文明思想的核心主线。

生态产品作为良好生态环境为人类提供丰富多样福祉的统称，即是山水林田湖草沙的结晶产物，也是绿水青山在市场中的产品形式，成为绿水青山就是金山银山理念在实践中的代名词和可操作的抓手，可为全球可持续发展贡献中国智慧和中国方案，将习近平生态文明思想各个部分有机地串联起来，逐步演变成为贯穿习近平生态文明思想的核心主线。2018年12月，国家多部门联合发布《建立市场化、多元化生态保护补偿机制行动计划》，提出以生态产品产出能力为基础健全生态保护补偿及其相关制度。在2016年《关于健全生态保护补偿机制的意见》的基础上，进一步细化、明确和强调了以生态产品产出能力为基础，健全生态保护补偿标准体系、绩效评估体系、统计指标体系和信息发布制度，用市场化、多元化的生态补偿方式实现生态产品价值。2019年9月，黄河流域生态保护和高质量发展座谈会要求三江源等国家点生态功能区要创造更多生态产品，强调"要坚持绿水青山就是金山银山的理念,坚持生态优先,绿色发展",提出"三江源、祁连山等生态功能重要地区,就不宜发展产业经济,主要是保护生态,涵养水源,创造更多生态产品",进一步明确了重点生态功能区是生态产品的主产区,为探索富有地域特色的高质量发展指明了前进方向,提出了根本遵循。2020年4月,中央全面深化改革委员会第十三次会议审议通过《全国重要生态系统保护和修复重大工程总体规划(2021—2035年)》,将提高生态产品生产能力作为生态修复的目标。会议强调要统筹山水林田湖草一体化保护和修复,增强生态系统稳定性,促进自然生态系统质量的整体改善和生态产品供给能力的全面增强。该规划明确以山水林田湖草系统工程为依托,强化提升公共性生态产品生产供给能力,进一步强调了生态产品与山水林田湖草的关系,强调用系统的思想保护生态环境,为实现生态产品价值指明了方向(图1-6)。

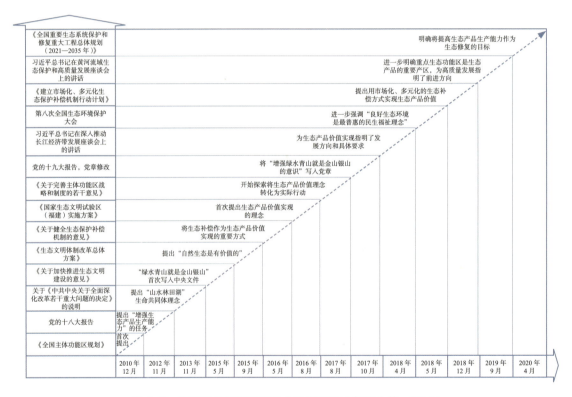

图1-6 生态产品价值实现理念发展历程(郝超志等,2022)

可以看出,生态产品及其价值实现理念随着我国生态文明建设的深入逐渐深化和升华。生态产品最初的提出只是作为国土空间优化的一种主体功能,其目的是为了合理控制和优化国土空间格局。随着我国生态文明建设高潮的兴起,我国对生态产品的认识理解不断深入,对生态产品的措施要求更加深入具体,逐步由一个概念理念转化为可实施操作的行动,由最初国土空间优化的一个要素逐渐演变成为生态文明的核心理论基石。伟大的理论需要丰富鲜活的实践支撑,生态产品及其价值实现理念为习近平生态文明思想提供了物质载体和实践抓手,各个部门、各级政府在实际工作中应将生态产品价值实现作为工作目标、发力点和关键绩效，通过生态产品价值实现将习近平生态文明思想从战略部署转化为具体行动（郝超志等，2022）。

在政策层面上，从2019年开始，生态产品价值实现机制的相关政策文件开始制定并发布，截至2022年8月，相关政策文件36份，其中，国家层面的意见1份、批复1份、规范性文件1份；省级层面的通知及实施方案有18份、规划2份。市级层面政策文本13份。同时，从政策文本的地域分布来看，主要集中在江西、浙江和广西等。2019年发布政策3份，占比8.33%。3项政策分别是确立浙江丽水市、江西抚州市成为生态产品价值实现机制国家级试点城市，和两省政府发布生态产品价值实现机制试点方案，两市先行探索生态产品价值实现途径，为全国生态产品价值实现提供经验和示范。2021年出台政策18份，占到总文本的50%，这与2021年4月中共中央办公厅、国务院办公厅印发《关于建立健全生态产品价值实现机制的意见》有关，随着顶层的制度设计，国家层面的生态产品价值实现制度框架基本形成，为地方政策的制定奠定了良好的制度环境。随后浙江、江西、海南等省份积极响应国家号召，相继推进试点工作深入开展，因地制宜制定和实施地方配套政策，为生态产品价值的实现提供良好的政策环境和实践基础。总之，随着城乡居民对优美生态环境的不断重视和推动实现"两山"转化的需要，以及满足城乡融合过程中地方生态产业促发展的实际需要，各级政府对生态产品价值实现的关注度将不断增加。

1.2.2.2 生态产品价值核算

对于生态产品价值实现问题的探讨，其核心本质在于加快打通"绿水青山"和"金山银山"双向转化通道，将良好的生态优势转变成为发展优势，从而使得生态保护者权益得到保障、生态受益者义务得到履行、生态环境损害者付出代价，促进生态保护和经济发展间良性互动。

目前，国内外研究主要基于生态产品类型、使用状态、价值形态、市场化程度等不同视角对生态产品价值进行划分。从生态产品类型来看，生态产品价值可分为供给服务价值、调节服务价值、文化服务价值。从使用状态来看，可将生态产品价值划分为使用和非使用价值，其中，使用价值包括直接使用价值、间接使用价值和选择价值，非使用价值包括遗产价值和存在价值。从价值的形态来看，分为有形价值和无形价值，其中有形价值指生态系统生产有形产品（如供给服务类）所产生的价值，该类价值一般有直接的市场价格，可在市场上进行交易；无形价值指在形态上看不见、摸不着的无形生态产品所产生的价值，该类价值一般在市场上无法直接交易。从市场化程度来看，分为直接市场价值和非直接市场价值，其中，直接市场价值可在现实市场上进行消费、交易，如生态系统生产的农产品、林产品、渔产品等，这些都可以在现实市场上进行交易；非直接市场价值一般指生态系统生产的产品和服务没有真实的市场，这些服务一方面不具有非竞争性和非排他性，另一方面这些服务的产权也无法明确，因此，要在现实市场上进行交易或者消费具有一定的难度。

此外，也有国内学者尝试从其他角度对生态产品价值构成进行探讨。例如，聂宾汗等

（2009）认为，生态产品理论价值包括了生态产品潜在变现价值，而潜在变现价值包括了它本身具有的基础价值和通过对生态产品再生产或开发的相关产业、项目等活动实现"溢价"的增值价值，增值价值是目前政府对生态产品价值实现过程的有效对策，也是加快生态产品效益转化为经济效益、社会效益的重要手段。黎元生将生态产品价值评估分为生态服务价值和生态交换价值，认为新型的生态产品交换价值的评估方式是更合理的生态产品评价值实现方式，根据其基本公式评估的生态产品价值扣除了人类在生态系统付出的劳动、生态环境防护与治理成本，而使用直接市场法、替代成本法等方法得出的生态系统服务价值结果过高，也无法很好地纳入国民经济的交易体系中。

（1）核算对象

生态产品价值核算是在对一定时间、一定区域内的生态产品真实统计和合理评估的基础上，以实物量和价值量的方式对生态产品进行整合和量化来反映其总量、构成、供需等状况。生态产品价值核算的完善是生态产品价值实现的基础条件，在此前提下，把生态效益纳入经济社会发展评价体系，进而有效推进生态文明建设。

生态产品价值核算的对象是生态系统提供的最终产品，即只核算有人受益的、以最终产品形态提供的那部分生态系统服务流量。此外，在合并各种投入的联合生产情形下，生态产品的价值是联合生产的最终产品价值扣除其中劳动和生产资产等人类投入的贡献的差额，而不是联合生产的最终成果的全部价值，即只核算生态系统的贡献部分，这样可以避免价值重复计算问题（图1-7）。生态产品价值核算区域范围可以是行政区域，如省、市或县级行政区，也可以是功能相对完整的生态地理单元，如一片森林、一个湖泊、一片沼泽或不同尺度的流域，或由不同生态系统类型组合而成的地域单元，既可以对某一地区生态系统所提供的某一类型或全部的生态产品进行核算，也可以对区域内某一生态系统类型所提供的生态产品进行核算。

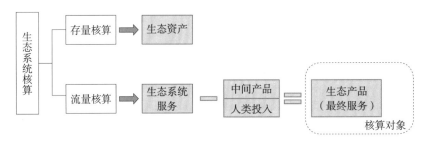

图1-7 生态产品核算对象

一个地区在一定时期内所有不同类型生态系统提供的全部生态产品价值之和就是生态产品总值（GEP）。之前有国内学者曾提出类似的生态系统生产总值概念，随着生态产品概念的逐渐清晰，生态系统生产总值已不再是核算生态产品总值的最佳选择，且"生产"在国民经济核算中指人类投入货物和服务并最后转化为另一种货物或服务的活动，这与生态产品定义差异较大，也不能满足与国际上进行比较的需求。为规范和指导基于行政区域单元的生态产品总值核算工作，2022年3月，国家发展和改革委员会与国家统计局联合印发了《生态产品总值核算规范（试行）》（以下简称《规范》），要求各地区结合实际情况积极落实。通过生态产品总值核算，科学评估生态保护成效、生态系统对人类福祉的贡献和对经济社会发展的支撑作用，可为完善发展成果考核评价体系与政绩考核制度提供具体指标。此外，生态产品总值核算还可以定量描述区域之间的生态关联，为完善生态补偿机制建设、促进优质生态产品持续供给提供科学基础。

（2）主要核算方法

目前，国内外生态产品价值核算方法主要包括当量因子法、功能价值评估法、生物物理学方法等（图1-8）。

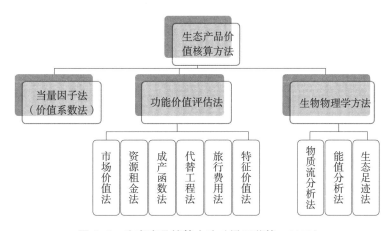

图1-8 生态产品核算方法（梁玉莲等，2023）

当量因子法又称为价值系数法，以Costanza等（1997）在Nature上公布的生态系统服务价值系数为代表，谢高地等（2015）在此基础上制定了中国陆地生态系统单位面积生态服务价值当量表，在国内研究领域产生了较大影响。功能价值法主要根据生态系统服务的总经济价值组成，通过数据信息整合，结合计量模型对其价值进行量化，该类方法可以归类为直接市场法、显示性偏好法和陈述性偏好法3大类，具体估价方法包括市场价值法、资源租金法、生产函数法、替代工程法、旅行费用法、特征价格法等。生物物理学方法则是从禀赋价值视角出发，通过计量生产某项生态系统服务所需的物理成本来测度生态系统服务价值，主要包括物质流分析法、能值分析法、生态足迹法等。此外，随着"3S"技术的成熟，国外相继研发了基于空间格局和土地利用变化的多种生态系统服务评估综合模型，比较典型的模型包括生态系统服务和权衡的综合评估模型（InVEST）、环境与可持续发展的人工智能模型（ARIES）等，其中InVEST模型发展较为成熟，可用于评估陆地及海洋近20种服务；ARIES模型能够评估多项生态系统服务，评估精度较高，具有良好的发展前景。以上方法各有长处和不足：当量因子法相对简单，但一般只适于大尺度核算，且当量值基于问卷得出，准确性值得商榷；功能价值评估法灵活性强，但逐一计算不同服务指标再汇总可能会导致重复或漏算，此外难以避免参数不确定性和误差；生物物理学方法基于生产成本，适用于缺乏直观生物物理学表现的服务的估值；综合模型法基于生态过程和机理，能较好地揭示生态系统服务的时空异质性，但受参数数据制约较大。

生态产品价值核算不仅是生态学的研究内容，往往还需要其他学科理论知识和方法的支持，比如经济学、环境学、统计学等，为了使生态产品价值核算结果在国内甚至国际上具有可比性，下一步应在核算指标、核算方法、具体参数方面开展重点探索。

一是构建科学的生态产品价值核算指标体系。当前对生态产品提供与生态系统过程和功能之间复杂关系的认识仍存在较大的局限，已有多数研究基本上是将生态产品（生态系统最终服务）人为地分为不同的类别和指标进行核算，易导致对价值量测度的遗漏或重复。虽然《规范》基于目前主流共识提出了3大类14项核算指标，但可操作性、可推广性仍需实践验证。此外，区域间的流量核算，即生态产品在不同区域间的进出口问题如何处理，也是一个需要在今后研究中重点关注的问题。

二是规范生态产品价值指标核算方法。目前来看，由于各地区的核算参数不同，同一指标的核算方法参照不一，核算结果会产生数量级差异。虽然只核算生态系统的最终服务能有效避免价值重复计算的问题，但挑战在于如何从标准经济账户中将生态系统对人类与生态系统互动所产生的整体惠益的贡献区分开来。因此，应及时对生态产品价值核算方法进行梳理规范，以保障核算结果的科学性、针对性，增强不同核算区域之间结果的可比性，为推动生态产品的经营开发、生态保护补偿及政府考核提供数据支撑。

三是积极探索核算成果的实际应用。《意见》提出，要把生态产品价值核算结果应用在政府决策和绩效考核评价中，推动生态产品价值实现六大机制内容的应用，如生态保护补偿、生态环境损害赔偿、经营开发融资、生态资源权益交易等。就现阶段从有关部门开展的生态产品价值实现机制试点和所发布的生态产品价值实现典型案例来看，生态产品及相关产业、品牌的经营开发，往往绕开或者尚未考虑生态产品价值核算环节，生态产品价值核算成果的实际应用仍待进一步探索。

1.2.2.3 生态产品价值实现的内涵阐释

生态产品价值转化是生态产品价值实现的货币化，是生态产品价值实现为经济价值。生态产品价值实现的内涵，一是体现在绿水青山向金山银山的转化，将生态产品的生态价值、经济价值、社会文化价值以及增值的价值，通过货币化的手段体现出来，并借助市场化手段转化生态产品的价值，因此，界定此部分生态产品价值实现的内涵为生态产品价值的转化；二是通过实现生态产品的生态、文化和增值价值内部化，以实现生态环境保护和经济社会协调发展的目的，使生态保护"看得见利益"，实现保护生态环境健康发展（图1-9）。

生态产品价值实现就是生态产品价值转化的显性化。从经济学机制看，生态产品价值是一种外部经济，往往不能通过市场交易直接体现，需要通过一定的机制设计，使得生态产品价值在市场上得到显现。能够在市场显现的生态产品价值一般是消费性直接使用价值，除此以外的生态产品价值往往难以通过市场交易体现，非使用价值尤其难以得

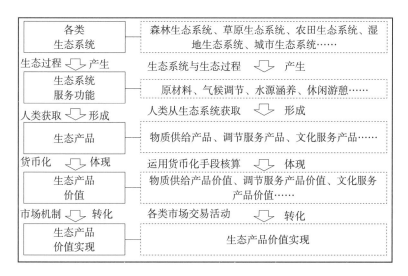

图 1-9　生态产品价值形成、转化、实现过程

到市场的识别和认可。因此，需要通过一定的机制设计，使得生态产品价值在市场上得到全面显现。

生态产品价值在市场上得到了显现和认可，意味着生态产品（或生态系统服务）改善了消费者的福利（效用水平），因而人们愿意为生态产品带来的福利改善支付相应的价格，这一价格是反映生态产品价值大小的主要依据，包括了生态产品的正外部性，以及为了保持这一正外部性不至于下降而支出的成本投入。

在现实世界中，纯天然、原生态的自然资本并不能实现消费者福利的改善，自然资本需要与相应的生态基础设施建设、生态产品经营管理结合起来，才能收到改善消费者福利的效果。生态基础设施包括道路桥梁等景区旅游设施、住宿餐饮服务设施等，其建设投入往往以人造资本形式与自然资本相结合，并在生态资产中累积。生态产品经营管理能力往往取决于相关的人力资本水平。因此，生态产品价值实现不是仅仅靠自然资本，而是需要自然资本、人造资本、人力资本三种要素实现有机结合。

首先，自然资本和人造资本相结合才能实现消费者福利的改善。纯天然、原生态的自然资本虽然可以给人们带来愉悦享受，但如果没有人造资本的投入，自然资本的生态服务价值对于消费者福利改善是十分有限的。以生态旅游为例，自然风光和生态资源固然可以带给人们愉悦的享受，但如果没有对外交通运输、当地的公共服务设施和住宿餐饮服务等，游客体验不佳，无法吸引大量游客前往，就难以使得消费者心甘情愿支付服务成本。因此，有了人造资本的投入，才能实现消费者福利的大幅改善，使得自然资本的生态服务价值在市场上得到认可。浙江丽水的"古堰画乡"利用得天独厚的自然资本发展生态旅游，一方面加强整体规划和统筹协调，另一方面投入大量资金改善公共基础设施，游客体验得到明显提升，2017年接待游客人数达到172.8万人次。"云和梯田"的地理位置与"古堰画乡"相差不远，原生态的自然资本与"古堰画乡"在伯仲之间，但"云和梯田"的对外交通、游客接待服务等公共基础设施建设相对滞后，导致年接待游客人数只有40多万人次。

其次，自然资本维护需要后天的人造资本投入。一方面，纯天然的自然资本需要维护才能得以维持；另一方面，有的自然资本可以通过维护得到提升。比如，浙江安吉是中国东南部著名竹文化生态休闲旅游景区，由于近年毛竹经济价值滑坡，竹林维护面临困难，出现了成片死亡现象，导致竹海这一生态资源面临危机。为维护竹林，安吉县政府及竹海所在乡镇政府出面牵头，组织村民成立竹林合作社，投入资金和劳力，开辟林道，发展林下经济，想方设法保护好竹海生态资源。再比如，就物质产品而言，原生态的绿色产品需要进行标准认证、质量检验，并经过流通渠道，才能送达消费者手中。有时还需要宣传和市场营销，以及必要的加工、简易处理和包装等环节。浙江"丽水山耕"是一个生态农业品牌，地方政府投入大量资金组织对该品牌的标准认证、生产过程质量监管和营销网络建设。2017年，"丽水山耕"产品销售额达到101.58亿元。

再次，通过人力资本投入提升生态产品价值。人力资本的作用主要体现在生态产品经营的整体规划和品牌营销、生态资源利用的统筹协调和规制管理、生态产品经营管理能力提升等方面。生态产品经营具有不可分割性，而且有一定的规模门槛，加强整体规划和统筹协调，有助于提升生态产品经营管理水平；生态产品价值取决于生态产品的质量而非数量，通过整体规划和统筹协调，能够提升生态产品的质量；部分原生态的自然资本原本处于零星分散的状态，难以吸引人造资本投入，需要通过整体规划和统筹协调，化零为整，形成规模优势，才能满足生态产品经营的不可分割性和规模门槛，吸引人造资本进入。浙江安吉正在推进"两山银行"建设，拟把全县范围内的生态资源整合起来，实现整体规划、价值提升，形成规模优势，吸引人造资本进入，提升生态产品经营管理水平。

最后，自然资本、人造资本、人力资本三种要素的有机结合，可以使自然资本的生态服务价值产生乘数效应。以生态旅游为例，如果仅有观光，那就只有门票收入加餐饮服务收入，自然资本带来的经济效益有限。通过增加人造资本和人力资本投入，发展多种业态，把游客留下来，旅游业总收入就能够成倍增加。杭州西湖景区向游客免费开放后，巨大客流量带来的经济效益远超过门票收入，乘数效应使得杭州的旅游业总收入增加了数倍。尽管许多生态旅游景区并不具备西湖景区紧邻城区的条件，但多种业态融合发展的经验仍然值得借鉴。前述"古堰画乡"景区正在按照"旅游生活化、生活旅游化、生活旅游产业化"的理念，推动"旅游+"多业态融合发展，在生态旅游的基础上促进产业链延伸，收到了良好的效果。可见，所谓生态产品价值实现，实质上就是通过自然资本、人造资本、人力资本三种要素的有机结合，带来消费者福利改善，消费者愿意为此支付相应价格，从而以货币化的方式使生态产品价值在市场上得到认可。

因此，生态产品价值实现分两大类任务：第一阶段以增强生态产品供给能力为导向，通过实施生态修复保护工程恢复自然生产力。第二阶段以提升生态产品经济收益为导向，实现生态产业化经营。两阶段存在空间并行性与时间继起性两大特征。生态系统向人类提供的生态产品及服务，包括物质产品以及调节服务、文化服务和支持服务，物质产品具有私人属性，其他三种服务具有公共属性。生态产品和服务生产不只是靠自然力的作用，需要政府承担基本的生态服务维护职能。

生态产品价值实现中大部分是通过生产生活条件改善的公益价值直接惠及民众，提升社会整体福祉。小部分需要通过市场机制而实现货币价值，增强多元化主体参与生态产品价值实现的内生动力。公益价值实现主要通过生态环境保护修复，实现生态产品数量与质量层面充分供给，是生态产品价值实现主要方式与根本目的，体现生态产品公共物品特征。生态产品通过市场机制的货币收益目的是充分调动民众参与生态环境保护的积极性。

在生态产品价值实现的报酬分配上，生态产品价值实现需要区分自然资本、人造资本、人力资本的要素报酬。归属于自然资本的要素报酬是由先天的自然资源禀赋带来的；归属于人造资本、人力资本的要素报酬是后天的人为投入带来的，可以归属于特定的个人或集体，应该本着谁投资谁受益的原则分配要素报酬。

归属于自然资本的要素报酬是由先天的自然禀赋带来的，并不属于特定的个人或集体，而是属于全社会。但自然资本需要维护，如果由于人造资本和人力资本的投入，使得自然资本的价值有所增值，增值部分的收益应当归属于为此作出贡献的投入者。

从投资回报的角度看，维护自然资本的投入、生态基础设施建设的人造资本投入、生态产品经营管理的人力资本投入，是构成投资者报酬的三大来源。归属于先天自然禀赋的要素报酬不应该属于特定的个人或集体，而是属于全社会。

从要素报酬分配的视角看，生态产品价值的实现途径不外乎三种：增加维护自然资本的投入、增加生态基础设施建设的人造资本投入、增加生态产品经营管理的人力资本投入。但单一投入的增加往往不能取得好的效果，实现三种要素（资本）的有机结合，才能产生良好的生态经济效果。

1.2.2.4 生态产品价值转化的实现路径

优质生态产品是最普惠的民生福祉，是维系人类生存发展的必需品。生态产品价值实现的过程，就是将生态产品所蕴含的内在价值转化为经济效益、社会效益和生态效益的过程。建立健全生态产品价值实现机制，既是贯彻落实习近平生态文明思想、践行绿水青山就是金山银山理念的重要举措，也是坚持生态优先、推动绿色发展、建设生态文明的必然要求。

针对生态产品供给研究，国内多从其自然属性和经济社会属性出发开展研究，尤其是社会经济属性是生态产品价值最重要的载体。许英明和党和苹（2006）提出商品性是生态产品的重要特性，将生态产品商品化是其有效供给的方式之一。高建中和唐根侠（2007）提出生态产品的供给由政府完成是外部性问题得到解决的最优解，同时，生态产品供给支付的主要资金来自政府资金。钟大能（2008）提出生态产品的供给受地域影响，将生态产品跨区域输送或购买是不可能实现的。丁宪浩（2010）提出构建生态产品的综合交易系统能够克服生态产品供给和交易过程中存在的特定障碍。杜建宾（2012）提出针对退耕还林补偿，生态产品的供给意愿受农户收入水平和收入结构的直接影响。戴芳等（2013）借助博弈论分析生态产品供给问题，并提出纳什均衡会因不同的经济发展阶段而存在差异。高丹桂（2014）提出生态产品的供给需要以共建为原则，全民参与生态功能区建设，并坚守公益原则，让生态产品能够被全体居民共享。

针对生态产品市场化供给研究，曾贤刚等（2014）提出中国生态产品的市场化供给路径分为生态购买、直接市场交易和生态资产交易，虽然生态产品的供给主体具有多样化特点，但是市场化有利于平衡各方权利，对于生态产品供给有积极促进作用，发展趋势不容忽视。陈辞（2014）提出中国生态产品的供给存在总量不足、市场化技术难度显著、制度有待改善等困难，他建议从供给主体切入，构建价格形成、市场交易和财政补偿机制以应对生态产品供给短缺影响社会经济发展的问题。孙庆刚等（2015）提出生态产品的供给和价值实现存在"U"形线性关系，经历的是先破坏、后治理的发展过程，建议政府构建与区域生态产品供给相适应的生态补偿制度，通过生态产品供给内在激励机制的推动实现生态价值与经济价值相统一。孙爱真等（2015）通过研究发现，西南地区城市生态产品供给数量、质量和服务效率较农村地区有一定差距，为保证生态产品的有效供给，提出了构建生态产品供需总体框架的建议。林黎（2016）提出构建多中心治理机制从而实现生态产品供给主体多元化，提出政府、市场和社会三者密切配合，以解决生态产品供给在中央、地方和企业各主体间长期博弈的困境。李繁荣和戎爱萍（2016）提出构建政府和私企之间的 PPP 合作模式，借助项目外包、特许经营和生态购买等手段实现生态产品的供给，从而解决的供给机制效率低下的问题。朱颖等（2018）首先对森林生态产品供给的范围进行限定，提出森林生态产品的供给是利益主体通过各位生产要素的投入，以特定供给方式，给相关利益主体提供产品和服务的过程。

因此，生态产品价值实现一般遵循"条件优势—生产优势—产品优势—经济优势"的转化逻辑。良好的生态本底是潜在条件优势，必须与相应的人力资本、物质资本相结合，配置好生产要素，形成生产优势。结合区域分工和产业链布局，通过产业组织管理，形成产品优势。然后通过营销和品牌推广，在市场中赢得信赖和竞争优势，成为地区发展的经济优势。

生态产品根据公益性程度和供给消费方式，可以分为三种类型和价值实现路径：一是公共性生态产品，主要指产权难以明晰，生产、消费和受益关系难以明确的公共物品，如清新空气、宜人气候等，三江源等重点生态功能区所提供的就是该类能够维系国家生态安全、服务全体人民的公共性生态产品；其价值实现主要采取政府路径，依靠财政转移支付、财政补贴等方式进行"购买"和生态补偿。二是经营性生态产品，主要指产权明确、能直接进行市场交易的私人物品，如生态农产品、旅游产品等；其价值实现主要采取市场路径，通过生态产业化、产业生态化和直接市场交易实现价值。三是准公共性生态产品，主要指具有公共特征，但通过法律或政府规制的管控，能够创造交易需求、开展市场交易的产品，如我国的碳排放权和排污权、德国的生态积分、美国的水质信用等；主要采取政府与市场相结合路径，政府通过法律或行政管控等方式创造出生态产品的交易需求，市场通过自由交易实现其价值。

从国内外已有的实践来看，生态产品价值实现的主要做法如下。

(1) 生态资源指标及产权交易

针对生态产品的非排他性、非竞争性和难以界定受益主体等特征，通过政府管控或设定限额等方式，创造对生态产品的交易需求，引导和激励利益相关方进行交易，将政府主导与市场力量相结合的价值实现路径。

生态资源指标交易：以自然资源产权交易和政府管控下的指标限额交易为核心，建立市场交易机制，引导资源环境使用方购买相应指标，反映的是对生态环境和自然资源经营管理、保护的经济补偿，政府的主要职责是实施行政管控、交易品种设计、交易规则制定等，包括林业碳汇交易、乡村碳汇交易、森林覆盖率交易等。

林业碳汇交易（图1-10）：通过市场化手段参与林业资源交易，从而产生额外的经济价值，包括森林经营性碳汇和造林碳汇两个方面。

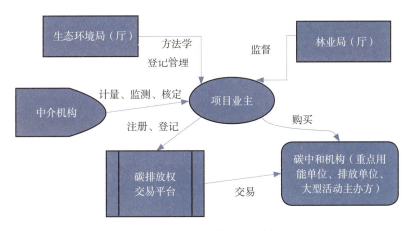

图 1-10　林业碳汇交易路径

森林经营性碳汇针对的是现有森林，通过森林经营手段促进林木生长，增加碳汇。造林碳汇项目由政府、部门、企业和林权主体合作开发，政府主要发挥牵头和引导作用，林业部门负责项目开发的组织工作，项目企业承担碳汇计量、核签、上市等工作，林权主体是收益的一方，有需求的温室气体排放企业实施购买碳汇。

福建省三明市通过集体林权制度改革明晰了林权，探索开展"林票"制度改革，引导林权有序流转、合作经营和规模化管理，破解了林权碎片化问题，提高了生态产品供给能力和整体价值。此外，三明市借助国际核证碳减排、福建碳排放权交易试点等管控规则和自愿减排市场，探索开展林业碳汇产品交易；澳大利亚开发农业土壤碳汇项目并建立了严格的基线采样、碳汇计量和项目运行机制，通过"反向拍卖"规则开展市场交易。这些做法都是将生态系统的固碳服务转化为可交易的碳汇产品，有利于实现生态产品的综合效益。

重庆市通过设置森林覆盖率这一约束性考核指标，明确各方权责和相应的管控措施，形成了森林覆盖率达标地区和不达标地区之间的交易需求，搭建了生态产品直接交易的平台，打通了绿水青山向金山银山的转化通道。此外，重庆市以地票制度为核心，将地票的复垦类型从单一的耕地，拓宽到林地、草地等类型，拓展了地票的生态功能，建立了市场化的"退建还耕还林还草"机制,减少了低效的建设占用,增加了生态空间和生态产品,实现了统筹城乡发展、推动生态修复、增加生态产品、促进价值实现等多重效益。

生态资产产权交易(图1-11):针对自然资源资产产权进行流转或交易,包括林地使用权流转、特许经营权交易等。该模式下,自然资源产权购买方以市场交易方式给予提供者(生态产品供给方)一定的经济补偿,通过产权流转等方式,实现自然资源资产的集中化和规模化经营,减少了交易成本,提高了生态产品供给能力和整体价值,包括林票模式、地票模式。漳州市、三明市,林业地票(林票)包括林地所有权、承包权、经营权"三权分置改革"资源变资产、资产变资本、资本变收入。

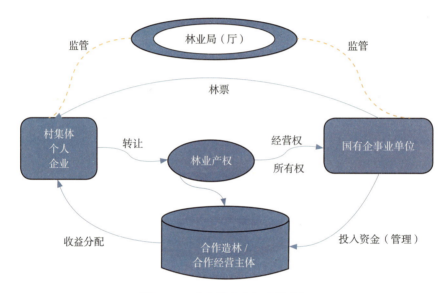

图 1-11 生态资产产权交易路径

美国湿地缓解银行是一种市场化的补偿和价值实现模式,其核心是通过法律明确了湿地资源"零净损失"的管理目标和严格的政府管控机制,并设计了允许"补偿性缓解"的制度规则,从而激发了湿地补偿的交易需求,形成了由第三方建设湿地并进行后期维护管理的交易市场。湿地缓解银行模式既保障了湿地生态功能的平衡,又促进了湿地生态价值与经济价值的转换,是生态产品价值实现的有效模式。

德国生态账户是一种政府管控与市场交易相结合的价值实现模式,政府以法律形式明确"对自然生态造成的影响必须得到补偿",并规定了生态账户及生态积分的评估、登记、使用和交易等规则,形成了由占用者或第三方建立生态账户、获得生态积分并进行交易的市场,其实质是将带有公共品性质、难以进行交易的生态系统服务,转化为可以直接市场交易的生态积分或指标,促进生态价值的实现。在生态价值核算过程中,德国不是采用"货币化"的方式度量生态系统服务的价值,而是采用"指数化"的方式将其转化为生态积分,既避免陷入"算多少、值多少"的误区,又为通过市场力量配置生态产品奠定了基础。

（2）生态修复及价值提升

在自然生态系统被破坏或生态功能缺失地区，通过生态修复、系统治理和综合开发等方式，恢复自然生态系统的功能，增加生态产品的供给，并利用优化国土空间布局、调整土地用途等政策措施发展生态产业，实现生态产品价值提升和价值"外溢"。

福建省厦门市五缘湾片区通过开展陆海环境综合整治和生态修复保护，以土地储备为抓手推进公共设施建设和片区综合开发，依托良好生态发展生态居住、休闲旅游、医疗健康、商业酒店、商务办公等现代服务产业，增加了片区内生态产品，提升了生态价值，促进了土地资源升值溢价。

山东省威海市将生态修复、产业发展与生态产品价值实现"一体规划、一体实施、一体见效"，优化调整修复区域国土空间规划，明晰修复区域产权，引入社会主体投资，持续开展矿坑生态修复和后续产业建设，把矿坑废墟转变为生态良好的AAAAA级华夏城景区，带动了周边区域发展和资源溢价，实现了生态、经济、社会等综合效益。

江苏省徐州市贾汪区潘安湖采煤塌陷区以"矿地融合"理念，推进采煤塌陷区生态修复，将千疮百孔的塌陷区建设成为湖阔景美的国家湿地公园，为徐州市及周边区域提供了优质的生态产品，并带动区域产业转型升级与乡村振兴，维护了土地所有者权益，显化了生态产品的价值。

广东省汕头市南澳县坚持生态立岛，积极推进"蓝色海湾"等海洋生态保护修复，实施海岛农村人居环境整治，提升了海洋生态产品生产能力；依托丰富的海域海岛自然资源和良好的生态环境，发展海岛旅游等产业，促进了当地发展和群众增收。

广西壮族自治区北海市以"生态恢复、治污护湿、造林护林"为主线，在尊重自然地理格局的基础上，对冯家江实施生态治理，建成以冯家江滨海国家湿地公园为核心的生态绿廊；以统一规划管控和土地储备为抓手，推动片区综合开发，系统改善人居环境，发展绿色创新产业，打造了人与自然和谐共生的绿色家园。

海南省儋州市莲花山推动生态修复、环境治理、文化传承、产业发展"四位一体"联动，解决历史遗留矿山的生态环境问题，引进社会资本推动产业发展，实现了生态效益、经济效益和社会效益相统一。

（3）生态产业化经营

通过综合利用国土空间规划、建设用地供应、产业用地政策、绿色标识等政策工具，发挥生态优势和资源优势，挖掘和显化自然生态价值，推进生态产业化和产业生态化，以可持续的方式经营开发生态产品，将生态产品的价值附着于农产品、工业品、服务产品的价值中，并转化为可以直接市场交易的商品，是市场化的价值实现路径。

浙江省丽水"山"字公共品牌体系包括丽水山耕、丽水山居、丽水山景、丽水山泉。2022年，丽水山耕品牌销售额约60亿元，产品平均溢价率达30%。经丽水山耕品牌背书的梅峰龙井、缙云麻鸭等产品均产生了10%~50%不同程度的产品溢价。"丽水山居"品牌已建设培育成为农家乐民宿经济的新标杆，扎实推进农家乐民宿产业转型升级。目前，全市农家乐民宿经营户（点）3800余家，全年共接待游客2787万人次，同比增长26%；实现营业总收入31.2亿元，同比增长34%。

浙江省余姚市梁弄镇通过实施全域土地综合整治，加大对自然生态系统的恢复和保护力度，推动绿色生态、红色资源与富民产业相结合，发展红色教育培训、生态旅游、会展、民宿等"绿色+红色"产业，吸引游客"进入式消费"，将生态优势转化为经济优势，实现了"绿水青山"的综合效益。

江西省赣州市寻乌县在统筹推进山水林田湖草沙生态保护修复的同时，因地制宜发展生态产业，利用修复后的土地建设工业园区，引入社会资本建设光伏发电站，发展油茶种植、生态旅游、体育健身等产业，逐步实现"变废为园、变荒为电、变沙为油、变景为财"，实现了生态效益和经济社会效益相统一。

云南省玉溪市按照"湖边做减法、城区做加法、自然恢复为主、减轻湖边负担"的原则，实施抚仙湖流域腾退工程，推动抚仙湖流域整体保护、系统修复和综合治理，大幅增加了优质生态产品的生产能力，实现了生态环境持续向好、用地结构持续优化和一二三产业和谐发展。

云南省红河州阿者科村依托特殊的地理区位、丰富的自然资源和独特的民族文化，坚持人与自然和谐共生，发展"内源式村集体主导"旅游产业，把优质生态产品的综合效益转化为高质量发展的持续动力，实现了生态保护、文化传承、经济发展和村民受益的良性循环。

吉林省白山市抚松县面对禁止开发区域和限制开发区域占比高的现状，坚持生态优先、绿色发展，做大做优"绿水青山"，提升优质生态产品供给能力；利用得天独厚的资源禀赋条件和自然生态优势，因地制宜地发展矿泉水、人参、旅游三大绿色产业，促进生态产品价值实现和效益提升。

宁夏回族自治区银川市贺兰县在土地整治、改良盐渍化土壤的基础上，开发了集农业种植、渔业养殖、产品初加工、生态旅游于一体的生态"农工旅"项目，完成了从传统种植到稻、鱼、蟹、鸭立体种养，再到产业融合发展的转型，获得了耕地保护、生态改善、产业提质、农民增收等多重效益。

（4）生态补偿

按照"谁受益、谁补偿，谁保护、谁受偿"的原则，通常政府作为实施主体，以财政资金为主要资金来源，对生态产品供给方给予补偿，以激励其开展生态保护，保障生态产品供给，具体金额通常采用供给方放弃原有经营利用方式的机会成本、生态保护的增量投入或双方协商等方式确定；生态产品供给方通过获取补偿或补贴等方式实现产品价值。

"一水共护"跨界水体共保联治的"新安江模式"：新安江，发源于安徽省黄山市休宁县，汇入浙江省千岛湖，承担着水源涵养、饮用水源供给、生物多样性维护等功能，是浙江最大的入境河流。从2012年开始，浙皖两省连续开展了三轮新安江流域生态补偿机制试点，考核断面年度水质达标，浙江拨付安徽补偿资金，这一做法被称为"新安江模式"。2012年至今3次补偿试点，浙江累计补偿60.2亿元；从2024年，参照浙皖GDP增速，逐年增长，走出了一条"上游主动强化保护、下游支持上游发展"的互利共赢之路。2023年以来，黄山市设立市级领导小组及专职机构，全面推进工业、农业和生活污染防治，构建集环保、水利、住建等监控系统于一体的流域智慧管理系统，形成横向到边、纵向到底的流域保护治理网络。新安江流域跨省界断面水质P值为0.81，连续12年优于考核标准，建立全民参与保护体系，在全省首创并建成"生态美"超市469家。新安江（黄山段）入选首批全国美丽河湖优秀案例。2023年，黄山市接待游客8327万人次、旅游总收入743亿元，较2019年分别增长12.49%、12.68%。

湖北省鄂州市探索生态价值核算方法，统一计量自然生态系统提供的各类服务和贡献，并将结果运用于各区之间的生态补偿，让"好山好水"有了价值实现的途径，激发了"生态优先、绿色发展"的内在动力。

浙江省杭州市余杭区青山村通过与生态保护公益组织合作，探索采用水基金模式进行水源地生态保护及补偿，通过建立水基金信托、基于自然理念开展农业生产、对村民转变生产生活方式所形成的损失进行生态补偿、吸引和发展绿色产业等措施，引导多方参与水源地保护并分享收益，构建了市场化、多元化、可持续的生态保护补偿机制，实现了青山村生态环境改善、村民生态意识提高、乡村绿色发展等多重目标。

美国马德福农场综合运用多种路径和措施以实现生态产品的价值，对于能够直接市场交易的农产品、旅游狩猎服务等，通过市场化方式实现其价值。对于带有公共品特征的清洁水质、湿地生态系统服务等，一方面充分利用政府管控所形成的交易市场，推动了湿地信用、水质信用等多种"指标"交易，显化了生态价值；另一方面，积极参与美国"土地休耕增强计划"并获得政府补贴，其实质是一种生态补偿措施，农场实施休耕和生态修复，增强了生态产品的供给能力，政府通过补贴的方式"购买"农场生产的生态产品，推动形成了"保护者受益、使用者付费"的利益循环。

（5）绿色金融赋能

金融赋能生态产品价值实现的本质逻辑是金融机构改变传统的资产、信用的观念，通过金融模式创新为企业融资（尤其生态产品发展项目融资）提供便利。例如，林业碳汇质押贷款；碳排放权质押贷款；"碳足迹"贷款；生态贷，典型的如GEP贷。

丽水GEP贷：莲都区大港头镇是国家级生态示范镇，被列入丽水18个首批生态产品价值实现机制示范建设乡镇（街道）。据《莲都区大港头镇2019年生态系统生产总值（GEP）核算报告》，大港头镇2019年生态系统生产总值37.37亿元。莲都农商银行向大港头镇"乡村振兴"整镇授信6亿元，其中GEP贷授信1亿元，用于解决镇上生态项目建设的资金需求。

"碳足迹"挂钩贷款："碳足迹"是指企业在生产经营中引起的温室气体排放集合（以二氧化碳当量计）。"碳足迹"挂钩贷款是指贷款利率与企业"碳足迹"即碳减排量挂钩。"碳足迹"挂钩贷款使用期间，若企业能达到既定减排目标，可享受更低利率优惠的贷款，从而降低企业的财务成本，实现将节能减排转化为经济效益的良性促进机制。

林业碳汇质押贷款：林业碳汇预期收益权质押贷款是为从事林木培育、种植或者管理的企业专门设计的创新信贷业务，该业务以企业植树造林产生的收入作为还款来源，以预期森林碳汇收益权质押作为增信措施，从而为企业提供信贷支持，满足企业的资金需求。

2023年5月云南省普洱市宁洱县举行碳汇收益权质押试点项目签约仪式，某银行宁洱县支行向普洱某林化有限公司发放贷款1200万元。该笔贷款的发放，标志着云南首笔林业碳汇预期收益权质押贷款落地宁洱县。2022年10月，兴业银行福州分行综合运用人工评估+卫星遥感技术，对福州市某林场进行碳汇估算，以其林业碳汇质押为增信措施，为福州市晋安瑞昶产业发展有限公司发放500万元贷款。

福建省南平市借鉴商业银行"分散化输入、整体化输出"的模式，构建"森林生态银行"这一自然资源管理、开发和运营的平台，对碎片化的森林资源进行集中收储和整合优化，转换成连片优质的"资产包"，引入社会资本和专业运营商具体管理，打通了资源变资产、资产变资本的通道，提高了资源价值和生态产品的供给能力，促进了生态产品价值向经济发展优势的转化。

近年来，各地结合工作实际，在探索生态产品价值实现方面取得了积极进展和一定成效，但仍然存在理论认识模糊、工作基础薄弱、实现路径单一、政策创新不够、内生动力不足等问题。我们必须认真贯彻落实党中央、国务院要求和部署，坚持问题导向、目标导向、结果导向，抓住工作重点，加快建立健全生态产价值实现机制。

一是深化理论研究。进一步深化生态产品价值实现基础理论研究，跟踪国内外生态产品价值实现的研究进展和实践做法，构建生态产品价值实现的理论体系，明晰生态产品内涵外延、价值来源、理论基础、重大关系等基本问题，为自然资源领域生态产品价值实现机制建设提供理论支撑。

二是构建技术体系。开展自然资源调查监测评价和统一确权登记，清晰界定自然资源资产的产权主体和边界，探索研究自然资源调查（"存量"）与生态产品信息普查（"流量"）相衔接的技术方法。按照"可靠指标、成熟方法、有效数据"的原则，综合考虑实用性、连续性和基层可推广性，研究制定生态产品价值核算方法，探索在国家公园等重点区域构建工程化实施的价值核算体系。研究建立生态产品价值实现评估技术，评估生态产品供给能力和价值实现程度。

三是丰富实现模式。鼓励搭建"生态银行"等自然资源资产运营管理平台，集中自然资源资产并开展整体运营，提升生态产品的供给能力和整体价值。积极探索并创新生态资源指标及产权交易、生态治理及价值提升、生态产业化经营和生态补偿等价值实现模式。建立公众参与机制，激发公众、企业和公益组织参与生态产品生产和价值实现的积极性。

四是创新配套政策。针对不同主体功能、不同发展阶段、不同自然生态系统类型地区，形成可复制推广的配套政策。发挥国土空间规划的引领作用，探索建立国土空间规划和生态产品价值实现统筹协调、高效联动的运行机制。创新土地等自然资源资产配置政策，依法依规探索促进生态产业发展的供地政策和多元化供地方式。推动生态修复成本内部化，探索附带生态保护修复条件的供地等土地资产配置方式。

五是推动试点示范。推动自然资源领域生态产品价值实现试点，及时总结成功经验，加强宣传推广。会同相关部门选择工作成效显著的地区，打造一批生态产品价值实现机制示范基地。

1.2.2.5 生态产品价值实现的制度选择与价值导向

生态产品价值实现在典型路径上已经形成了阶段性共识，各地在实践中也推出多样化的制度设计。多样化的制度为生态产品价值实现路径提供了灵活的空间，但也可能因制度不同的价值导向而带来了一些隐忧。实践中，需要辨析可能存在的价值导向冲突。

（1）外溢共享型的两类制度选择

外溢共享型的生态产品因排他性低而难以推动私人的主动供给。政府通过财政转移支付或强制市场收益再分配等方式推动此类产品的"购买"，是既具效率又兼顾公平的治理路径。实践中已能观察到政府在生态补偿制度上存在多样化的选择。

一是政府可以通过财政转移支付、设立专项基金等方式，对实施生态保护行为的个人或组织进行补偿。这种方式的优势在于通过政府统筹避免了个体之间的协商成本或交易成本，在很短的时间内就能实现生态保护和奖补的全社会集体行动。同时，公共财政取之于民且用之于民，符合共享外溢效应的公平原则。例如，政府可以主动购买碳汇以满足各项公共活动"碳中和"的目标。此时，碳汇的供给者通过获得财政支付得到补偿，而公众也共享了碳汇增加对实现"碳中和"的效益。

二是政府通过强制的方式，要求特定主体支付生态保护的成本。这种方式的优势在于，可以根据个人（或组织）在分享外溢效应上存在的差别，或根据个人（或组织）财富初始禀赋的不同等，有区别地设计制度。而有区别的制度设计在实现生态保护的同时，能更精准地体现"使用者付费"原则。例如，同样针对碳汇这类生态产品，政府除了主动购买，还可以要求市场中特定行业的企业购买碳汇，以抵消其生产造成的碳排放。这相当于政府通过管制而建立起一种收益再分配机制。企业根据成本和收益来判断是否购买碳汇以及购买的最优数量，碳汇的供给者则分享了企业的部分利润，即特定范围的企业支付了碳汇的成本，而全社会共享了增加碳汇的效益。

外溢共享型制度（生态补偿）设计存在政府主动购买（即财政转移支付）或者强制市场主体购买（即市场转移支付）两类方式，这两类方式会形成迥异的价值导向。

以碳汇购买为例。如果是政府自我要求所有公共活动、公务活动都满足碳中和的标准（如北京2022年的"零碳"冬奥会、杭州2023年的"零碳"亚运会等），那就意味着公共财政被用于购买碳汇。这有助于全社会理解保护环境不仅是政府的责任，也是每个人的责任（公共财政的支出，既是每个人的成本，也是每个人的收益），从而提高公众对气候变化和生态保护的认识，并有助于民众不断巩固绿色低碳的价值导向。相反，如果政府要求企业必须购买碳汇以抵消其生产行为的碳排放，虽然这有利于降低财政压力并提高碳汇价格，但也会造成企业将购买碳汇纳入自身的成本核算，影响企业对购买碳汇的认识，即企业会将对购买碳汇的认识从保护生态环境的社会责任转变为追求利益最大化的行为。此外，企业还可能会通过产品将碳汇成本部分转嫁给消费者，这或将进一步促使追求利益最大化的价值导向在社会中扩散。

（2）赋能增值型的两类制度选择

赋能增值型的生态产品因具备一定的排他性而具有了激励私人主动供给的可能。其中，政府通过明确或扩展产权能为私人供给提供条件，市场则为实现收益提供具体路径。实践中，政府在设权赋能和产业准入上也存在多样化的制度选择。

一是政府可以在具有优美生态环境的地区允许一些以直接开发资源或者直接向环境排放一定污染的产业项目立项，从而能够让这类产业借助优美的生态环境获得更高的市场收益。这些收益中有一部分会通过税收等方式反哺当地财政，进而惠及民众。从"九五"时期以来，我国就加大了对重点区域的污染治理工作，一些在经济快速发展阶段遭到破坏的重要水体、土壤或矿区等生态系统得到了修复。但是，如何保护和有效利用这些修复后的自然资源和生态系统，则考验着地方政府的治理理念和治理能力。有的地方采取"短期回本"的策略，在修复后的生态空间中建设房地产或者发展餐饮业等经济见效快、收益高的项目，但此举可能又会对生态系统产生负面影响。

二是政府可以先行对产业准入设定严格的管制条件，从而保障产业项目的经营不会对生态系统产生负面影响（或者不超过生态系统韧性阈值）。实践中，也有一些地方采取了坚持保护维护生态本底不受影响的原则，对产业用途进行了限制，只允许诸如高端研发、生态旅游和现代农业等符合"生态+"类型的产业建设。虽然此举的短期经济收益有限，但更有利于生态系统的保护和维护，也能够带来长期的经济和生态效益。

赋能增值型制度主要针对自然资源资产或生态系统服务进行设权赋能，并建立健全对应产品的市场制度，存在偏重短期营利或偏重长期公益两类市场准入的差别化制度选择。两类选择也会形成迥异的价值导向。

以生态修复后对应的产业选择为例。如果政府允许直接开发资源或者对向环境排放一定污染的产业立项，就会造成市场主体竞相追逐修复后的自然资源或生态系统的开发利用权利（可获得更高利润），这必然将产生典型的个人理性与集体理性的矛盾——个体将追求短期的、局部的经济利益，并忽视对修复后的生态系统造成的破坏。相反，如果政府通过国土空间用途管制做好产业准入控制，只允许在被修复的生态系统区域开展有利于生态保护和维护的"生态+"项目，就会引导市场主体逐渐形成一种内生的保护、维护生态的动力。因为"生态+"项目高度依赖生态环境质量，质量越高，相应产业的收益越高。这种激励有利于形成集体理性——个体不仅追求自己的利益，同时也重视集体利益，即保护、维护修复后的生态系统。

（3）配额交易型的三类制度选择

配额交易型生态产品原本因不具有显著排他性且面临空间异质性等特征而难以通过市场进行配置，但政府可以通过行政管控设定配额，并允许下级政府、市场主体或者社会主体等交易配额，从而实现配额承载的生态产品的经济价值。当然，在具体配额制度的设计上，实践中也存在多样化的制度选择。

一是形成配额存在多样化的制度选择。政府既可以通过行政命令直接设定配额总量，也可以采取依托生态抵消的前置条件来形成配额。前者不需要事先对资源或生态进行修复,各类主体可以在政府设定的配额下开展对应配额的使用,但这将造成资源或生态系统进一步的开发。例如,碳市场交易中,初始的配额是由政府根据减排目标、历史信息和行业特征所设定的碳排放总量,这种总量属于允许碳排放的新增量。

而后者则需要事先对资源或生态进行修复,属于对生态环境"无净损失"的制度设计,即把配额总量与对生态系统开展的修复量相挂钩。例如,江西省万年县成立了"湿地银行",并建立了湿地占补平衡的指标交易体系。其中,允许交易的湿地占补平衡指标总量就来源于湿地修复后的新增湿地面积。

二是交易配额存在多样化的制度选择。政府既可通过无差别的方式交易配额,也可采取以一定汇率的方式交易配额,或采取只允许在特定区域内交易配额的方式。无差别的交易不考虑交易主体和客体的异质性,配额在交易前后不会在数量上产生变化(如我国目前碳市场中的碳交易);一定汇率的交易考虑了交易主体和客体的异质性,交易前后的配额需要根据两地生态系统的差异性按一定汇率折算(如耕地占补平衡中需要满足质量平衡,从而要求占补需要根据交易双方的耕地等级进行折算);只允许在特定区域内交易也是为了考虑交易主体和客体的异质性,通过限制交易范围而避免交易造成资源开发的集聚现象。

三是使用配额存在多样化的制度选择。政府既可以允许购买方自行使用,也可以由政府自己统筹决定交易后的配额使用,还可以允许由民众共同决定配额的使用。一般来说,配额交易后都会由购买方自行决定如何使用(如碳市场中的配额一般由企业自行用于扩大生产活动);但也有一些情形下政府会统筹交易前后的配额使用(如早期的城乡建设用地增减挂钩,农村建设用地拆旧复垦后形成的指标由政府分配给城镇特定项目使用);还有一些情形下,地方政府积极推动社会治理模式创新,鼓励民众参与配额使用的决策(如在全域土地综合整治的地方实践中,一些地方政府鼓励农村集体组织和城镇居民协商生产、生活和生态空间的布局)。

配额交易的制度设计本意是在总量控制的前提下通过市场配置提高配额的配置效率,但因为配额的初始数量及来源、交易规则、后续使用规则等存在多样化的制度选择,也会造成迥异的价值导向。

以生态抵消类型的制度设计为例(如湿地、耕地等占补平衡制度)。如果以通过向其他地区购买配额来换取本地开发额外自然资源的权利,就会产生以经济利益为导向的交易动机。一方面,这种交易动机会造成购买方只是在不断权衡经济成本和收益,并不利于交易双方认识生态抵消行为的本质(因为生态抵消制度初衷是为了保护生态环境,而不是权衡利益)。另一方面,这种交易动机还将导致开发和保护的空间集聚现象,而这个现象将引起公平发展伦理的争议(即发达地区是否就应该有更多发展的机会)。虽然一些公共政策已被用于缓解这个问题(如前面提到的一定汇率的配额交易或者限制交易范围),但这些政策工具只能缓解集聚问题而无法改变只重视经济收益的价值导向。相反,如果政府重视引导或推动利益相关方参与生态抵消项目设计、配额交易过程和后续使用的决策,就有可能产生不同的结果。例如,浙江省在推进"千万工程"的过程中形成了全域土地综合整治模式。该工程是以乡村环境整治为切入口,逐渐形成了包含环境整治、经济发展、文化传承、社区参与治理、均衡城乡发展等多元的价值导向。全域土地综合整治作为一种政策工具，不仅缓解了空间"碎片化"问题，提高了生态系统整体性效益和功能潜力，还通过公共治理理念推动了利益相关方积极互动，从而对当地开展全域整治后的生产、生活和生态空间的统筹布局和具体使用形成共识。这种共识就蕴含着新的、更多元的价值导向，而不仅仅是追求经济利益。

1.2.2.6 生态产品价值实现存在的问题

生态产品是人类从自然界获取的生态服务和最终物质产品的集合，推动生态产品价值实现是当前践行绿水青山就是金山银山理念的时代任务和实践要求。近年来，在生态产品价值实现机制上进行了许多有益探索和创新尝试，促进生态产品价值实现的政策措施显现出良好的效果。从当前生态产品价值实现机制试点的浙江省丽水市和江西省抚州市以及全国各地生态产品市场化的经验来看，相较于美国、欧盟等做法，仍存在诸多问题需要切实加以解决。

（1）生态产品的价值认识不足

现阶段部分地区仍对生态产品公共属性认识不足，不管在实践层面还是理论层面，存在"三个"认识误区：一是没有认识到生态产品是经济发展的优质资源，没有把生态资源与经济发展联系起来，忽视了生态资源的经济价值。二是将生态产品价值实现简单的等同为"等、靠、要"，地方过分依赖国家和上级的生态保护补偿，对生态产品的商品属性认识不够，忽视了开发经营与利用。三是把实现生态产品价值作为经济落后的"挡箭牌"，对"两山"理论的定位仍然停留在要绿水青山、不要金山银山的阶段，将生态环境保护视作经济增长的负担、经济发展不力的理由。

（2）生态产品量化表达困难

生态产品价值核算方面标准不一致、方法不统一、可比性较差，对产品与服务的经济价值缺乏科学性的估值、标准化的定价，从生态资源到生态资产的转化变现缺少依据。大部分后端交易未能进行充分竞价，流转价格由市场主体主导。价格未能充分体现生态环境的外部性与外溢价值，把资源当作单一元素，未将资源所在的山水林田湖草沙生态系统作为统一整体进行综合定价。

（3）生态产品市场不活跃

长期以来，受"产品高价、原料低价、资源无价"影响，空气、水源等生态产品在市场化推进过程中，价值计量、市场价格形成难度大，影响了生态产品配置的经济效率。缺乏市场意识、交易平台和定价机制导致市场活跃度不高，国家重点生态功能区省份整体经济水平较弱，专业人才缺乏，生态产品交易平台尚未完全建立，生态产品价格形成难度大。因此，生态产品市场化机制存在的内生性缺陷，难以同时兼顾经济发展和生态环境，独立完成生态产品的供给任务难度大。

（4）多元生态补偿机制不健全

国家重点生态功能区的补偿方式单一、标准普遍较低，没有真正做到"谁受益，谁补偿"。一是重点生态功能区转移支付的计算方法与生态环境保护的实际情况不匹配，大江大河与小江小河源头采取同样的重要性系数计算转移支付金额，没有体现出差异性，突出重要性。二是生态补偿和生态保护工程投资标准对地区的实际困难考虑不足，补助制度落实困难。三是地方财政对生态产品购买的保障能力较弱，生态补偿标准较低，财政压力较大。

（5）资金管理使用效益不高

资金来源和使用方面还面临一些问题。一是资金投入不稳定、缺口较大，现有的生态补偿等多为阶段性政策。生态保护补助奖励资金额度偏低，对生态移民的资金扶持力度不够。二是资金使用效益不高，一些地方申报项目时较盲目，缺乏科学的项目可行性分析，部分项目不能充分发挥效益，配套机器设备缺乏专业技术人员而闲置，造成资金使用效益低下甚至损失浪费。

1.2.2.7 相关建议

面对"十四五"新发展阶段，应完善国家重点生态功能区特别是三江源地区生态产品价值实现机制，打通"绿水青山"向"金山银山"的转换通道，以全方位的政策体系推动生态产品价值实现，全面推进绿色发展之路，真正实现"一江清水向东流"。

（1）明确生态产品开发利用的功能定位

充分认识国家重点生态功能区农产品、水产品、畜产品、清洁水源和清洁空气等生态资源是经济发展的优质资源。一要明确生态产品使用价值具有多层次性，对价值较低甚至价值为负的废弃资源进行整合、修复、改造，转变为能够满足人们生存发展需要的资源。二要明确生态产品价值来源的复合性，生态产品价值由"自然力"和人类劳动力共同作用形成，充分体现使用价值和价值。三要明确生态产品价值构成的多样性，生态产品具有市场价值和非市场价值，市场价值包括直接获取的食品、水源等价值和生态产品提供的正外部性服务而产生的外溢价值。四要明确生态产品价值量的动态性，价值量随着生态环境条件的改变而增减。五要明确生态产品价值的空间差异性，生态产品的开发力度、强度和重点都应与区域功能定位相适应。

（2）健全生态产品价值评估体系

改进生态产品价值评估方法。充分考虑评估本身的复杂性与生态产品的特殊性，兼顾经济、社会和生态环境三方的效益，应从评估主体、客体和方法三方面予以完善。用法律法规监督管理生态价值评估人员、规范评估方法，制订针对性评估程序、方法，保证评估结果精细、准确，以提供更客观、可信度更高的价格信号，最终实现生态利益、经济利益和社会利益三者兼顾的平衡。采用差异化核定法，严格把控评估专业机构资质标准，经政府授权的权威专业机构核定确认的生态价值，作为生态产品产权确认、出让和流转的价格依据之一。

（3）构建生态产品市场化运作体系

优化传统生态生产方式加稀缺定价的市场模式，建立对可供交易的物质产品市场化机制，对不能直接变现的生态涵养类产品建立生态指标和生态信用，发挥政府对市场的激励与约束作用。健全基于生态系统生产总值的评价考核机制，加强考核结果运用，为经济社会考评、生态付费、生态补偿政策的制定提供理论支撑和科学依据。研究产权改革，探讨生态账户建立的可能性以及生态系统生产总值考核评价、生态补偿、绿色金融等途径，并构建相应的关联机制。创新绿色金融、信息共享机制，促进生态产品的价值在以政府为主导的生态补偿和多元主体参与、绿色金融支撑的市场化机制协同推进下得以实现。

（4）完善生态补偿机制

结合地区实际，突出主体功能定位，着力构建完善的生态保护补偿制度体系。统筹中央和省级预算内投资，对重点生态功能区的基础设施建设予以倾斜。完善资源收费基金和各类资源有偿使用收入的征收管理办法和生态保护成效挂钩的资金分配激励约束机制。继续推进生态保护补偿试点，建立健全综合生态保护补偿政策，明晰补偿金，明确补偿方式，制定补偿标准。加快推进各有关部门生态管护职能融合，实现草原、森林、河流、湖泊、湿地、荒漠、耕地管护由部门分割向"多方融合"转变，努力构建全区域、全方位、全覆盖的一体化管护格局。加强生态监测能力建设，研究建立生态保护补偿统计指标体系和信息发布制度。建立用水权、排污权、碳排放权初始分配制度，完善有偿使用、预算管理、投融资等机制，培育和发展交易平台，推动"碳达峰碳中和"实质性进程。

（5）加强资金管理发挥使用效益

拓宽生态产品开发的融资渠道，改变单一的政府融资模式，加强资金管理，提高资金使用效益。一要推进财税体制改革，明确地方和中央政府的财权和事权，使各级政府的财权和事权相统一，加强地方政府尤其是基层政府的财力，提高地方政府的生态产品供给能力。二要创新融资方式，探索草原碳汇、生态彩票、地方政府生态债券等，有效弥补资金不足不稳的问题。三要深化"放管服"改革，依托生态效益显著的PPP项目，吸引符合资质条件的社会资本参与园区建设，撬动更多社会资本和社会公益资金，共同参与生态文明建设。四要加快由中央政府协调建立长江、黄河、澜沧江流域省份协同保护三江源生态环境的共建共享机制。五要借助国家公园品牌，激发内生动力，增强自身造血功能，适度发展高原生态有机畜牧业、文旅产业等特色产业，实现生态产品价值转化，拓展更多市场资金来源渠道。

（6）坚持政府主导地位

生态产品价值实现强调从生产端调节而提升供给能力，满足民众对良好生产生活条件的需求，而非从消费端矫正需求，实现短暂的市场供需平衡，具有较强公共物品属性。尤其是生态产品价值实现关系到生态安全，生态本底的保护尤为关键。因此，只有坚持政府主导地位，对社会资本介入生态产品价值实现市场设置"红绿灯"，完善生态产品货币价值分享机制，保障生态环境保护参与者权益，充分打通"绿水青山"与"金山银山"相互转化通道，使得生态产品货币价值在生态产业内循环，实现其对生态环境保护充分激励。一是制定生态产品交易的法律法规，在其中规定生态产品交易的市场主体、交易内容、交易方式等。二是建立生态产品市场平台，从我国现有的两个生态产品价值实现机制试点市的情况来看,在单一区域内部进行生态产品市场化交易显然不现实,需进一步扩大生态产品交易范围。三是制定生态产品市场交易清单,从已经公布的GEP核算可以看出,2018年丽水市调节服务产品的价值占GEP总额的72.83%,景宁畲族自治县大均乡的调节服务产品的价值占GEP总额的94.05%。由此可见,生态产品市场化的难点在于调节服务产品,政府可以委托研究机构根据产品的特征和作用,科学提出生态产品交易清单。四是深化产权制度改革,建立健全生态资产产权制度和监管制度,完善生态资产有偿使用制度,激励与约束并重,对农村生态资源进行资本化改造,激活农村生态资产,为促进生态产品交易提供制度保障。

1.2.3 绿色GEP(生态系统生产总值)核算相关研究和实践

GEP(生态系统生产总值)核算是评估一定区域生态系统为人类生存与福祉提供的产品与服务功能量和价值量。GEP核算是推进绿色生态转化的一种重要形式。近几年浙江、贵州等多地开展GEP核算试点,从探索成效来看,为地方践行"两山"理念、促进生态产品价值实现提供了重要支撑。新发展阶段需要尽快调整考核方向、优化考核结构,在总结地方试点经验基础上,建立GEP与GDP双考核制度,将生态效益纳入经济社会评价体系,充分运用好科学考核这一"指挥棒",引导构建绿色发展新格局。

单一的GDP考核方式存在结构性缺陷,没有涵盖生态系统产出与效益,无法科学反映真实发展水平,已不符合新时代绿色发展要求。2013年,中央就提出应改变考核的方法和手段,将人民福利水平、社会进步以及生态效益等指标均作为重要的考核内容,不能仅仅以GDP的增长率来进行评判。当前我国区域经济发展与生态环境保护不平衡、不协调问题突出,不同地区GEP差异较大,GDP较低的经济欠发达区域往往生态资产富足,GEP价值较高。现行考核体系仍以经济指标为主,生态价值考虑不足,GDP考核结果无法科学、全面体现区域真实发展情况,而GEP能够真正把生态系统的服务功能进行量化,将生态系统创造的价值纳入社会发展评价考量。

地方GEP核算与应用试点工作积累了丰富实践经验。2020年,浙江省发布了首部省级《生态系统生产总值(GEP)核算技术规范陆域生态系统》,加快推进生态经济化、经济生态化,GEP的核算与考核将从丽水推向全省其他地区。2021年,贵州省在都匀市、赤水市、江口县、雷山县、大方县5个试点市(县)GEP核算试点工作的基础上,发布了贵州省生态系统生产总值(GEP)核算技术规范。目前,青海、贵州、海南、浙江、内蒙古等省(自治区、直辖市),深圳、丽水、抚州、甘孜、普洱、兴安盟等23个市(州、盟)以及阿尔山、开化、赤水等100多个县(市、区)已展开了GEP核算试点示范工作。在试点的基础上,生态环境部牵头出台了《生态系统评估生态系统生产总值(GEP)核算技术规范》等GEP核算标准,为推行GEP考核奠定了工作基础。

GEP工作存在重核算评价轻考核应用问题。目前GEP工作过于重视GEP核算,这与地方上普遍生态系统价值的"家底"不清、GEP工作技术性强等问题有直接关系。从深圳、丽水等地方实践经验来看，实施GEP评价的最大意义不是对生态系统价值量的测量，而在于如何充分发挥其在政绩"指挥棒"以及生态文明建设中的作用。

推动就GDP论GDP区域经济发展向GDP和GEP双核算、双评估、双考核的方式转变，可以实现GDP和GEP规模总量协同增长、GDP和GEP之间转化效率提高。其本质是"发展服从于保护，保护服务于发展"的生态经济化、经济生态化。在"两山"理念的内涵中，在高质量绿色发展的形势下，GDP与GEP双考核制度十分必要，GDP与GEP双核算、双运行、双提升是迈向绿色发展之路的必由之途。

一是实施统一规范的GEP评价管理。将GEP纳入国民经济统计核算体系，加快完善GEP评价技术指南等相关政策，明确GEP核算范围，制定生态产品分类清单，规范生态产品价值量核算方法，确定衡量生态系统生产价值的指标体系，为同类地区、同类生态系统建立统一规范的核算评价标准，为GEP纳入地方领导干部绩效考核提供基础。

二是从点到面逐步推进建立GEP与GDP双考核制度。尽快研究出台《GEP考核应用管理办法》等，可由国家统计局联合相关部门对地方定期开展年度GEP评价考核，推进建立区域GEP与GDP双考核制度，通过优化考核结构以适应我国的经济结构调整新形势。可率先在广东、浙江、青海、内蒙古等基础条件较好的地方开展试点示范工作，根据资源禀赋和发展基础，将试点地区分为生态保护类、特色发展类、高质量示范类等不同类型，将GEP增长率、GEP转化率等重要考核指标，根据不同类型地区设置不同考核指标和赋分权重。争取在"十四五"期间全面推开，发挥GEP与GDP双考核制度在构造新发展格局"指挥棒"的作用。

三是将GEP纳入地方领导干部政绩评估考核。绩效考评机制是地方发展导向的"指挥棒"，可将GEP与现有绩效考核体系进行有机结合，纳入生态文明建设绩效评估考核体系，建立以GDP增长为目标、以GEP增长为底线的政绩观。明确地方在综合考核中增加GEP指标，确保地方在发展中统筹协调好生态环境保护，考核指标因素考虑GEP的变化量，可用以反映地方生态系统服务工作绩效。加强对基于GEP考核结果的财政资金分配、官员升迁、荣誉奖励等政策机制统筹衔接，将GEP推进实施工作不力、生态环境保护工作存在突出问题的地区和部门纳入督察范围，强化政策综合实施效果。可考虑首先选择基础和条件好的广东深圳、湖北鄂州、贵州贵阳等地方开展试点工作。

四是建立双考核结果的定期发布制度。建立GEP与GDP双考核结果定期发布制度，明确GEP与GDP双考核的流程和结果发布程序，每年以《地区生产总值（GDP）和生态系统生产总值（GEP）统计年鉴》的形式发布核算结果。完善GEP与GDP双考核制度相关数据信息的公开机制，公开区域生态资源基本概况、生态系统存量价值、生态系统生产价值、生态保护投入等数据信息，把各区域、各生态系统的"生态家底"以及每年的变化情况公开发布，以多种形式和渠道宣传普及，强化公众对生态系统服务价值的了解。

五是强化GEP核算的支撑能力建设。GEP从核算探索到管理应用，需要有一套完善的配套能力支撑，确保核算结果的科学精准性。健全支撑GEP应用的监测机制和统计数据的质量控制机制，加强资金、人力、技术等对生态监测体系建设的保障，建立健全生态产品调查监测、生态产品普查、生态产品动态监测机制，统一生态环境监测规范标准，积极鼓励第三方监测机构参与生态环境监测工作。完善生态监测网络，加强生态监测数据质量控制、卫星和无人机遥感监测等能力建设，加快数字化手段在GEP核算中的应用，及时动态反映各地GEP的变化，实现生态状况监测数据有效集成、互联共享，为GEP核算提供数据支撑。

1.2.4 绿色生态转化相关研究和实践

绿色生态转化是绿色生态资源以生态产品或价值转换等形式转化为经济效益，如生态产品通过各种途径实现的经济效益总和被称为生态产品价值实现的转化量。

生态产品价值实现是指在维持生态系统稳定性和完整性的前提下，通过合理开发利用生态产品，将其生态价值转化为经济效益的过程。生态产品价值转化率，可定义为生态产品价值实现量与GEP（生态系统生产总值）的比值（表1-2）。生态产品价值转化率理论上可以体现生态产品价值实现的效率，生态产品转化率越高，则生态产品的生态效益向经济效益的转化程度越高、生态产品价值实现机制运转状况越良好。同时，生态产品价值转化率的评估能反映生态产品价值实现机制运行的弱点及短板，有利于优化现有生态产品价值实现模式，指导制定和调整相关决策，加快绿水青山向金山银山的转化。为定量分析绿色生态转化效率，目前，已有学者探索研究生态产品价值转化率。刘杰（2023）从生态产品价值转化量与转化率两个指标进行定量评价，并以北京全域作为实证分析对象，对北京市2017—2021年5年的生态产品价值转化量与转化率进行评价，具体结论如下：首先，北京市2021年生态产品价值转化量为643.6246亿元，转化率为16.41%，转化效果整体处于偏低水平。虽然价值转化量在不断增加，但转化率确依然偏低，尤其是调节服务产品，因其非物质属性，虽自身价值最高，但不能通过市场直接交易，只能通过相关补偿和税费等途径间接转化价值，因此，其价值转化率最低，仅为5.75%，反而价值量最低的物质供给产品，因其可直接通过市场交易，价值转化率确最高，能够全部转化，且在价值转化总量中占比最大。文化服务产品价值转率为10.24%，虽较调节服务产品价值转化率偏高，但其价值转化率仍有很大的提升空间。

表1-2 生态产品价值转化率核算指标体系

产品类型	生态产品价值转化率核算指标		生态产品价值实现量核算指标
	GEP 核算指标		
	一级指标	二级指标	
物质产品	农业产品	谷物等13项	物质产品价值实现量
	林业产品	木材、其他林业产品	
	畜牧业产品	畜禽等4项	
	渔业产品	水产品	
	其他产品	其他产品	
	生态能源	水电发电	

续表

产品类型	生态产品价值转化率核算指标		生态产品价值实现量核算指标
	GEP核算指标		
	一级指标	二级指标	
调节服务产品	水源涵养	水源涵养	调节服务产品价值实现量
	土壤保持	减少泥沙淤积	
		减少氮面源污染	
		减少磷面源污染	
	洪水调蓄	植被调蓄	
		水库调蓄	
	空气净化	净化二氧化硫	
		净化氮氧化物	
		净化工业粉尘	
	水质净化	净化COD	
		净化氨氮	
		净化总磷	
	固碳释氧	固碳	
		释氧	
	气候调节	林地降温	
		灌丛降温	
		草地降温	
		水面降温	
	病虫害防治	病虫害防治	
文化服务产品	休闲游憩	休闲游憩	文化服务产品价值实现量

据林亦晴等（2023）研究，以浙江省丽水市为例，通过物质产品、调节服务产品和文化服务产品三类生态产品的核算，根据在现有生态产品价值实现机制下的各类生态产品价值实现模式，探索定量分析生态产品价值转化水平。

丽水市2019年GEP为4110.21亿元。其中，调节服务产品价值最高，为3105.80亿元，占GEP总值的75.56%；物质产品价值最低，为186.95亿元，占GEP总值的4.55%；文化服务产品价值为817.46亿元，占GEP总值的19.89%。调节服务产品中，水源涵养和气候调节对GEP贡献最大，两项服务价值合计2186.04亿元，占调节服务价值的70.39%，占GEP总值的53.19%。物质产品中，农业产品价值量最高，占物质产品GEP的52.59%。

2019年，丽水市生态产品价值实现量为1017.49亿元，生态产品价值转化率为24.76%。根据生态产品价值实现量定义和评估方法，所有物质产品都实现价值，价值实现量为

186.95亿元，转化率为100%；文化服务产品价值实现量为713.85亿元，转化率为87.33%；调节服务产品价值实现量和实现率为三类产品中最低，为116.69亿元和3.74%。调节服务产品中，洪水调蓄、土壤保持、气候调节和病虫害控制没有实现价值，其余产品价值实现量较低。

丽水生态产品价值实现模式主要有市场交易和政府补偿两种模式。

一是市场交易模式，主要路径包括生态产品市场交易、金融手段（如生态资产产权抵押贷款等）、政府和公众付费等。产品交易和金融路径通常用于物质产品和文化服务产品的价值实现，也适用于可以进行市场交易的调节服务产品，如水质和空气净化（排污权交易）、固碳（碳交易、林权交易等）等的价值实现。政府和公众付费是指政府和个人（或企业）间接或直接为使用的生态产品付费，通过购买生态产品使其价值得以实现。该模式下的生态产品价值实现路径还包括生产生活成本控制，即人类因生态系统服务发挥作用而省去消费等量资源所付出的金钱价值。例如，通过使用清新的空气、清洁的水源，降低企业生产成本，提高劳动力生产水平，从而提升企业效益；通过使用气候调节服务，减少使用空调的时间，从而减少用电量，节约生产生活成本。丽水市通过市场交易模式实现了最多生态产品价值。通过市场交易模式实现价值的生态产品有物质产品、水质净化、空气净化、固碳释氧和休闲游憩，五类产品的GEP总值合计1026.42亿元，价值实现量为930.04亿元，占价值实现总量的91.41%。政府付费模式是丽水市的创新生态产品价值实现模式，地方政府根据GEP年度增量向生态强村公司购买生态产品，丽水市景宁县根据大均乡2018年度GEP增量，支付购买资金188万元，完成生态产品价值实现。公众付费模式主要帮助水源涵养实现生态产品价值，实现了1237.14亿元生态产品总值中的45.11亿元，占价值实现总量的4.43%。

二是政府补偿模式，针对部分无法交易的生态产品进行的政府转移支付以及各类专项资金补贴，一般适用于调节服务产品价值实现，如水源涵养、水质净化、空气净化、固碳释氧等调节服务产品的价值可以通过纵向生态补偿、横向生态补偿、乡镇交界水质考核补偿、饮用水水源地生态保护补偿、污染物治理专项资金、污染物税收等政策性补偿补贴实现。政府补偿模式主要帮助调节服务产品实现生态价值，在3105.80亿元的调节服务产品GEP中，通过该模式实现了40.52亿元生态产品价值，占价值实现总量的3.98%。

市场交易模式贡献了95.84%的生态产品价值实现量，是目前丽水市最有效的生态产品价值实现模式，但存在价值实现效率不均衡、对于缺乏市场或是市场机制不成熟的生态产品不适用等问题。政府补偿模式贡献了4.16%的生态产品价值实现量，可广泛适用于各类产品价值实现，但存在价值实现效率低下、价值实现机制不成熟、价值实现资金来源单一、单项产品价值实现量小等问题。针对以上问题，研究建议通过完善生态产品市场交易机制、丰富生态补偿模式及资金来源、建立完整的生态产品产业链等途径促进丽水市生态产品价值实现。

当前的生态产品价值实现机制呈现出单一化、效率低的特点。现有的生态产品价值实现模式不适用于所有类型的生态产品，缺乏多元融合的生态产品价值实现模式。丽水市生态产品价值实现处于探索阶段,整体生态产品价值转化率不高,不同生态产品的价值转化效率不平衡。生态产品价值转化率低的主要原因是调节服务产品的价值转化低。大部分调节服务产品因其公共产品属性无法进行市场交易,少数几项可以进行市场交易的产品又因为市场交易机制不成熟、产品对应的消费群体不明确、交易量小、交易单价低等问题只能实现少量价值。此外,调节服务产品价值实现还面临着相关生态资产权属复杂难以入市的难题;GEP占比较大的几项产品(如洪水调蓄、土壤保持、气候调节等)存在缺乏价值实现路径、现有价值实现模式不可持续、价值实现量低等问题。主要依靠市场交易实现生态产品价值的物质产品和文化产品价值转化率高。物质产品的价值实现主要依靠物质产品的交易和公众对自然资源使用的付费;文化服务产品的价值实现依托于人们对自然景观的休闲游憩功能的消费。两类产品都有较为完整成熟的产业链和消费市场,产品有对应的消费(付费)群体,消费主体明确,产品本身无复杂的属性和权属问题,易于在市场上交易。总体而言,稳定物质产品和文化服务产品价值实现是维持丽水市生态产品价值转化率的关键,增加调节服务产品价值实现量有助于提升丽水市整体价值转化率。

推进绿色生态转化的时代背景

2

2.1 绿水青山就是金山银山是绿色生态转化的高度概括

绿色是可持续发展的必要条件和人民对美好生活追求的重要体现，绿色生态是构成陆地生态系统的主体，维持着地球生态平衡；绿色生态空间是国土生态空间的主体，是绿色发展的生态基础。

绿色生态是指一定区域内森林生态系统、湿地生态系统、草地生态系统及其生物多样性的总称。森林生态系统、湿地生态系统、草地生态系统及其生物多样性，构成陆地自然生态系统的主体框架，维持着地球的生态平衡。可见，绿色生态空间是城乡发展的绿色基底和生态基础，其协同联系"山水林田湖草沙"各生态系统，是动植物和自然生态多种过程的空间载体，同时也是人类进行社会经济活动的场所，与城乡经济社会发展息息相关。绿色生态集生态效益、经济效益、社会效益于一体，是建设和保护自然生态系统的主体，是社会生态产品的最大生产车间，是发展绿色经济的根本，是生态文化的主要源泉和重要阵地，是绿色发展的优势和潜力所在。

2005年8月15日，绿水青山就是金山银山科学论断首次提出。这一论断是习近平生态文明思想的核心理念，为中国迈向生态市场经济提供了理论支持，为实现城乡两元文明共生、城乡均衡发展的中国特色城镇化模式提供了新的解决方案。绿水青山就是金山银山理念，其实是对绿色生态转化的科学性、通俗性的概括，绿水青山强调的是生态优势，金山银山强调的是经济优势。生态优势并不是直接的经济优势，关键是如何将之转化为经济优势。

生态就是资源，生态就是生产力。深入践行"两山"理念，为推动绿色生态转化为林区经济转型、产业结构重塑、推动乡村振兴、增进民生福祉增添了强大动力。2021年，中共中央办公厅、国务院办公厅印发《关于建立健全生态产品价值实现机制的意见》，提出"建立生态产品价值实现机制"，旨在打通绿水青山转化为金山银山实现路径的政策和制度创新，是推动生态产品价值转化、绿水青山变成金山银山的关键。2022年3月，党中央首次提出，森林是水库、钱库、粮库、碳库；森林和草原对国家生态安全具有基础性、战略性作用，林草兴则生态兴。2023年9月6日，党中央提出，森林是集水库、粮库、钱库、碳库于一身的大宝库；要树立增绿就是增优势、护林就是护财富的理念，在保护的前提下让老百姓通过发展林下经济增加收入。这是党中央对林草生态系统具有多重效益的重要论述，更是对森林和草原发挥改善民生福祉作用的充分肯定。

从"绿水青山就是金山银山"到"良好生态环境是最普惠的民生福祉"，再到森林"四库""林草兴则生态兴"，党中央一系列决策部署，阐述了人与自然之间的反哺关系，强调了自然蕴藏的巨大生态价值、经济价值和社会价值，为推动绿色生态优势转化为发展优势指明了方向、提供了根本遵循。

绿色生态是最大财富、最大优势、最大品牌，一定要做好治山理水、显山露水的文章，走出一条经济发展和生态文明水平提高相辅相成、相得益彰的路子。

2.2 绿色生态转化在决胜全面建成小康社会中的独特优势

遵循生态文明原则，实现产业的生态化。遵循自然生态有机循环机理，不断促进传统产业"有秩序的淘汰、有条件的转型、有保留地与新兴产业融合"，构建高质量产业体系。按照生态文明的原则、理念和要求，调整和优化传统产业结构。根据各地的自然禀赋和生态环境阈值等方面的因素，合理规划产业结构。按照"绿色、循环、低碳"产业发展要求，通过改进生产方式、优化产业结构、转变消费方式等途径，推动产业链优化和产业绿色化改造升级。充分发挥林草资源的独特优势和"水库、钱库、粮库、碳库"独特作用，大力发展林草资源加工利用、经济林草产业、林下经济等林草产业。因地制宜探索建立生态保护与经济发展之间良性循环的机制，实现绿色生态资源的提质增效和价值转换，加快推动绿色循环低碳发展，以产业生态化推动绿色发展，促进人与自然和谐共生。

做出生态创新选择，实现生态的产业化。恪守自然生态系统承载能力，按照产业化规律推动生态建设，按照社会化大生产和市场化经营方式推动生态要素向生产要素、生态财富向物质财富转变，促进生态资源在实现其经济价值的同时，也能更好体现其生态价值和社会价值。从目前国内外的绿色发展实践看，已经形成了包括生态旅游、乡村休闲、循环制造、绿色金融等在内的诸多模式，广泛涵盖一二三产业。

明确生态文明核心基础，大力发展生态产业。构建生态产业化、产业生态化的绿色发展新格局，处理好经济发展与环境保护之间的关系，让生态环境蕴含的生态价值、经济价值和社会价值更加充分彰显出来，更好满足人民群众日益增长的美好生活需要。处理好保护生态和绿色惠民的关系，形成生态环境与经济协调发展、整体前进的良好态势，让人民群众在生态与经济和谐发展中获得更多的生态福利。

我国生态文明建设已迈入生态环境改善由量变到质变的关键时期。林草兴则生态兴，生态兴则文明兴。统筹生态保护和产业发展，提升林草生态资源总量和质量，大力发展林草产业，推进绿色生态转化，守护绿水青山，做大金山银山，时代赋予了林草部门更多责任和使命。据统计，2021年全国林业产业产值超过8万亿元，林产品进出口额达1600亿美元以上。木本油料、林下经济、竹藤花卉、种苗牧草、森林旅游等特色产业不断发展壮大，其中，全国森林药材与食品种植产值已逾2000亿元。全国林草年碳汇量达12.8亿t，助力"双碳"战略的能力明显增强。通过大力探索"两山"转化路径，已经涌现了"两山银行""全域森林康养产业""林业碳票"等一批典型案例和经验做法，促进了"生态美、百姓富"。

福建省：①南平市借鉴商业银行"分散化输入、整体化输出"的模式，构建"森林生态银行"这一自然资源管理、开发和运营的平台，对碎片化的森林资源进行集中收储和整合优化，转换成连片优质的"资产包"，引入社会资本和专业运营商具体管理，打通了资源变资产、资产变资本的通道，提高了资源价值和生态产品的供给能力，促进了生态产品价值向经济发展优势的转化。先后启动了华润医药综合体、板式家具进出口产业园、西坑旅游康养等产业项目，推动生态产业化；积极对接国际需求，将27.2万亩*林地、1.5万亩毛竹纳入FSC国际森林认证范围，为规模加工企业产品出口欧美市场提供支持；成功交易了福建省第一笔林业碳汇项目，首期15.55万t碳汇量成交金额288.3万元，自主策划和实施了福建省第一个竹林碳汇项目，创新多主体、市场化的生态产品价值实现机制，实现了森林生态"颜值"、林业发展"素质"、林农生活"品质"共同提升。②三明市通过集体林权制度改革明晰了林权，2019年，探索开展"林票"制度改革，引导林权有序流转、合作经营和规模化管理，对现有林采用出让经营、委托经营模式，对采伐迹地采用合资造林、林地入股模式，破解了林权碎片化问题，提高了生态产品供给能力和整体价值。此外，三明市借助国际核证碳减排、福建碳排放权交易试点等管控规则和自愿减排市场，探索开展林业碳汇产品交易；2018年，将乐县金森公司和尤溪县鸿圣公司共完成31.7万t FFCER碳减排量交易，成交金额423万元；2021年3月，VCS项目第一监测期21万t碳减排量和第2~4监测期的预计减排量78.5万t被成功交易。探索构建林业"碳票"制度，采用"森林年净固碳量"作为碳中和目标下衡量森林碳汇能力的基础，对符合条件的林业碳汇量签发林业碳票（单位为t，以二氧化碳当量衡量），并享有交易、质押、兑现等功能。目前，全市193个村开展了"林票"实践探索，涉及林地面积12.4万亩，惠及村民1.44万户6.06万人，所在村每年村集体收入可增加5万元以上，推动林业适度规模经营，提高森林生态产品供给能力和价值实现水平，实现国有、集体、个人三方共赢。林业碳汇经济价值逐步显现，实现交易金额1912万元，林业碳汇产品交易量和交易金额均为全省第一。绿色金融蓬勃发展，全市办理林权抵押登记1.6万宗，抵押金额77.3亿元，累计发放各类林业信贷172.25亿元、贷款余额27.6亿元，占省一半以上。2020年，全市林业总产值1213亿元，已成为三明市最大的产业集群，有效盘活了沉睡的林业资源资产，打通了森林资源生态价值向经济效益转化的通道，推动形成"保护者受益、使用者付费"的利益导向机制，实现了生态美、产业兴、百姓富的有机统一。

江西省：赣州市寻乌县在统筹推进山水林田湖草沙生态保护修复的同时，因地制宜发展生态产业，利用修复后的土地建设工业园区，引入社会资本建设光伏发电站，发展油茶种植、生态旅游、体育健身等产业，逐步实现"变废为园、变荒为电、变沙为油、变景为财"，实现了生态效益和经济社会效益相统一。利用综合整治后的存量工业用地，建成了寻乌县工业用地平台，引进入驻企业30家，新增就业岗位3371个，直接经济效益1.05亿元以上。通过"生态+光伏"，实现项目年发电量3875万千瓦时，年经营收入达3970万元，项目区贫困户通过土地流转、务工就业等获益。通过"生态+扶贫"，建设高标准农田1800多亩，利用修复后的5600多亩土地种植油茶树、百香果等经济作物，极大地改善了当地

---

* 1亩≈666.67m^2。

居民的生活环境和耕种环境,年经济收入达到2300万元。通过促进"生态+旅游",实现"绿""游"融合发展,年接待游客约10万人次,经营收入超过1000万元,带动了周边村民收入增长,推动生态产品价值实现。

云南省:①玉溪市按照"湖边做减法、城区做加法、自然恢复为主、减轻湖边负担"的原则,实施抚仙湖流域腾退工程,推动抚仙湖流域整体保护、系统修复和综合治理,大幅增加了优质生态产品的生产能力,实现了生态环境持续向好、用地结构持续优化和一二三产业和谐发展。成功实施抚仙湖北岸生态湿地项目,恢复湿地34块2820亩,建成湖滨缓冲带7425亩、抚仙湖北岸生态调蓄带7.85km,共向抚仙湖补水950.65万m^3,实现了入湖水体的自然净化,生物多样性明显增加,径流区森林覆盖率和生态承载力显著提高;2018—2035年的规划建设用地面积从10.2万亩减少到3.5万亩,开发强度大幅降低。②红河州阿者科村依托特殊的地理区位、丰富的自然资源和独特的民族文化,坚持人与自然和谐共生,编制了"阿者科计划",发展"内源式村集体主导"旅游产业,把优质生态产品的综合效益转化为高质量发展的持续动力,实现了生态保护、文化传承、经济发展和村民受益的良性循环。2019年2月至2021年3月,全村实现旅游收入91.7万元,其中村民分红64.2万元,户均分红1.003万元;实施"稻鱼鸭"综合生态种养,亩均产值达到8095元;为建档立卡贫困户村民创造就业岗位13个,2020年全村贫困人口全部脱贫,人均可支配收入7120元,同比增长31.6%。同时,村民回村发展的积极性与日俱增,已有近10户村民回村就业创业,村庄空心化问题逐步改善。通过实施"阿者科计划",在短视频平台上,阿者科村的视频累计播放量超过了1000万次,点赞超过46万次,原本"远在深山无人识"的阿者科村变成了远近闻名的"网红村",并入选了世界旅游联盟"全球百强旅游减贫案例"和央视纪录片《告别贫困》《中国减贫密码》,扩大了文化影响力和综合效益。通过生态保护与乡村振兴、传统文化传承的同步推进、协调发展,阿者科村将生态产品所蕴含的内在价值逐步转化为经济效益,促进了村民就业增收,带动了全村摆脱贫困和发展集体经济,成为新时代生态文明建设的生动实践。

吉林省:白山市抚松县面对禁止开发区域和限制开发区域占比高的现状,坚持生态优先、绿色发展,做大做优"绿水青山",提升优质生态产品供给能力;利用得天独厚的资源禀赋条件和自然生态优势,因地制宜地发展矿泉水、人参、旅游三大绿色产业,促进生态产品价值实现和效益提升。通过生态产业化和产业生态化,构建了以旅游为主的服务业、以人参为主的医药健康业和以矿泉饮品为主的绿色食品业,三大产业2020年占全县GDP的比重达到73%,畅通了生态产品价值实现渠道。矿泉水产业方面,截至2021年10月,全县矿泉饮品产量、产值和上缴税收分别为94.7万t、8.3亿元和1.5亿元,同比分别增长27.8%、80.2%和89%,泉阳泉荣获"中国驰名商标"。人参产业方面,全县"十三五"期间累计交易鲜参24.9万t、交易额260.2亿元,销量占全国的80%以上;全县人参种植业产值达到53.65亿元,加工业产值达到248亿元。旅游产业方面,抚松长白山国际旅游区成为国家冰雪运动训练基地,"十三五"期间共接待游客400多万人次,实现收入99.5亿元,抚松县被评为全国避暑旅游十佳城市。带动就业10万人,拓宽了群众增收致富的渠道,让农民挑起了"金扁担"、鼓起了"钱袋子"，走出了一条经济、社会和生态协调发展之路。

浙江省：余姚市梁弄镇通过实施全域土地综合整治，加大对自然生态系统的恢复和保护力度，推动绿色生态、红色资源与富民产业相结合，发展红色教育培训、生态旅游、会展、民宿等"绿色+红色"产业，吸引游客"进入式消费"，将生态优势转化为经济优势，打通了生态产品价值实现的渠道，实现了"绿水青山"的综合效益。2019年，梁弄镇接待的旅游人数突破120万人次，实现旅游收入2.4亿元；商务培训人数突破15万人次；引进了"蝶来紫溪原舍"等康养民宿新业态，吸引游客1.5万人次，年均收入500万元以上；实现了中国机器人峰会永久落户，梁弄镇成为长三角地区"游客上山、投资进山"的最佳目的地。借助全域土地综合整治成果发展现代农业，建成了40余个水果采摘基地，总面积达到了3500亩，水果采摘季节的日均客流量达到了3000人次，2019年共吸引采摘游客50万人次，帮助村民户均增收1万元以上。"生态+产业"的发展模式，让梁弄镇基本实现了村民就近就业创业、增收致富，农村集体经济发展的内生动力明显增强。2019年，全镇实现农村经济总收入60.5亿元，同比增长6.6%；农村居民人均可支配收入35028元，同比增长14.8%；村集体经济增收2500多万元，走出了一条经济、社会和生态协调发展之路。

……

良好生态环境是普惠民生福祉，绿色就是增进民生福祉的底色。在决胜全面建成小康社会中，生态环境质量是关键，创新发展思路，发挥生态优势，因地制宜选好产业。让绿水青山充分发挥经济社会效益，切实做到经济效益、社会效益、生态效益同步提升，就能实现百姓富、生态美有机统一，让人民群众在"诗意栖居"中共享民生福祉、共创美好未来。

2.3 绿色生态转化肩负着建设人与自然和谐共生的美丽中国的历史使命

2.3.1 绿色转彩化、资源转效益推进美丽中国建设和全面乡村振兴

美丽中国建设赋予新时代林业草原国家公园融合发展的历史使命。建设美丽生态，以美丽森林草原为核心，以美丽城乡为抓手，践行绿水青山就是金山银山理念，让绿化变彩化，资源变资本，促进绿色生态转化发展，推进全面乡村振兴。

十八大提出建设"美丽中国"，林业要为建设美丽中国创造更好的生态条件。这不仅明确了林草业在建设美丽中国中的重要地位，也表明了中央力图通过加强林草业建设、努力建设美丽中国的决心；不仅为全面加强生态建设、推进林草业改革发展确定了奋斗目标、指明了方向，也赋予了林草业部门重大的历史使命。

2015年10月召开的党的十八届五中全会上,"美丽中国"被纳入"十三五"规划。2017年十九大明确提出实施乡村振兴战略;中央农村工作会议确立了实施乡村振兴战略的重大意义和科学内涵,明确指出,产业兴旺、生态宜居、乡风文明、治理有效、生活富裕是实施乡村振兴战略的总体要求。乡村振兴战略提出要建设生态宜居的美丽乡村,更加突出了新时代重视生态文明建设与人民日益增长的美好生活需要的内在联系。2023年,全国生态环境保护大会指出,今后5年是美丽中国建设的重要时期,要深入贯彻习近平新时代中国特色社会主义生态文明思想,坚持以人民为中心,牢固树立和践行绿水青山就是金山银山的理念,把建设美丽中国摆在强国建设、民族复兴的突出位置,推动城乡人居环境明显改善、美丽中国建设取得显著成效,以高品质生态环境支撑高质量发展,加快推进人与自然和谐共生的现代化。

自党的十八大提出"美丽中国"建设战略以来,全国各地生态建设如火如荼。浙江省作为中国经济最活跃的地区之一,浙江省委作出了建设"美丽浙江""森林浙江""生态浙江"的部署。2013年率先召开了"全省彩色树种发展座谈会",提出大力发展彩色树种,打造一批环境优美的森林景观带和风景线,以推进城乡生态景观的绿化美化彩化,实现从绿化浙江到彩化浙江的跨越,使浙江大地更美丽。在引进、培育彩色树种方面,浙江已走在全国的前列。

2014年,宁波市编制完成的《宁波市森林彩化工程总体规划》,以城区山体公园、城市周边山体、主要道路河流沿线、风景名胜区等重要生态功能区为重点,大力发展观花观果树种、彩叶树种,提高彩色树种比例,优化森林群落结构,构建色彩丰富、层次分明的景观林和风景线,实现"色彩宁波,休闲城市"目标。

继彩色森林之后,2015年,安吉彩色森林造林模式再推"升级版",编制了《安吉县珍贵彩色森林建设总体规划(2016—2020年)》。计划5年投入2.8个亿,建设珍贵彩色森林20.04万亩、新植珍贵树种353.81万株,全力打造全县域珍贵彩色森林模板。这标志着安吉县珍贵彩色森林建设布局将实现由"点"到"面"的扩大,从"量"到"质"的提升。

2017年,温州市制定印发《温州市珍贵彩色森林示范景观带建设实施方案》,决定在全市开展珍贵彩色森林示范景观带建设行动,进一步提高珍贵彩色森林示范林规模、档次、水平,提高示范林生态景观效果,充分发挥示范引领作用,凸显珍贵彩色森林在"大美"温州建设中的显示度。各县(市、区)按照"一县一条景观带"要求,以城市(镇)周边、交通干线、重要江河海库岸沿线视野一面坡山体(平原地区可选择交通干线、重要江河海岸沿线建设)为重点,连片成带、整体推进,通过规模造林、改造提升、定向培育、补植添彩、重点点彩等综合性措施,整合现有珍贵彩色森林建设成果,通过彩化森林建设,每个县(市、区)至少建成一条以上的上规模、上档次、主题突出、特色鲜明、景观优美,力求达到具有视觉冲击力、震撼力景观效果的沿路沿江珍贵彩色森林示范景观带,把每条景观带打造成真正可看、可学、可推广的珍贵彩色森林示范基地和展示"大美"温州新形象的多彩森林画卷。

作为浙江省首个现代林业经济示范区试点县,德清充分利用林业资源优势,制定了

"多彩德清"建设计划，组织实施"4567"森林景观工程方案，即围绕4条景观线、建设50个多彩森林景观示范点、创建600家多彩庭院示范户、完成7万亩森林林相改造任务。为了让德清的山川更加绚丽多彩，2015年起德清又启动了彩色健康森林示范县建设，营建珍贵彩色健康森林15000亩。近年来，德清坚持以平原绿化为抓手美化城乡环境，以植树造林带动绿色产业发展，把社会效益和经济效益结合起来，坚持全域绿化美化，实施美丽乡村提升工程，高标准打造了包括莫干山异国风情景观线、水乡古镇景观线在内的10条美丽乡村景观线，让绿化更多地转化为老百姓的红利，凸显生态建设的新成效，打开"绿水青山"转化为"金山银山"的通道，走出特色的"绿""富""美"之路。

浙江省淳安县提出"实施森林彩化，建设富美淳安"，开展千岛湖森林彩化林旅一体化、创新融合发展实践，2014年编制《千岛湖森林彩化工程规划》，2015年开始启动森林彩化工程建设。在绿色大背景下，选择重要区域进行造景式的改造，着重凸显森林景观效果，构建了"三带游碧水、多彩绣青山"的总体布局。

可见，林业多彩化起源于"彩色绿化通道"。此后，浙江首先提出了"彩化浙江"的战略思路。在浙江的带动与示范下，贵州、上海、江苏、山东、河南、江西、安徽、湖南、湖北、重庆、四川、云南等省份逐步推进彩化苗木在园林绿化中的运用。

贵州省，作为我国首批国家生态文明试验区之一，立足生态抓生态，着力筑牢绿色屏障，让贵州山水的"底色"更浓、"颜值"更高、"气质"更佳。

黔南州提出"建设多彩黔南幸福家园"。加快提升重要通道、河流的景观效果和生态功能，实施通车高速公路彩化工程，建成千里多彩生态廊道；以实施乡村振兴战略为契机，大力实施多彩森林村寨建设工程，着力打造100个彰显花果景观、农民增收致富、体现林业特色的多彩森林村寨，加快形成点线面结合、宜居宜业宜游的美丽乡村新格局；围绕打造区域综合旅游目的地，推进中国（黔南）绿化博览园、荔波大小七孔景区、平塘大射电天文望远镜景区等十大景区多彩森林景观建设，让景区四季花开、长年见彩，打造绿化、美化、香化相结合的最美景区；按照"城市让生活更美好，农村让城市更向往"的目标，打造10万亩多彩景观林，让森林走进城市，让城市拥抱森林，着力打造12个多彩森林城市。

贵安新区自成立以来，着力打造"山水之都，田园之城"，实现新区"环境优美、安全宜居"的总体布局，大力实施营造林，做到"绿化、美化、香化"，通过"十河百湖千塘""五区八廊百园""绿色贵安三年会战"和美丽乡村建设等的实施，贵安大道景观绿廊——九峰山生态绿廊等工程的推进，生态建设步伐加快，最新统计，新区直管区内共完成植树造林3.4万余亩，森林覆盖率达到32%，比新区成立时提高了十几个百分点。到2020年，按照绿水青山就是金山银山的理念和"全域景观化"的总体要求，实现从"绿色本底"到"绚丽多彩"的转变。目前，以生态建设成果为依托发展新农村休闲旅游，已成为贵安新区村民收入新的增长点。

四川省眉山市打造"中国樱花第一城"，打破景观景点公园化的传统模式，将樱花元素与城乡绿化相结合，与诗书元素共同融入城市建设，打造长达20km的全国最长樱花水岸、占地820亩的全国最大樱花专类博览园及470km²的全国最大赏樱胜地，采茶节等22个各具特色的节庆活动，让美丽眉山更加多彩；乐山市打造"四季观叶、观花、观色、闻香"的城市多彩街区，"乔灌结合，多彩衬托"式的通道景观，"城在花中、人在花中"特色花卉主题公园，"海棠香国，花满嘉州"的多彩山水园林城市。已建成绿心公园、樱花公园、茉莉花基地等多彩公园18个，年可接待游客约430万人。广元市打造以绿为主、多彩协调的森林生态景观带，剑阁县、阆中市打造"绿美古蜀道、绿美嘉陵江、绿美世界古城"全域旅游目的地，华蓥山绿化美化彩化工程，阿坝州"千里花廊"公路绿化，雅安市"一核三廊"添花增彩工程，宜宾市竹林生态景观等，四川正在呈现"绿化全川"，多彩化造林绿化的可喜局面。

全国各地结合"美丽乡村"建设，积极打造"美丽中国"地方"样板"，推进造林绿化从绿化的"量"到美化、彩化、珍贵化"质"的转变。近年来，结合乡村振兴战略，坚持"增量与提质并举、增绿与增效并行、生态与经济并重"的原则，着力推进城乡绿化彩色化、珍贵化、效益化。随着造林绿化整体水平不断提升，城镇和乡村的造林也将立足绿化，发展美化和彩化，让广大农村不但绿起来，而且美起来、富起来。

近年来，国内各地积极开展林业多彩化的相关建设，一次次刷新了人们对多彩化景观的认知，基于多彩化景观的生态旅游产业呈"井喷式"增长态势。

传统观叶的如"红叶经济"，包括北京香山，北京喇叭沟门，新疆喀纳斯，江西婺源，南京栖霞山，吉林红叶谷，长沙岳麓山，苏州天平山，安徽黟县塔川，广东从化石门山，湖北神农架，浙江文成红枫古道，四川米亚罗、九寨沟、稻城俄初山、巴中光雾山、旺苍米苍山等。

典型观花的如"花海经济"，包括从源于花卉博览会建设繁花似锦的壮美和日日清新怡人的优美相得益彰的花博园（昆明世博园、广东顺德陈村花卉世界、四川温江国色天香、宁夏银川花博园等），到基于休息观光形成季相之变、色彩之变、韵律之变特色的花语世界（江西鹰潭龙虎山花语世界、湖南岳阳花语世界、四川新津花舞人间等），再到集山水观光、文化体验、生态养生等为一体的花卉主题公园（广东东莞松山湖梦幻百花洲、浙江开化花牵谷、长春百花园、重庆万盛百花谷等）。

以"观赏"为主的"眼球经济"逐步深化，形成"五感协同体验"的综合经济发展模式，满足人们越来越多对美好的生态环境的需求，对美好的生态体验的需求。

可以说，林业多彩化经过十几年的发展，发展为将绿化与美化相结合的多彩化，利用植物叶、花、果的丰富多彩景观，满足人们对美好生活的追求，建设高质量林业；它是在建设美丽中国的大背景下对林业提出的更高要求，从城市园林到城乡绿化美化的林业多彩化，是乡村振兴的新型绿化模式探索。

2.3.2 绿色生态转化为经济价值凸显发展优势

为贯彻落实习近平总书记关于竹林风景线的重要讲话精神，2018年四川省委、省政府出台《关于推进竹产业高质量发展建设美丽乡村竹林风景线的意见》，明确了四川竹产业高质量发展建设美丽乡村竹林风景线的"路线图"，提出以"一群两区三带"发展格局为骨架，20个市（州）竹区同步建设推进，打造"点""线""面"相结合、一二三产业相融合的美丽乡村竹林风景线。点：以大熊猫公园入口社区、竹林盘、竹林公园、竹林湿地、竹林新村、竹林小镇、竹林人家等为"点"，用"竹"元素，弘扬竹历史文化价值，打造美丽乡村竹林风景，发展竹文旅康养产业，助推竹区乡村振兴。线：以长江干支流、青衣江、渠江等江河干支流、国省道交通干道、重点景观大道等为"线"，添"竹"风景，体现竹生态景观价值，打造竹生态景观长廊、精品旅游线，推进竹生态旅游产业，加快建设美丽竹区。面：以竹基地、竹林风景区为"面"，做"竹"文章，深挖竹产业经济价值，打造各类现代竹产业发展示范区、工业园区，做大做强做靓竹产业，发展新业态，延伸产业链，推动竹区竹产业全面高质量发展，将竹区绿色生态转化为发展优势。

2019年，省委、省政府将竹产业纳入《关于加快建设现代农业"10+3"产业体系推进农业大省向农业强省跨越的意见》统筹谋划，建立省领导联系指导川竹产业工作推进机制。2018年以来，省委、省政府每年召开全省竹产业发展和竹林风景线建设现场推进会，省委、省政府分管领导和川竹产业联系省领导同时出席会议并安排部署重点工作；省委农村工作领导小组印发《川竹（花卉）产业高质量发展工作推进方案》，省委农办印发《关于进一步深化提升竹产业发展和竹林风景线建设质量的32条措施》。2023年，省政府颁发了《四川省竹产业提升三年行动方案（2023—2025）》。上述措施，为竹产业加快发展提供了有力的组织保障。2018—2022年，省财政厅会同经济和信息化厅、科技厅、商务厅、文化和旅游厅、林业和草原局等省级有关部门统筹中央、省财政资金15.18亿元，支持省级竹产业高质量发展现代竹产业园区、竹林乡镇建设和现代竹产业基地培育、竹加工企业重点技术改造、竹类科研、蜀南竹海AAAAA景区建设、竹产品创新设计专题赛、竹编技能培训和竹企参加"川货全国行"等展销活动。交通运输部门落实鲜竹笋"绿色通道"政策，结合农村产业路项目支持40个竹业主产县的竹区道路建设。宜宾市、泸州市政府每年分别拿出1亿元和5000万元市级财政资金支持竹产业发展和翠竹长廊、竹林人家建设。在各级政策的引领下，撬动社会和民间投入200多亿元。

（1）创新推动竹产业高质量发展，成为全国的"领跑者"之一

2022年，全省竹林面积达到1835万亩，现代竹产业基地新增315万亩，总量达1070万亩，占全省竹林的比重由2017年的43.1%提高到58.3%。2022年，全省竹产业总产值达到1020亿元，较2017年增长2.9倍（图2-1）；竹产业总产值超过10亿元的县（市、区）达到24个，其中长宁、叙永等9个县（区）超过50亿元。全省竹林亩均产值达到5560元，较2017年增长2.7倍。竹产业发展一年一个新台阶，短短五年即成为全国"领跑者"之一。

（2）建成全国最大竹浆纸集聚发展区，建设全国最美竹林风景线

全省建成竹材制浆企业14家，年产竹浆产能达到190万t，占比超过全国7成。目前尚有已批准建设和在建产能116万t。四川省泸州市、乐山市、宜宾市、眉山市成为全国乃至全球最大的竹浆造纸集聚发展区。

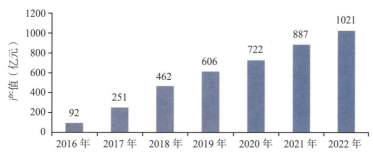

图 2-1　2016—2022 年竹产业产值示意

全省建成以竹类为主要林的竹林景区36个，其中蜀南竹海、沐川竹海等AAAA、AAA级竹景区25个；建成并认定省级竹林乡镇30个、竹林康养基地12个、竹林人家113个和省级翠竹长廊（竹林大道）63条、1070km，建成一批竹公园、竹乡村旅游重点村，竹林成为四川城乡独具特色的一道靓丽风景线。

（3）夯实长江上游生态屏障，形成拉动全国竹资源价格增长的惠农机制

全省竹林主体区域分布在长江干支流的153个县（市、区），其中42个县（市、区）竹林面积超过10万亩，长江干流所涉13个县（区）竹林面积占区域森林面积的一半，沱、渠江、青衣江、岷江等干支流竹林面积占区域森林面积的15%，以竹林为生态基底的长江上游生态屏障建设取得新成效。

2022年，四川省大径竹、杂竹、鲜竹笋消耗量分别达到2.3亿根、900万t和70万t，分别比2017年增长1.45倍、1.27倍和1.33倍；其中竹材、竹笋均价分别达到600元/t、5700元/t，较2017年分别上涨约80%和50%。四川竹类价格稳步攀升的走势，对全国竹资源价格机制的形成具有越来越重要的影响力和拉动力。2022年全省竹产业综合产值首次突破1000亿元大关，其中9个省级竹产业高质量发展县竹产业总产值均超50亿元，农民人均竹业收入达到4110元，5年间年均增长38.2%。

——青神县围绕"做大竹海，做精竹艺，做美竹城"的竹编产业发展战略，打造"中国首家竹林湿地"，湿地总体定位以竹林景观为基底、以青神县历史文化为背景、以青神竹编为特色，吸取中国古典园林之精髓，融入川西园林风格，融合"竹、水、文"三大元素，利用自身资源优势，突显独特性，体现名竹博览、竹文化展示和湿地旅游休闲三大功能。

——长宁县竹海镇是国家级风景名胜区蜀南竹海的中心城镇和全省首批唯一一个以生态旅游命名的试点镇，被世人誉为"川南碧玉"，远近闻名。全镇辖17个村（社区）、3个社区、156个村民小组，面积101.96km^2，人口22958人（2017年）。森林面积115590亩，森林覆盖率达到72.0%，绿化覆盖率46.5%。2019年5月投资1.2亿元开工改建的清江国际竹生态发展区永江村示范区，让竹林成为美丽乡村一道风景线。示范区围绕"诗竹长宁，竹创乡村"定位，建设竹生态游客中心、竹产业研究院、心若禅修馆、竹枝书院、浮生闲精品酒店、生态有机餐厅、稻田咖啡、农耕体验园、健康步道、农房风貌提升等项目。通过示范区打造，建成竹食健康体验地、竹雕文化创意区、竹文创体验培训基地为主的独居竹海

特色的生态旅游村庄。

——翠屏区李庄镇高桥村是根据林徽因的诗歌《十一月的小村》描绘的意境，打造的朴素、简单的安宁乡村。以"中国李庄，竹村高桥"为主题，以竹基地、竹庭院、竹游道、竹建筑、竹工艺、竹加工、竹博览、竹文化、竹民宿、竹餐饮"十个竹"为基础，引导一二三产业融合发展，采用村支部引领、职业农民为主体、第三方公司运营的模式，打造李庄环古镇乡村振兴及"宜长兴"百里翠竹长廊上集竹工艺制品生产、加工、销售、乡村旅游和柑橘种植采摘为一体的田园综合体。已引入全市首个房车营地，3个竹艺术特色主题民宿，竹创意花卉培训工作室，宜宾摄影协会"玩摄部落"摄影基地，2个亲子教育培训基地，高桥竹村特色竹酒、竹茶、竹编和竹食品展示中心等业态；已设立3个大师工作室，包括曾伟人竹建筑大师工作室、万登贵竹编大师工作室和杨剑涛竹创意技能大师工作室创作分部及其学生实践创作基地；成立了高桥竹村竹编培训基地，并已吸纳首批6户村民进行竹编创作。已开展了职业农民知识技能培训、新村民的入住，从而实现各业态的落位。高桥竹村的打造仅仅是翠屏区竹产业发展中的一个缩影，正在成为省、市甚至全国乡村振兴和一二三产业融合发展的示范基地。

——"宜长兴"百里翠竹示范带建设涉及翠屏区、叙州区、长宁县、兴文县、南溪区和江安县，示范带总长度280km，围绕建成"产业兴旺、生态宜居、乡风文明、治理有效、生活富裕"的美丽乡村目标，以"自然为基、文化为魂、产业为根、幸福为本"为理念，按照"一主一辅三支一延"布局建设，打造竹林景观线、产业示范线、文化展示线、生态修复线和乡村振兴示范线。

——长宁世纪竹园，以竹类植物及其生态系统研究和展示为主体，以竹类植物的收集、繁育、研究、利用、多样性保护为重点，做到竹类植物繁育与景观建设相结合，集竹类植物的科研科普、科技示范推广、竹文化展示、竹类经营、竹产品生产加工和旅游观光等功能为一体，是竹生态和竹文化的旅游胜地。目前是世界上面积最大、品种最多的竹类植物园和竹种基因库。2001年成功承办了中国第三届竹文化节分会场的各项工作。园区总面积200hm^2，园区分为中心区、外围生态环境区，其中中心区面积66.7hm^2，园内分为竹类系统园、竹文化研究展示园、珍奇竹园、竹种繁育园、竹木生态园、散生竹园、丛生竹园等7大园。种植有从全国各地和印度、日本、泰国、越南、缅甸等8个国家和地区引进的竹子428种，走进世纪竹园，就像走进了竹的王国，荡漾在竹的海洋。

——长宁现代竹产业示范基地，围绕现代竹产业示范基地、产业园区、精深加工、现代竹生态文化旅游、竹林风景线建设，加快推进竹产业高质量发展。双河高质量推进笋用林基地和现代林业科技示范园区，连片打造10万亩笋竹两用林基地，打造"中国苦笋第一镇"；双河竹类加工企业类型全各类竹食品（竹笋）加工企业16家，占长宁县境内竹笋加工企业的90%，年加工鲜笋超过5万t，企业年销售额已超过5亿元；铜锣镇10万亩楠竹现代竹产业示范基地，楠竹笋材两用林培育、大径竹培育、楠竹桢楠混栽生态经营、鞭笋培育技术、林下套种中药材淡竹叶试验示范基地已成规模；长宁竹石林石漠化治理示范基地，通过产业链的延伸将竹林的生态优势和旅游的市场优势相结合，不仅可解决经济效益与生态效益的矛盾问题，而且利用竹林一次栽植多年采收的优势，可充分发挥竹林生态功能和景观作用，扩大并巩固石漠化治理成效，是治理石漠化的一种创新模式。

——泸州市建设"两线带多点""环、线、道"相融的美丽乡村竹林风景线，做到景不断线、景线相连，呈现出"一城竹林环两江，满目青翠醉酒城"的美景。在提升竹林基地质量基础上，实施竹资源培育工程。目前，泸州市现代竹林基地达到210万亩。

——成都市大邑县重塑川西林盘乡村生态新格局。深度挖掘川西林盘的生态、生活、生产价值，创新培育新业态，打造沃野环抱、茂林修竹、美田弥望、特色鲜明的林盘景观，植入商务、会议、博览、度假、旅游、文创等现代功能业态，推动农商文旅体融合发展；开展全域川西林盘招商推介，联动华侨城、五矿等一批"六类500强"企业打造示范标杆，定向招引小微型投资主体，实现"产景相融、产旅一体、产村互动"和"以农促旅、以旅带农"。一是建立林盘开发利用、规划建设等技术标准，在保护生态本底的基础上强化对林盘"保、改、建"的有效管控；联动中央美术学院、中国美术学院等"九大美院"组建乡村社区空间美学研究创作基地，围绕雪山、森林、温泉、古镇、田园等独特优势进行林盘美学设计，构建多组团复合化的现代乡村田园景观，推动绿色生态空间向绿色经济空间转变。二是构建高效化的协同推进机制，实现对林盘的高效开发经营；盘活全县林盘集体建设用地资源、废弃工厂和水电站，提升打造一批旅游康养度假酒店；分类构建农村实用人才等"七类人才子库"，出台相关激励措施，持续引入乡村设计师团队、林盘建设运营企业等专门人才，激活市场主体参与林盘保护修复建设积极性，推动林盘资源可持续经营开发。2019年以来，已建成南岸美村、稻乡渔歌田园综合体等精品林盘和咏归川、溪地·阿兰若等100余个"乡居野奢"精品民宿，其中木莲酒庄、大地之眼等10个民宿获评携程五星级民宿酒店。沙渠街道祥龙社区被农业农村部命名为"中国美丽休闲乡村"，南岸美村入选第二届"小镇美学榜样"。着力发展壮大现代农业和文化旅游产业，全县新成立集体经济市场主体195个，实现村级集体经济经营性收入增幅达50%，69个空壳村全部实现"村村有收入"，其中，新福社区集体经济资产超过5000万元。全县起步较快的村（社区）已向村民分红达400万元，全县农村居民人均可支配收入超3万元，近3年平均增速达8%。通过建设，稻乡渔歌"大地之眼"、田园村"箐山月"、西岭雪山"山之四季"等一批林盘精品民宿成为乡村生态新场景，重现雪山"千年飞瀑"胜景，空气质量综合指数连续3年位列全市第一；2022年，全县接待乡村旅游游客超260万人次，实现乡村旅游收入超10亿元。

2.4 绿色生态转化发展推动形成新质生产力

生产力是社会发展的最终决定力量，新质生产力是以科技创新作为主导推动力量、以战略性新兴产业和未来产业等作为重要产业载体，具有新的时代特质与丰富内涵的生产力。2023年12月召开的中央经济工作会议提出，要以科技创新推动产业创新，特别是以颠覆性技术和前沿技术催生新产业、新模式、新动能，发展新质生产力。新质生产力是对传统生产力的更新和迭代，是推动经济社会发展的最终决定性力量。加快发展新质生产力，为经济增长培育新动能，对推进中国式现代化建设、加快实现中华民族伟大复兴的进程具有重大战略意义。

科技是第一生产力，是先进生产力的集中体现和主要标志。新质生产力形成与发展的核心在创新，关键在培育经济发展新动能，重点在形成新产业。科技创新能够催生新产业、新模式、新动能，是发展新质生产力的核心要素。新质生产力具有高质量发展的特征。首先是科技供给的高质量，即通过科技创新引领生产力变革，推动经济高质量发展。在重点领域围绕关键核心技术开展突破性创新，加大源头性技术储备，聚焦技术含量高的新技术、新产业、新业态、新模式，强调发展战略性新兴产业、未来产业，在原始创新、基础研究、前沿科技探索、关键核心科技、知识产权与技术标准获取、高水平科技人才培育等方面不断占领制高点，增强发展新动能。其次是科技成果转化的高质量，即将先进科技转化为现实生产力，为现实问题提供更高水平、更高质量的解决方案和操作范式，提高产业的国际竞争力，带动产业结构实现优化升级，加速科技成果向现实生产力转化，培育发展新产业集群，推动形成新质生产力。

2024年1月，中共中央政治局第十一次集体学习会议指出，加快发展新质生产力，扎实推进高质量发展，绿色发展是高质量发展的底色，新质生产力本身就是绿色生产力。这为新时代新征程厚植绿色底蕴、加快发展新质生产力指明了方向、提供了遵循。

新质生产力是什么？概括地说，新质生产力是创新起主导作用，摆脱传统经济增长方式、生产力发展路径，具有高科技、高效能、高质量特征，符合新发展理念的先进生产力质态。它由技术革命性突破、生产要素创新性配置、产业深度转型升级而催生，以劳动者、劳动资料、劳动对象及其优化组合的跃升为基本内涵，以全要素生产率大幅提升为核心标志，特点是创新，关键在质优，本质是先进生产力。

绿色发展是新发展理念的重要组成部分，而新质生产力是符合新发展理念的先进生产力质态，二者辩证统一、相辅相成。所谓新质生产力，是以科技创新为主导的生产力，是摆脱了传统增长路径、符合高质量发展要求的生产力，是数字时代更具融合性、更体现新内涵的生产力。新质生产力的提出，进一步为我们以科技创新推动产业创新、以产业升级构筑竞争优势指明了方向。加快培育形成新质生产力，是一项复杂的系统性工程，涵盖要素配置、技术创新、产业形态、产业产出等方面。

绿色构筑新质生产力的厚重底色。发展新质生产力，本质上是提升人类改造和利用自然的能力，走一条生产要素投入少、资源配置效率高、资源环境成本低、经济社会效益好的新增长路径。绿色发展理念强调顺应自然、促进人与自然和谐共生，用最少资源环境代价取得最大经济社会效益，不仅是实现经济社会高质量发展、推进美丽中国建设的题中应有之义，更是加快形成新质生产力的必然要求。推动新质生产力加快发展，必须守住绿色发展底线不动摇，牢固树立和践行绿水青山就是金山银山的发展理念，坚定不移走生态优先、绿色发展之路。

绿色彰显新质生产力的时代特色。发展新质生产力，是立足新发展阶段的新要求、新任务，是抢占发展制高点、赢得发展主动权、培育竞争新优势、蓄积发展新动能的先手棋。绿色发展顺应人类文明发展的历史趋势，是新一轮科技革命和产业变革中最富前景的发展领域，对经济社会全局和长远发展具有重大引领带动作用，是加快形成新质生产力的重要着力点。推动新质生产力加快发展，必须突出绿色发展引领地位，站在人与自然和谐共生的高度谋划发展全局，协调推进物质文明和生态文明建设同步发展，促进经济社会发展全面绿色转型。

绿色决定新质生产力的质量成色。发展新质生产力，核心是以新促质，关键在于通过技术革命性突破、生产要素创新性配置、产业深度转型升级，使全要素生产率大幅提升，从而更好地推动高质量发展、支撑中国式现代化建设和满足人民美好生活需要。绿色发展是创新引领、集约高效、质量优先的发展，它以资源环境刚性约束来推动绿色技术创新、生态资源要素化和产业结构绿色转型，是加快形成新质生产力的关键驱动力。推动新质生产力加快发展，必须释放绿色发展动能，筑牢产业绿色化和绿色产业化主阵地，推动形成绿色产业结构、生产方式、生活方式、空间格局等，让新质生产力发展成果惠及全体人民。

森林和草原对国家生态安全具有基础性、战略性作用，林草兴则生态兴。以绿水青山为代表的森林、草地、湿地等绿色生态资产，为人们的生产生活提供了必需的生态产品与服务。绿色生态转化的过程是绿色生态资产释放生态价值的过程，通过绿色生态转化创新实践，提供满足人民群众美好生活需要的生态产品和服务，培育战略性新兴产业，创新发展新产业、新业态、新模式，不断开辟发展新领域、新赛道，持续塑造发展新动能、新优势，为培育绿色发展新动能提供增长极和动力源。

一是推动林草发展理念发生根本性变革，加快林草高质量转型发展步伐。发展林草新质生产力，必然要求按照"生态优先，绿色发展"的新发展理念，构建完善"生态产业化、产业生态化"的新发展格局，推动传统林草转型升级和现代林草业高质量发展。

二是推动林草发展模式发生根本性变革，加快培育壮大林草新业态。发展新质生产力，必然促进林草与新兴行业的跨界融合，孵化出数字林业、智慧林业、碳汇林业、林草生物种业、林草生物质能源业、林草生物质材料制造业等新业态，成为林草高效能新质生产力的增长点。

三是推动林草增长方式发生根本性变革，加快构建新型林草科技教育人才支撑体系。林草高质量转型发展，必然要求建立新型林草教育、科技、人才支撑体系，加快传统学科专业改造、新林科建设和产教融合的步伐，以科技创新引领林草科技革命和产业变革。

四川山清水秀，绿色生态优势凸显，培育形成新质生产力，要把绿色发展放在重要位置，牢牢把握新质生产力的绿色内涵，充分凝聚绿色新动能，不断探索绿色发展新路径，开辟发展新质生产力的新领域新赛道。

——九寨沟：发挥森林湿地景观优势，转型发展生态旅游。九寨沟，1992年被列入《世界自然遗产名录》，1997年被纳入"世界人与生物圈保护区"，既是以大熊猫、金丝猴等珍稀动物及其自然生态环境为保护对象的森林和野生动物类型的国家级自然保护区，又是以高山湖泊群、瀑布群以及钙华滩流为主体的国家级重点风景名胜区，还是以地质遗迹钙化湖泊、滩流、瀑布景观和岩溶水系统及森林生态系统为主要保护对象的国家地质公园。经过17年的发展，景区居民实行以电（气）代柴，完成退耕还林6000余亩，九寨沟县森林覆盖率46.3%，提高了6.9个百分点，森林蓄积量增加了262万m^3，林业总产值和林业对地方财政的贡献分别增长了316倍和17.6倍，有效保护了绿色生态资源、生物资源和景观资源。目前，九寨沟县已由木材大县转变为以旅游为主的林业经济大县，林业总产值574980万元，其中森林旅游收入571240万元，占99.3%，森林旅游对地方财税的收入达21334万元，占财政总收入的75%。

——攀枝花：实施"康养+"融合发展战略，推进绿色生态转化。攀枝花市是长江上游重要的水源涵养和水土保持区，林业用地55.89万hm^2，占幅员总面积75.1%，是四川林业大市、重点国有林区。攀枝花市是国家"三线建设"发展起来的重工业城市，是天然林资源保护工程的发源地。近年来，凭借南亚热带为基带的立体气候、绿色生态优势等得天独厚的自然资源禀赋，突出"青山、绿水、阳光"特色，推进绿色生态转化，实施"康养+"融合发展战略，打造康养产业新业态，打通康养产业与生态农业、旅游业、医疗保健、运动健身等产业的融合渠道，实现产业融合、互利共赢。挖掘森林康养独特优势，大力开展森林康养产业，成功承办了"中国·四川——第二届森林康养（2016冬季）年会"，打造阿署达森林康养基地、万宝营森林康养基地、花舞人间森林康养基地和攀枝花国有林场森林康养基地等，积极开展"森林人家"认证工作，在米易县海塔、普威，盐边县渔门镇、格萨拉等地认证12家。同时，带动农林产业基地发展，着力建设特色干果、林下种植养殖、花卉苗木及工业原料等基地，累计建成各类林业产业基地120.5万亩；还大力发展现代农业万亩示范基地、全国晚熟芒果基地、早春喜温蔬菜基地、休闲渔业基地等，催生了森林康养产业的现代观光农林业模式。依托现有的国家级皮划艇激流回旋竞训基地等冬季竞训基地，吸引游客康养活动；以三级医院为龙头、县区医院和二级医院为支撑、基层医疗机构为基础，探索医疗机构养老、养老机构内设医疗机构、共建一体化服务平台养老、社区养老等4种养老模式；打造红山国际一期等14个康养旅游项目及普达阳光国际康养度假区等13个重大康养旅游项目，构建康养和旅游相关产业的融合布局。

——广元市朝天区：规模发展核桃经济，打造特色品牌。广元市朝天区位于四川省盆周山区北部，是四川省核桃主产区，有种植核桃的传统习惯，早在20世纪60年代，朝天就是全国核桃出口创汇的重要基地之一。该区立足山区资源优势和自然条件，结合退耕还林、天然林保护、德援项目等重点生态工程建设，发挥核桃资源优势，着力打造特色经济林产业。目前，全区已有核桃39.3万亩，其中，已建成万亩基地乡（镇）8个、千亩专业村55个、百亩大户400户，核桃产业发展初步呈现出布局区域化、生产专业化、基地标准化、集中规模化的态势。全区16万农民，有10万人参与核桃产业发展，"技术明白人"达到4万余人，核桃丰产技术推广专业队60余个，从业人员上千人。"111"工程成为战术路径：人均有核桃1亩以上，户均有1个核桃种植技术明白人，户均核桃收入达1万元以上。到2015年，全区年核桃产量31000t，实现产值19.5亿元，农民人均从核桃获得的收入近

3000元（其中家庭经营收入2649元），已初步形成了核桃绿色经济产业。

——雅安市宝兴县：大熊猫国家公园四川雅安片区宝兴县针对81.7%的县域面积划入大熊猫国家公园、国家公园内仍有35601.7hm²各类商品林的现状，结合本县实际，采取有效措施，探索建立生态产品价值实现机制。一是创新示范机制，创建理财"银行"。结合大熊猫国家公园和长征国家文化公园建设实际，印发《宝兴县生态产品价值实现机制试点实施方案》《宝兴县全面推行林长制的实施方案》《宝兴县创建国家全域旅游示范区实施方案》《宝兴县"生态银行"试点实施方案》《大熊猫国家公园熊猫老家门户建设实施方案》等，在全省率先设立"宝兴县生态产品价值转换促进局"，成立注册资金达2亿元的投资公司，为资源变资产、资产变资本搭建交易服务平台，已签约林地300余亩，带动农户年均增收12000元。着力解决了生态产品"难度量、难抵押、难交易、难变现"等问题，为探索建立生态产品价值实现机制提供了经验、做出了示范，被评为"四川省生态产品价值实现机制试点县"。二是拓宽有效通道，实现生态价值"红利"。围绕农业"全域有机"，狠抓"林海菌乡""果海药谷""云海牧场"三条产业环线建设；规划实施宝兴县生态产品价值转化示范、"熊猫田园"生态产品价值转化基地项目；开展有机产品、良好农业规范等质量认证结果采信试点，推动生态产品价值实现、特色产业提质增效。围绕三产"文旅互助"，以大熊猫国家公园为支点，加快推动大熊猫国家公园（宝兴）熊猫老家入口社区、神木垒、达瓦更扎景区提升改造项目、达瓦更扎水海子生态度假等重点项目建设；制发《文旅产业振兴专项行动方案》，启动夹金山AAAAA级旅游景区创建，完成神木垒新老山门项目，加快推动蜂桶寨·邓池沟、硗碛藏寨·神木垒、东拉山大峡谷等5个国家AAAA级旅游景区提档升级；持续完善大熊猫文化溯源、红色文化传承、生态康养之旅三条精品旅游线路，加快构建红色文化、生态体验、民俗文化等多元融合的旅游产业体系，带动全县文旅产业提质提效。三是建立试点基地，发展生态产业。在全省率先成立"生态银行"试点基地，采取合作开发、利益分成的方式引进企业入驻，完成了第一期6.7万亩、26万t碳汇开发，价值达2000余万元，成为全省第一个完成造林碳汇开发交易的试点县。种植枇杷、茶叶、山药4.17万亩，实现销售收入1.2亿元，带动种植大户1200余户；加快打造夹金山国家AAAAA级旅游景区，每年开展红色教育5万人次，带动红色旅游、生态观光游100多万人次，建成5个国家AAAA级旅游景区，建好熊猫新村、雪山新村等生态民宿聚居点，每年接待游客500余万人次，被评为"2022"四川县域生态旅游目的地。

——成都市大邑县：探索公园城市的雪山大邑表达，聚焦生态资产可持续价值转换积极创新探索，形成了生态产品价值实现的大邑实践。"推窗可见千秋瑞雪，开门即是碧水蓝天"的雪山大邑独特标识，正全方位地展示在大邑广袤的都市田园和山水林间。

一是聚焦生态本底厚植，探索生态资产可计量转化新路径。在对全县自然资源资产全面调查的基础上，以川西林盘保护修复为抓手，推动典型区域生态核算。围绕成都平原特有的川西林盘开展调查研究，编制《大邑县川西林盘保护利用规划》《新川西林盘民居建设导则》《大邑高质量推进川西林盘资源保护与利用战略研究》等，探索以生态价值多元转化拓展林盘资源利用空间，现已建成溪地阿兰若等国内十大民宿品牌为引领的精品林盘44个，7家民宿酒店获评携程五星级。实施雪山生态保护修复工程，关停大熊猫国家公园范围内小水电站18家，消失数十年的"千年飞瀑"重现西岭雪山；完成龙门山大熊猫栖息地修复1.51万亩，认证大熊猫原生态产品2个，有效保护生物多样性。二是聚焦生态项目与资本高效嵌套，探索生态项目市场化实现新形式。依托安仁论坛、文化城镇博览会等平台，发布生态投资项目，成功举办公园城市·大邑全域川西林盘招商推介暨项目签约仪式，发布90个川西林盘保护修复机会清单，签约金额543亿。发布生态惠民示范工程应用场景和投资机会清单两批，涵盖政府企业两端的供需信息11条。借助"成都时尚消费品设计大赛"等平台，围绕"美好生活、智能生产、绿色生态、智慧治理"，探索生态产品消费新模式，发布西岭雪山滑雪场、斜源共享旅居、天府花溪谷山地运动、雾山森林康养等生态价值转化方面"文旅大邑"新场景、新产品和新机会15个。推动绿色信贷发展，解决生态项目建设资金需求。2021年累计发放绿色贷款48439万元，农村承包土地经营权抵押贷款538万元，农民住房财产权抵押贷款2391万元，集体建设用地使用权抵押贷款200万元。三是聚焦生态产品保护性利用，探索生态产业高质量发展新方略。积极探索"政府+央企/民企+集体经济"模式，加快打造旅游、研学教育与康养休闲融合发展的生态文旅开发。依托川西平原优良的林盘自然资源资产和深厚的历史文化底蕴，引进华侨城集团、朗基集团等，建成南岸美村、稻乡渔歌田园综合体等"生态+文旅"产业项目，建成乡村会客厅、锦绣安仁花卉公园、大地之眼等，引进乡永归川、溪地·阿兰若等民宿集群，以美学经济激活文旅经济，积极推动农商文旅体一二三产业融合发展，实现"产景相融、产旅一体、产村互动"和"以农促旅、以旅带农"，推进生态产品的最大价值转化。2021年，南岸美村接待游客100万人次，实现乡村旅游综合收入1500余万元；稻乡渔歌举办的研学活动参与人（次）达3.4万，民宿入住2.6万人（次），祥和村集体经济由"空壳"发展到拥有千万资产，实现年收入180余万元。积极探索"集体经济+村民自治"模式，充分盘活和利用集体资产，推进农民自主改革改变乡村。邛江镇太平社区实施"场镇改造+生态移民"工程，清理盘活斜源矿区国有闲置用地、废弃工矿用地、农村集体建设用地1000余亩，建成成都市"最美街道"晒药巷等特色街区，引入温德姆、"半山小院""探花·邸""阡陌田园"等酒店、精品民宿，实现村民、集体、企业共建共享，将废弃的煤炭乡镇建设成诗意栖居文化创意型社区；依托"大邑黄柏""邛江青梅酒"等开发青梅果酒、大邑古茶、药香抱枕等系列农创产品，建设集生态种植观光、田园采摘体验、精品民宿度假于一体的农旅综合体，实现生态产品价值多元共建共享。2021年，太平社区旅游业在疫情背景下逆势上扬，共接待游客60万人次，旅游综合收入2亿元，同比增长50%。

——成都市蒲江县：打造"互联网+"农村电商"蒲江样本"。成都市蒲江县位于成都平原西南边缘，是成都市的水果种植和经销大县，依托本地优质特色农产品以及良好的区位优势，在政府全力引导、电商平台积极助力下，转变传统经销渠道，以培育本地化电子商务综合服务商为驱动，搭建电商平台线上销售渠道，创新应用"直播带货""拼团""众筹""私人定制"等多元化互联网营销模式。"数字赋能"实现生态产品的供需精准对接，打通生态产品走进城市的上行通道，推动形成新质生产力，使好产品有好销路，卖出好价钱，促进人民群众增收致富。现已建成全国农产品西南电商物流中心，有农业相关电商主体超过5400家，从业人数超过3万人，2020年农村电商实现网络零售额44亿元，带动周边地区农产品销售逾7万t，销售金额超过5亿元。"买全国、卖全国"的农村电商"蒲江样本"受到国务院通报表扬，获评国家电子商务进农村综合示范典型县、全省首批实施乡村振兴战略先进县。

一是推进农业信息化建设。①实施数字农业示范基地建设工程。在全国率先启动耕地质量提升行动，建成土壤环境数据监测点10个，采集相关数据130多万条，为农业生产操作和经营决策提供精准依据。联合阿里巴巴推进"亩产一千美金计划"，集成运用物联网、5G通信、区块链等技术，启动建设2000亩阿里巴巴数字农业标准化种植基地。②实施农业物联网基地建设工程，依托联想、成都鲜农纷享、蒲江橙海阳光等企业，建成集视频监控、数据采集、自动化节水灌溉、质量追溯等功能于一体的猕猴桃基地、柑橘基地等农业物联网基地20多个，总面积达5万亩。

二是打造现代营销物流体系。①打造新零售平台，依托阿里巴巴、京东等电商平台，开设蒲江特产馆、旗舰店，其中，"京东·蒲江特产馆"2019年销售额达1600万元，进入京东平台生鲜水果类目年度榜单前三名，先后荣获阿里巴巴"中国电商示范百佳县"、京东"农村电商推广示范区"等称号，建设西南水果数字化交易平台。②打造新物流体系，引进物流企业20多家，构建县、乡（镇）、村三级物流体系，重点发展冷链仓储物流，建成阿里巴巴数字农业集运加工中心、申通西南地区首家电商生鲜水果集散中心、北京新发地四川新蒲仓储物流中心等，共建成196座冷藏保鲜库，全冷链仓储能力达到15万t，先进水果分选线40余条，水果商品化处置率达到95%，申通（西南）水果电商物流中心干线配送达到27个省级区域，形成了川藏、川桂农产品电商物流集聚区。

三是优化电子营商发展环境。建立蒲江电子商务进农村工作领导小组，挂牌成立蒲江县电子商务促进中心，统筹推进农村电商产业发展。制定了《蒲江县加快电子商务产业发展的实施意见》《蒲江县扶持电子商务产业发展的若干意见》等专项扶持政策，先后投入4000多万元支持电子商务园区、企业、服务站点建设和电子商务普及应用，建成县级电商公共服务中心1个（年销售农产品逾5亿元）、电商综合示范站134个，提供产业、技术、金融、人才、法律等服务，加强质量安全监管，推进蒲江农村电商规模化、品牌化、集聚化发展。

四川绿色生态优势分析

3

3.1 四川绿色生态的战略地位

四川位于中国西部和青藏高原东南缘,处于中国大陆地势三大阶梯中的第一级和第二级,即第一级青藏高原和第二级长江中下游平原的过渡带,自然生态条件多样,气候、土壤和植被呈现水平带状更迭,垂直分异也十分明显,在气候、植被上具有"南北兼备,东西合璧"的特点,在自然生态类型上可以说是全国的一个"缩影"。面积48.5万km^2,约占长江上游地区面积的"半壁江山",素有"千河之省"之称,丰富的径流与巨大的落差使四川成为我国水资源和水能资源富集的地区。

3.1.1 地理区位独特

四川地处长江及黄河上游,介于92°21′~108°31′E、26°03′~34°19′N,面积48.5万km^2,约占长江上游地区面积的一半,次于新疆、西藏、内蒙古和青海,居全国第五位,占全国总面积的5.1%。东连重庆,南邻贵州、云南,西接西藏,北与陕西、甘肃、青海接壤,是西南、西北和中部地区的重要结合部,是承接华南、华中,连接西南、西北,沟通中亚、南亚、东南亚的重要交汇点和交通走廊。

3.1.2 自然条件复杂多样

四川地跨青藏高原、横断山脉、云贵高原、秦巴山地、四川盆地五大地貌单元,地势西高东低,由西北向东南倾斜。最高点是西部的大雪山主峰贡嘎山,海拔高达7556m。地形复杂多样,以龙门山—大凉山一线为界,西部为川西高山高原及川西南山地,海拔多在4000m以上;东部为四川盆地及盆缘山地,海拔多在1000~3000m。地貌东西差异大,以多山和高原为特色,具有山地、丘陵、平原和高原4种地貌类型,分别占全省面积的77.1%、12.9%、5.3%和4.7%。

四川气候复杂,东西部差异很大,总分三大气候区:四川盆地中亚热带湿润气候区、川西南山地亚热带半湿润气候区、川西北高山高原高寒气候区。地带性和垂直变化十分明显,包括南亚热带(河谷)、中亚热带、北亚热带、暖温带、中温带、寒温带、亚寒带、寒带和永冻带。

四川素有"千河之省"之称,有大小河流近1400条,水资源丰富,居全国前列。境内遍布湖泊冰川,有湖泊1000多个、冰川约200余条,还有一定面积的沼泽,多分布于川西北和川西南;3.4%属黄河水系,96.6%属长江水系,年径流总量3182亿m^3,占长江入海口水量的1/3。作为长江、黄河重要水源补给区,是长江、黄河重要生态屏障,丰富的径流与巨大的落差使四川成为我国水资源和水能资源富集的地区。

3.1.3 生态地位突出

四川作为长江、黄河两大母亲河的重要水源涵养地和补给地,是长江、黄河上游重要生态屏障功能区,在我国生态安全格局、西部大开发战略和生态文明建设中战略地位突出,生态区位、生态环境地位独特而重要。

一是处于我国重要生态功能区,维系着长江流域生态安全。四川属于《全国主体功能区规划》确定的"两屏三带"生态安全格局中青藏高原生态屏障的重要组成部分,区内有若尔盖水源涵养重要区、横断山生物多样性保护重要区、川滇干热河谷土壤保持重要区,属于限制开发的国家重点生态功能区之一,其森林生态系统在涵养长江源头水源、保持水土、维持生态平衡方面有着重要的不可替代的生态保护作用,与青藏高原生态系统融为一体,是长江、黄河流域重要的生态安全屏障,也是长江"黄金水道"生态经济带建设的生态保障,在维护长江上游生态安全、生物多样性保护和经济社会可持续发展方面占有十分重要的战略地位。

二是处于我国生物多样性关键地区,是世界生物多样性宝库。四川自然生态条件多样,气候、土壤和植被呈现水平带状更迭,垂直分异也十分明显,生物资源多样,保存有许多珍稀、古老的动植物种类,国家重点保护野生动物资源全国第一,国家重点保护野生植物资源全国第二,是我国生物物种形成、演化的重点地区之一,是国家保护的许多珍稀和濒危生物物种的存留地;大熊猫数量、栖息地面积均占全国的70%以上,被称为"大熊猫的故乡"。我国优先保护的17个生物多样性关键地区中的两个地区,即横断山南段和岷山-横断山北段均处于该区域,在全球34个生物多样性热点地区之中(保护国际),在《中国生物多样性保护与行动战略(2011—2030)》中划定的35个生物多样性优先保护区域之中。同时,区域内自然景观资源丰富、集中,是发展生态旅游的重要基地,拥有许多国家风景名胜区和世界遗产地。因此,该区是世界瞩目的"生物多样性宝库""生物基因库"和我国生物资源开发利用的战略储备要地。区域生物多样性保护对我国乃至全球均具有关键、特殊的重要性。

三是处于中华水塔核心区,水源地作用和水源涵养功能突出。四川位于长江、黄河上游及源头,是中华民族"水塔"青藏高原的重要组成部分。作为长江、黄河的重要水源供给源之一,年均径流量约占长江流域径流量的11%,年均径流量占整个黄河径流量的8.21%,既是长江、黄河的重要水源发源地、重点水源涵养区和主要集水区,又是水资源保护的核心区域,其森林、草地、湿地生态系统在涵养长江源头水源、保持水土、维持生态平衡方面有着重要的不可替代的生态保护作用。

四是处于生态环境脆弱区,是全国生态建设的核心区之一。四川在全国总地势中处于第一、第二阶梯上,独特的自然条件和多样的气候环境,已成为地质环境和生态环境极为脆弱、极易受破坏、一旦受损很难恢复的典型生态脆弱区,是全国生态建设的核心地区之一。特别是高原向山地过渡地带,褶皱构造异常发育,地层褶皱强烈,地质环境极不稳定，是强烈地震活动带和滑坡、崩塌、泥石流等地质灾害的高发区。

五是处于生态环境敏感区，应对全球气候变化响应作用显著。众所周知，青藏高原是全球重要的生态环境敏感区，是中国乃至东半球气候的"启动器"和"调节区"，又是全球气候变化的敏感区，被誉为"未来气候变化的晴雨表"。四川与青藏高原生态系统融为一体，大面积森林、高原植被以及冰雪资源对全球气候调节起到重要作用，对气候变化和人类活动扰动十分敏感。同时，也是我国生物物种形成、演化、多样性分布的重点地区之一，其独特的生态系统是我国"生态源"的重要组成部分，在维系国家生态安全方面不仅地位特殊，而且作用显著。

3.1.4 社会经济稳中有进

四川是全国的人口大省、经济大省，是"西部大开发战略"的重要省份。行政区划为21个市（州），除省会成都是副省级城市外，还辖自贡、攀枝花、泸州、德阳、绵阳、广元、遂宁、内江、乐山、南充、宜宾、广安、达州、巴中、雅安、眉山、资阳等17个地级市、阿坝州、甘孜州、凉山州等3个民族自治州，共有183个县（市、区）。人口多、底子薄、不平衡、欠发达为基本省情。

2020年，四川省地区生产总值（GDP）48598.76亿元，比上年增长3.8%（表3-1）。其中，第一产业增加值5556.58亿元，增长5.2%；第二产业增加值17571.11亿元，增长3.8%；第三产业增加值25471.07亿元，增长3.4%。

2020年末，全省人口8262万人，居全国第3位；在中国西部12个省份中，四川的生产总值、粮食总产量、工业总产值和社会消费品零售总额均占1/4左右。

表 3-1 2020 年四川省分地市 GDP 数据汇总

排序	地区	2020年		2019年		GDP 名义增量（亿元）
		GDP（亿元）	GDP 增速（%）	GDP（亿元）	GDP 增速（%）	
—	四川	48598.8	3.8	46363.75	7.4	2235.05
1	成都	17716.67	4.0	17012.65	7.8	704.02
2	绵阳	3010.08	4.4	2856.2	8.1	153.88
3	宜宾	2802.12	4.6	2601.89	8.8	200.23
4	德阳	2404.1	2.5	2335.9	7.2	68.2
5	南充	2401.08	3.8	2322.22	8.0	78.86
6	泸州	2157.22	4.2	2081.26	8.0	75.96
7	达州	2117.8	4.1	2041.5	7.7	76.3
8	乐山	2003.43	4.1	1863.31	7.6	140.12
9	凉山	1733.15	3.9	1676.3	5.6	56.85
10	内江	1465.88	3.9	1433.3	7.8	32.58

续表

排序	地区	2020年 GDP（亿元）	2020年 GDP增速（%）	2019年 GDP（亿元）	2019年 GDP增速（%）	GDP名义增量（亿元）
11	自贡	1458.44	3.9	1428.49	7.8	29.95
12	眉山	1423.74	4.2	1380.2	7.5	43.54
13	遂宁	1403.18	4.3	1345.73	8.1	57.45
14	广安	1301.57	4.2	1250.4	7.5	51.17
15	攀枝花	1040.82	3.9	1010.13	6.3	30.69
16	广元	1008.01	4.2	941.85	7.5	66.16
17	资阳	807.5	4.0	777.8	7.0	29.7
18	巴中	766.99	2.5	754.29	6.0	12.7
19	雅安	754.59	4.4	723.79	8.0	30.8
20	阿坝	411.75	3.3	390.08	6.1	21.67
21	甘孜	410.61	3.6	388.46	6.5	22.15

注：数据综合汇总自官方发布、统计局初核等渠道，制表时间：2021年2月4日。

3.1.5 四川绿色发展的战略地位

四川绿色生态资源丰富，属于全国第二大林区、第五大牧区，20世纪80年代末，省委、省政府作出"绿化全川"重大决定，90年代末，提出建设长江上游生态屏障，开始谋划和启动一系列措施，包括实施天然林资源保护、退耕还林（还草）、长江防护林建设、水土保持等工程。"十二五"以来，按照四川省人民政府《关于加快城乡绿化工作的决定》要求，启动实施"天保"二期工程和新一轮退耕还林工程，积极开展森林城市、绿化模范县、园林城市、生态县（区）等创建，不断强化森林、草原、湿地、荒漠、农田等生态系统保护和修复，国土绿化和生态建设步伐进一步加快，长江上游生态屏障建设稳步推进，生态状况持续改善，绿色生态基础进一步夯实。现有林草资源面积占全省面积的70%以上，林地面积3.7亿亩、居全国第3位，森林面积2.9亿亩、居全国第4位，森林蓄积量19亿m³、居全国第3位，森林覆盖率40%，草原综合植被盖度85.8%。

十八大以来，四川省委、省政府一直在建设长江上游生态屏障的同时，抓住绿色生态资源丰富、产业发展前景广阔的优势，将其作为壮大农村经济新的增长极。省委《关于推进绿色发展建设美丽四川的决定》提出，"把良好的生态优势转化为生态农业、生态工业、生态旅游等产业发展优势""开展大规模绿化全川行动，实施造林增绿和森林质量提升工程"，强力推进绿色生态优势转化，大力推动林业转型升级，促进绿色富省、绿色惠民。2018年出台了《中共四川省委关于深入学习贯彻习近平总书记对四川工作系列重要指示精神的决定》《中共四川省委关于全面推动高质量发展的决定》，明确提出新时代治蜀兴川的总体战略要求，认真落实习近平总书记对四川工作系列重要指示精神，紧紧围绕把握新发展阶段、贯彻新发展理念、融入新发展格局、推动高质量发展，系统谋划推动全省"十四五"生态文明建设和生态环境保护工作，坚持生态优先、绿色发展，坚持质量第一、效益优先，积极推进绿色生态优势转化发展，全面推动高质量发展，积极建设生态文明先行区。

全省各地立足当地自然条件和资源禀赋，充分发挥比较优势，着力培育木竹、特色经济林、生态旅游、林下经济、野生动植物繁育利用和苗木花卉等覆盖面广、带动性强、市场前景好的六大特色优势产业，板式家具制造和竹浆造纸跃居全国第一，林业生态旅游全国领先，核桃、油橄榄、花椒和三木药材等特色经济林产业进入全国前列。2020年，实现林业草原产业总产值4096亿元，比上年增长3%，年度总产值首次迈上4000亿元台阶。新增现代林业产业基地125万亩、现代草牧业示范基地60万亩。通过实施现代林草业园区"521"工程，吸引各类林业企业1058户进驻园区，全省园区林产品初加工率达60%，全省园区综合产值超330亿元，园区内林农人均收入近1万元。全省新造竹林20万亩，改造竹林30余万亩，建成翠竹长廊（竹林大道）24条、480km，全省竹林面积达1815万亩。全年加工竹笋50万t、竹浆及纸制品240万t，实现竹业综合产值721亿元。生态旅游业在疫情下显示出强大的韧性，全年举办花卉（果类）、红叶等生态旅游节会50余场，接待游客3.5亿人次，直接收入1690亿元，同比增长46.96%。但是，四川林地面积是广东的2.2倍，2020年广东林业产值是四川的2.1倍，四川林草一二三产业融合发展不够，绿水青山转化为金山银山任重道远。

"十三五"期间，林草产业总产值增长50.1%，其中竹业综合产值增长266.7%。绿色产业加速转型，林业产业继续向资源综合利用转型，现代林业产业基地超过3200万亩，林草产业总产值增长50.1%，其中竹业综合产值增长266.7%。林板家具、木本粮油、森林食品等传统产业特色鲜明。但是，全省林产品加工资源消耗大，特色经济林品牌覆盖率大多低于50%。

2022年，实现林草产业总产值4709.7亿元，比上年增加200.6亿元，增长4.5%，持续保持连年增长（图3-1）。按市（州）统计，成都市937.4亿元，逼近千亿台阶。宜宾市519.7亿元、泸州市400.9亿元、乐山市301.1亿元，分别排第二、第三、第四位。绵阳市、广元

图 3-1　2016—2022年林草产业总产值对比

注：2016—2018年为林业产业总产值，2019年起为林业草原产业总产值。

市、南充市、眉山市、达州市、雅安市、巴中市等7市超两百亿，广安市、凉山州超百亿元。自贡市、内江市、阿坝州、甘孜州出现负增长。

四川作为中国西部人口大省、农业大省、资源大省、经济大省，是支撑"一带一路"建设、长江经济带发展和成渝地区双城经济圈建设等的战略纽带与核心腹地，是"稳藏必先安康"的战略要地。乡村振兴、新一轮西部地区开发把四川这样的西部地区、内陆地区推向了开放前沿，为四川推进绿色生态转化发展、扩大开放带来了重大的历史机遇。

四川是西部地区的重要大省，在全国发展大局中具有重要的地位，做好四川改革发展稳定工作意义重大。党中央要求四川从"努力走在西部全面开发开放前列"到"打造立体全面开放格局、建设内陆开放经济高地"，明确了四川服务国家开放战略的方向和定位，极大拓展了新形势下四川开辟发展新空间的格局和视野。

绿色是四川发展的最大本钱，生态是四川发展的最佳引擎。绿色生态是四川最大的财富、最大的优势、最大的品牌，绿色生态转化发展具有得天独厚的基础优势。四川的生态与发展如同一条扁担的两头，一头挑着绿水青山，一头挑着金山银山，如何让绿水青山和金山银山画上等号、如何把四川的绿色生态优势转化成绿色发展优势，是政府重视和社会关注的重大问题。

因此，在新时代新形势下，四川应围绕国家生态文明战略和高质量发展战略，按照长江黄河上游生态屏障建设和长江经济带、成渝地区双城经济圈战略的新要求，坚持生态优先、绿色发展，转变发展方式，守住生态红线，进一步从"绿色端"推进供给侧结构性改革，推动生态产业化、产业生态化，完善建立生态产品价值实现机制，推进绿色生态转化发展，使绿水青山释放出巨大生态效益、经济效益、社会效益，不仅是国家生态安全战略和发展大局的必然需求，也是实现人与自然和谐共生的中国式现代化的必然要求。

3.2 四川绿色生态空间数量分析

四川是长江上游生态屏障重要组成部分，在国家生态安全格局中具有重要地位。1998年，四川在全国率先启动实施天然林资源保护工程，1999年又率先启动退耕还林、退牧还草工程，先后开展了自然保护区及森林公园、防沙治沙、湿地保护恢复、川西藏区生态保护与建设等重点生态工程建设，全省上下持续开展全民义务植树运动，大力开展植树造林种草和生态修复，国土绿化工作取得重大进展，城乡生态环境得到显著改善。"十二五"以来，四川省政府发布《关于加快城乡绿化工作的决定》，全省深入推进集体林权制度改革，启动实施"天保"二期工程和新一轮退耕还林工程，积极开展森林城市、绿化模范县、园林城市、生态县（区）等创建，不断强化森林、草原、湿地、荒漠、农田等生态系统保护和修复，国土绿化和生态建设步伐进一步加快。

全省面积48.6万km²，占全国国土总面积的5.1%，居全国第5位，自然生态系统与人工生态系统交错分布，自然生态系统面积约为39万km²、占比80.7%。截至2021年，四川森林覆盖率高达40.23%，其中约87%为天然林，是全国天然林面积最大的省份之一；天然草原综合植被盖度达到85.8%。

3.2.1 森林资源

森林是陆地生态系统的主体和重要资源，不仅能涵养水源、保持水土、防风固沙、调节气候，实现生态环境良性循环，还能提供丰富的木竹材、特色林产品和旅游文化产品，满足国家建设和人民群众生产生活需要、精神需求；同时，通过资源培育、保护和开发利用，能有效增加社会就业，增加群众的劳务收入。形象地说，森林是水库、钱库、粮库、碳库。

从森林资源总量看，川西高山峡谷区和盆周山区分别高达9313.4万亩、7572万亩，两个区森林面积近1.7亿亩，森林面积占全省的62.7%；成都平原区和川西北高原区森林资源较少，尤其是成都平原区森林面积不到350万亩。从覆盖率看，盆周山区最高，达55.1%；川西北高原区最低，仅15.4%。从林地用途看，全省以发挥生态功能为主的公益林地，一半以上分布在川西高山峡谷区，面积近1.3亿亩；成都平原区最少，公益林地面积仅24.8万亩。

通过对比2010和2020年森林资源数据，森林资源变化较大，增长较快（图3-2）。至2020年，全省森林面积达到1.95亿亩，活立木总蓄积量达到19.16亿m³，森林覆盖率达到40.03%（表3-2）。创建国家和省级森林城市11个、全国绿化模范县8个、省绿化模范县（区）38个；创建国家园林城市4个、国家园林县城2个、省级园林城市8个、省级园林县城7个；林木绿化率达到46%，林草覆盖率达到71%。

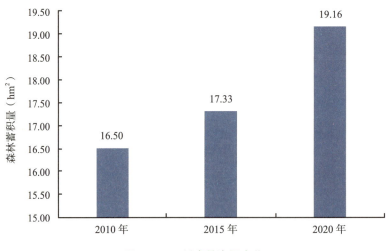

图3-2 四川森林资源变化

表 3-2 全省各市（州）森林资源表

市（州）	幅员面积	森林覆盖率		林地面积		活立木蓄积量		森林面积	
	km²	%	排位	hm²	排位	万 m³	排位	hm²	排位
成都市	14334.38	37.34	12	391687.90	14	3286.31	11	535302.94	12
自贡市	4380.1	28.93	18	104680.45	21	359.97	21	126705.17	21
攀枝花市	7414.1	62.38	3	554390.36	12	3649.89	10	462456.69	13
泸州市	12232.3	46.31	9	560427.12	10	2541.53	12	566465.81	11
德阳市	5911.1	26.39	20	180492.98	17	1376.56	16	156012.18	19
绵阳市	20256.9	56.21	6	1217759.64	5	9618.75	5	1138665.40	4
广元市	16318.2	62.61	2	1066555.26	6	6337.56	6	1021684.49	6
遂宁市	5323.8	29.53	17	140452.72	18	1023.85	17	157228.44	18
内江市	5384.8	24.95	21	105650.94	20	561.59	19	134352.04	20
乐山市	12720.9	59.57	4	777073.62	8	6109.39	7	757802.71	7
南充市	12481.8	35.16	13	398766.10	13	2263.13	14	438915.83	14
眉山市	7138.7	45.70	10	268328.37	15	1795.69	15	326225.69	15
宜宾市	13262.2	47.74	8	555203.26	11	2463.62	13	633201.03	10
广安市	6339.3	31.57	15	195005.66	16	705.54	18	200124.37	16
达州市	16586.8	45.11	11	799743.34	7	4606.24	8	748153.38	8
雅安市	15047.1	69.36	1	1260753.91	4	10504.65	4	1043641.86	5
巴中市	12298.1	59.04	5	725056.20	9	4139.48	9	726039.61	9
资阳市	5746.32	31.46	16	122130.16	19	493.87	20	180781.23	17
阿坝州	83005.7	26.48	19	4356052.95	2	45986.65	2	2197797.65	3
甘孜州	149679.8	32.41	14	6960426.98	1	50904.80	1	4850479.04	1
凉山州	60251.6	50.73	7	4140956.44	3	32867.36	3	3056352.53	2
全省	486052	40.03		24881594.33		191596.43		19458388.09	

根据全省森林资源特点，21个市（州）中，林地面积50万hm²以上的有攀枝花市、泸州市、绵阳市、广元市、乐山市、宜宾市、达州市、雅安市、巴中市、甘孜州、阿坝州、凉山州等12个市（州），森林面积50万hm²以上的有成都市、泸州市、绵阳市、广元市、乐山市、宜宾市、达州市、雅安市、巴中市、甘孜州、凉山州、阿坝州等12个市（州），森林覆盖率达30%以上的有成都市、攀枝花市、泸州市、绵阳市、广元市、乐山市、南充市、眉山市、宜宾市、广安市、达州市、雅安市、巴中市、资阳市、凉山州、甘孜州等16个市（州）。三者均达到的有甘孜州、凉山州、泸州市、绵阳市、广元市、乐山市、宜宾市、达州市、巴中市、雅安市等10个市（州），二者达到的有攀枝花市、阿坝州、成都市等3个市，达到其中之一的有眉山市、南充市、广安市、资阳市等4个市。

四川森林资源主要集中在川西北高原区、川西高山峡谷区、川西南山地区和盆周山地区，成都平原区、盆地丘陵区相对缺乏，但森林覆盖率最低也有22.23%（资阳市）。总体上，与一级分区一致，即西部生态高原和东部绿色盆地两大区。

3.2.2 湿地资源

根据四川省林业厅公布数据，现有湿地总面积174.78万hm^2，占全省面积的3.60%，其中自然湿地（含河流湿地、湖泊湿地、沼泽湿地）面积166.56万hm^2，人工湿地面积8.22万hm^2；天然湿地资源主要分布在甘孜州和阿坝州。此外，全省还有水稻田面积199.26万hm^2。

从湿地类来看，有河流湿地43.04万hm^2，占湿地总面积24.93%；湖泊湿地4.40万hm^2，占2.55%；沼泽湿地117.27万hm^2，占67.93%；人工湿地7.93万hm^2（不包括水稻田），占4.59%。全省各湿地类面积及比例，如图3-3所示。

图3-3　四川湿地类面积及比例（2012年）

根据《第二次全省湿地资源调查结果》，2012年调查湿地总面积比2000年增加了79.48万hm^2，其中河流湿地面积减小了13.34万hm^2，湖泊湿地面积增加了3.06万hm^2，沼泽湿地面积增加了83.04万hm^2，人工湿地面积增加了3.72万hm^2（图3-4）。100hm^2以上湿地面积总体上比第一次增加了63.15万hm^2。100hm^2以上的河流湿地减少了19.73万hm^2，100hm^2以上的湖泊湿地增加了1.23万hm^2，100hm^2以上的沼泽湿地增加了81.02万hm^2，100hm^2以上的人工湿地增加了0.62万hm^2（图3-5）。

全省各市（州）湿地资源概况，见表3-3。湿地总面积排前三位的分别是甘孜州、阿坝州、凉山州，面积在4万hm^2以上；面积在2万hm^2以上的有南充、绵阳、达州、广元和成都等5个市。

3 四川绿色生态优势分析

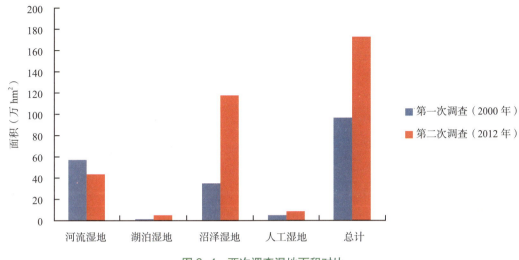

图 3-4 两次调查湿地面积对比

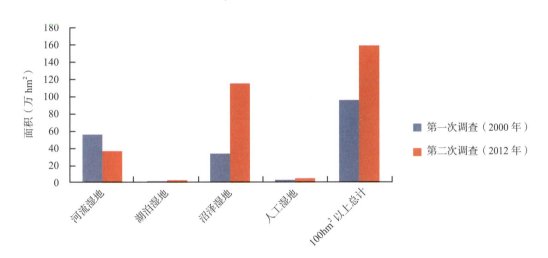

图 3-5 两次调查 100hm² 以上湿地面积对比

表 3-3 四川省 21 个市（州）湿地概况   单位：hm²

行政区\湿地类	河流湿地	湖泊湿地	沼泽湿地	人工湿地	总计
总计	430448.89	44003.94	1172738.43	79312.77	1726504.03
成都市	17268.81	659.71	0.00	3379.20	21307.72
自贡市	5629.72	393.09	0.00	2169.36	8192.17
攀枝花市	10467.30	42.69	0.00	863.45	11373.44
泸州市	15758.40	396.10	0.00	1407.20	17561.70
德阳市	11948.79	367.54	0.00	1792.07	14108.40
绵阳市	22994.42	121.95	59.82	5651.13	28827.32
广元市	21389.56	17.99	0.00	2948.20	24355.75

续表

行政区 \ 湿地类	河流湿地	湖泊湿地	沼泽湿地	人工湿地	总计
遂宁市	11735.74	48.15	9.27	2819.16	14612.32
内江市	5337.80	249.51	0.00	4020.13	9607.44
乐山市	24369.07	628.46	14.54	3075.68	28087.75
南充市	26165.27	0.00	0.00	7455.46	33620.73
眉山市	10861.77	176.13	0.00	4892.06	15929.96
宜宾市	23026.90	114.45	11.86	2038.03	25191.24
广安市	5022.85	5.84	0.00	10553.41	15582.10
达州市	21002.74	38.77	0.00	3778.60	24820.11
雅安市	8104.40	20.13	0.00	7571.91	15696.44
巴中市	12840.40	0.00	0.00	1313.18	14153.58
资阳市	7790.43	119.08	0.00	8201.73	16111.24
阿坝州	39963.77	4569.67	579740.35	103.41	624377.20
甘孜州	98630.16	28956.00	591197.49	436.54	719220.19
凉山州	30140.59	7078.68	1705.10	4842.86	43767.23

全省湿地主要分布于川西、川西北地区以及四川东部地区，不同湿地类型分布区域和分布形式差异较大（表3-4）。在空间格局上，沿着地形走势，由西北向东南湿地面积逐渐减少，除河流湿地贯穿全省外，湖泊湿地、沼泽湿地和人工湿地的分布格局差别较大。在分布数量、密度和海拔上，湖泊湿地、沼泽湿地分布集中、海拔较高，湖泊湿地分布数量较多，而人工湿地分布广泛而海拔较低。

表 3-4 全省湿地面积分布　　　　　　　　　　　　　　　单位：万亩

区域	合计	沼泽湿地	河流湿地	湖泊湿地	人工湿地
合计	2621.7	1763.9	678.4	56.0	123.4
成都平原区	44.7	0	38.1	0.3	6.3
盆地丘陵区	262.6	0.1	181.9	0.5	80.1
盆周山地区	170.8	0.1	154.0	0.4	16.3
川西北高原区	1504.9	1355.1	134.0	15.8	0
川西高山峡谷区	544	405.9	107.4	29.6	1.1
川西南山地区	94.7	2.7	63.0	9.4	19.6

从湿地面积上看，沼泽湿地分布面积最大，为117.27万hm^2，占湿地总面积的67.93%；河流湿地次之，为43.04万hm^2，占24.93%；人工湿地面积较小，为7.93万hm^2，占4.59%；湖泊湿地面积最小，为4.40万hm^2，仅占2.55%。从湿地分布的地理格局上看，沼泽湿地和

湖泊湿地多分布于川西的中山和高山地带，河流湿地多分布在长江中上游地区，而人工湿地多分布于中、东部平原区和盆地丘陵区。从自然湿地和人工湿地的比重上看，自然湿地所占比重较大，分布较广。其中，自然湿地（包括河流、湖泊、沼泽湿地）分布面积为164.72万hm^2，占湿地总面积的95.41%；人工湿地分布面积为7.93万hm^2，占湿地总面积的4.59%。

与第一次调查结果相比，有可比性的25个面积大于$100hm^2$湿地斑块，其湿地面积共减少了$617.79hm^2$，湿地面积年萎缩速率为0.55%，68%的湿地都呈萎缩退化状态。

全省湿地主要分布在甘孜州、阿坝州、凉山州，三州湿地面积达2108.8万亩，占全省的80.4%。位于自然保护区和湿地公园内的湿地面积达1186.8万亩，湿地保护率提高至56%。已建成湿地类型自然保护区52个、湿地公园56个，认定国际重要湿地1处、国家重要湿地3处，基本建成覆盖全省的湿地保护网络体系。

3.2.3 草地资源

四川草地位于青藏高原东南缘，是青藏高原生态屏障区的重要组成部分，是我国第二大藏区、第一大彝区和唯一的羌族聚居区。草地分布区地形地貌复杂，水热条件分布不均，植被类型多样，草地雪灾、火灾、泥石流等自然灾害频发。西部为青藏高原的东延部分，平均海拔4000m左右，高原西北部相对高差50~100m，地势开阔平坦，气候严寒，日照强烈，80%的降水集中在5~8月，草地以高寒草甸、高寒灌丛草地为主。高原东南部为横断山地区，高山峡谷纵横，高差悬殊，小气候效应显著，垂直变化明显，温差大，干湿季分明，草原以山地草甸草地、山地灌草丛草地为主。川西南为山地地区，海拔1000~3500m，地貌与云贵高原相似，部分地区为亚热带气候，暖季长，热量多，区内草地资源垂直分布现象明显，自高而低分别有亚高山草甸、山地草甸、山地灌草丛、干旱河谷灌丛草地。盆地内地貌以平原、丘陵为主，气候温和，土壤肥沃，土地垦殖利用高，主要分布有农隙地草地和零星的灌草丛草地。

全省草地资源十分丰富，是草地资源大省，根据《2015年四川省草原监测报告》，全省草原总面积20.867万km^2（3.13亿亩），占全省幅员面积的43%，可利用的草原14.133万km^2（2.12亿亩），约占全省草原总面积的68%，草原年均鲜草产量2.9×10^{11}kg，仅次于内蒙古、新疆，居全国第三。

据各市（州）统计，现有草地面积1812.3万hm^2（表3-5），占全省面积的近40%，是全国五大牧区之一。天然草地有0.16亿hm^2，集中连片分布在甘孜、阿坝、凉山三个民族自治州，主要分布在海拔800~4500m的地带；$600hm^2$以上的草场就有4500多个；主要分布在川西北高原区、川西高山峡谷区的甘孜州、阿坝州和川西南山地区的凉山州、攀枝花市，其中甘孜、阿坝、凉山3个州草地面积1545.2万hm^2，占全省草地面积的85.2%，是藏、羌、彝、回等少数民族的聚居之地；其次是盆周山地区。

表 3-5　四川省各市（州）草地资源面积

序号	行政区	辖区面积（km²）	草原面积（万 hm²）
1	阿坝州	83016	532.045
2	巴中市	12293	22.636
3	成都市	12119	7.242
4	达州市	16582	28.306
5	德阳市	5910	1.685
6	甘孜州	149599	831.663
7	广安市	6341	4.314
8	广元市	16311	32.722
9	乐山市	12723	18.301
10	凉山州	60294	181.556
11	泸州市	12236	18.493
12	眉山市	7140	3.418
13	绵阳市	20248	35.087
14	南充市	12477	5.821
15	内江市	5358	1.626
16	攀枝花市	7401	31.773
17	遂宁市	5323	2.659
18	雅安市	15046	36.317
19	宜宾市	13266	14.879
20	资阳市	7960	1.176
21	自贡市	4381	0.606
全省		486024	1812.325

全省各类饲草产量1171.62亿kg，折合干草321.87亿kg。其中，全省鲜草产量548.81亿kg，折合干草150.77亿kg；天然草原鲜草产量432.35亿kg；人工种草鲜草产量116.47亿kg，秸秆等其他饲草料折合干草171.10亿kg。2020年全省草原理论载畜能力4899.13万羊单位（不含湿地、沼泽、灌丛的放牧载畜量）。

• 天然草原：全省可利用天然草原的鲜草平均亩产338.2kg。在全省11类草地中，高寒草甸草地、高寒灌丛草地、山地灌木草丛草地、山地疏林草丛草地等4大类草原的可利用面积占全省草原的80%以上，鲜草产量共326.18亿kg，占全省总产量的75.44%。

• 草原质量分级：2020年，一级和二级草原占全省草原面积3.0%；三级和四级草原占60.3%，五级和六级草原占35.2%；七级和八级草原占1.5%（图3-6）。

- 人工种草：全省年末种草保留面积累计97.06万hm^2，人工种草保留面积5.30万hm^2，改良草地面积12.21万hm^2。

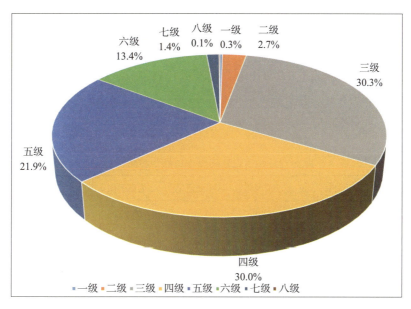

图 3-6　全省草原质量分级（资料来源于2012年四川省草原监测报告）

近年来，由于受人为因素和自然因素的影响，草地生态环境不断恶化，草地退化、沙化、水土流失加剧，鼠虫灾害频繁，生产力下降。

目前，全省草地自然生态系统总体仍较为脆弱，生态承载力和环境容量不足，经济发展带来的生态保护压力依然较大，部分地区重发展、轻保护所积累的矛盾愈加凸显。据2018年统计，全省天然草地退化面积为981.4万hm^2，占全省天然草地总面积的69.59%（表3-6）。

表 3-6　四川省退化草地分布面积　　　　　　　　　　　　　　　　　　单位：万hm^2

地市名称	退化草地总面积	鼠虫害化面积			毒害草分布面积			草原板结化面积	草原沙化面积	牧草病害面积
		小计	鼠害	虫害	小计	毒害草	其中，紫茎泽兰			
全省合计	981.40	337.1	265.9	71.18	273.42	273.42	15.94	334.02	21.58	15.3
甘孜州	700.10	214.99	178.13	36.86	128.53	128.53	0.37	334.02	10.81	11.73
阿坝州	245.10	106.82	76.98	29.85	125.33	125.33	—	—	10.3	2.46
凉山州	36.19	15.25	10.78	4.78	19.55	19.55	15.78	—	0.46	0.92
其他地市	0.004	—	—	—	0.004	0.004	—	—	—	—

全省轻度退化草原面积457.08万hm^2，中度退化草原面积310.07万hm^2，重度退化草原面积214.25万hm^2，合计面积981.40万hm^2。三州地区是四川省草地退化的主要区域，其中甘孜州轻度退化265.36万hm^2，中度退化263.71万hm^2，重度退化171.03万hm^2，合计退化面积为700.10万hm^2，占全省草地退化面积的71.34%；阿坝州轻度退化181.98万hm^2，中度退化29.43万hm^2，重度退化33.69万hm^2，合计退化面积为245.10万hm^2，占全省草地退化面积的24.97%；凉山州轻度退化9.74万hm^2，中度退化16.93万hm^2，重度退化9.52万hm^2，合计退化面积为36.19万hm^2，占全省草地退化面积的3.68%；其他地市轻度退化0.004万hm^2，无中度和重度退化（表3-7）。

表3-7　四川省草地退化程度及面积汇总　　　　　　　　　　单位：万hm^2

序号	地市名称	合计	轻度退化	中度退化	重度退化	占全省草地退化面积比例
	合计	981.40	457.08	310.07	214.25	100
1	甘孜州	700.10	265.36	263.71	171.03	71.34
2	阿坝州	245.10	181.98	29.43	33.69	24.97
3	凉山州	36.19	9.74	16.93	9.52	3.68
4	其他地市	0.0004	0.004	—	—	0.0004

3.2.4　荒漠化土地

荒漠化土地主要包括沙化土地、石漠化土地、干旱半干旱土地生态系统。

（1）沙化土地

根据第五次四川省荒漠化和沙化土地监测成果，全省现有沙化土地总面积1294.62万亩，占全省国土总面积的1.77%。从沙化土地分布看，以川西北高原区、川西高山峡谷区为多；从区域内沙化土地占比高低看，川西北高原区5.99%、川西高山峡谷区1.78%、川西南山地区0.73%、成都平原区0.34%、盆地丘陵区0.15%、盆周山地区0.08%（表3-8）。

表3-8　全省沙化土地面积　　　　　　　　　　单位：万亩

区域	面积	沙化土地	
		面积	可治理面积
合计	72974.2	1294.62	1222.9
成都平原区	1507.2	5.18	5.2
盆地丘陵区	11885.1	17.43	14.5
盆周山地区	13742.8	11.17	5.5
川西北高原区	12748.2	764.00	742.8
川西高山峡谷区	24208.5	431.89	408.4
川西南山地区	8882.4	64.95	46.5

（2）石漠化土地

全省现有石漠化土地总面积1004.89万亩，占全省幅员面积的1.38%。各区域石漠化土地面积占本区域国土面积的比例依次为川西南山地区4.23%、盆周山地区2.04%、川西高山峡谷区1.23%、盆地丘陵区0.43%，川西北高原区和成都平原区无石漠化土地（表3-9）。

表 3-9　全省石漠化土地面积　　　　　　　　　　　　　　　　　　　　单位：万亩

区域	面积	石漠化土地	
		面积	可治理面积
合计	72974.2	1004.89	970.4
成都平原区	1507.2		
盆地丘陵区	11885.1	50.65	50.5
盆周山地区	13742.8	279.69	275
川西北高原区	12748.2		
川西高山峡谷区	24208.5	298.94	282.2
川西南山地区	8882.4	375.62	362.7

（3）干旱半干旱土地

全省干旱半干旱土地按类型小区可划分为干热河谷区、干暖河谷区、干温河谷区，现有干旱半干旱土地面积1426.33万亩，主要分布在甘孜州、阿坝州、凉山州、攀枝花市和雅安的部分地区，其中金沙江、雅砻江、安宁河、大渡河、岷江、白龙江等干流及其支流的河谷区域为干旱半干旱土地的集中分布地带（表3-10）。受"焚风"和地质构造等因素影响，区域内自然条件恶劣、生态极为脆弱，加之滥采、过牧、采挖等人为干扰频繁，植被退化、水土流失等生态问题严重，对区域国土生态安全乃至经济社会发展造成严重影响。

表 3-10　全省干旱半干旱土地面积　　　　　　　　　　　　　　　　　　单位：万亩

区域	合计	金沙江流域	雅砻江流域	安宁河流域	大渡河流域	岷江流域	白龙江流域
合计	1426.33	641.87	133.02	332.22	195.21	114.87	9.15
川西南山地区	857.51	420.83	31.46	332.22	73		
川西高山峡谷区	548.21	200.43	101.56		122.21	114.87	9.15
川西北高原区	20.61	20.61					

据统计，在全省干旱半干旱土地中，无立木林地和宜林地面积91.73万亩，其中可用于植被恢复面积为56.4万亩，占比为61.5%（表3-11）。

表 3-11　全省干旱半干旱土地可恢复林草植被面积　　　　　　　单位：万亩、%

区域	无立木林地和宜林地面积	可恢复面积	可恢复面积占比
合计	91.73	56.4	61.5
川西南山地区	39.56	19.8	50
川西高山峡谷区	52.08	36.5	70
川西北高原区	0.1	0.1	100

3.2.5　生物资源

全省森林、湿地和草地生态系统孕育了丰富的动植物资源，汇聚了我国西南、青藏高原和华中三大动植物区系的繁多种类，保存有许多珍稀、古老的动植物种类，是我国重要的生物资源宝库、物种资源宝库和基因宝库，也是世界重要的生物基因宝库。

（1）植物种类异常丰富

有高等植物14470种，占全国总数的1/3以上，仅次于云南，居全国第二位。其中，裸子植物种类数量（100余种，含变种）居全国第一位，被子植物种类数量（8500余种）居全国第二位，松、杉、柏类植物种类数量（87种）居全国之首；有国家重点保护野生植物233种，其中国家一级保护野生植物11种，包括光叶蕨、攀枝花苏铁、红豆杉、峨眉拟单性木兰等。此外，四川还是全国重要竹区之一，竹子在全省均有分布，现有竹类18属164种，其中乡土竹种140余个，特有竹种73个。2021年全省竹林面积、竹产业产值分居全国第一位和第二位。

列入国家珍稀濒危保护植物的有84种，占全国的21.6%，代表性植物有珙桐、红豆杉、连香树等。有极小种群野生植物32种，占全国总数的26.7%；有各类野生经济植物5500余种，其中药用植物4600多种，全省所产中药材占全国药材总产量的1/3，是全国最大的中药材基地；芳香及芳香类植物300余种，是全国最大的芳香油产地；野生果类植物达100多种，其中以猕猴桃资源最为丰富，居全国之首，在国际上享有一定声誉；菌类资源十分丰富，野生菌类资源达1291种，占全国的95%。

（2）动物资源丰富

有脊椎动物1246种，占全国总数的45%以上，居全国第二位。以大熊猫、川金丝猴、四川山鹧鸪、黑颈鹤为代表的国家重点保护野生动物145种（包括国家一级保护野生动物32种、国家二级保护野生动物113种），占全国的39.6%，居全国之冠。据第四次全国大熊猫调查，四川省野生大熊猫种群数量1387只，占全国野生大熊猫总数的74.4%，其种群数量居全国第一。兽类和鸟类约占全国的53%，四川雉类资源亦极为丰富，素有雉类的乐园之称，雉科鸟类达20种，占全国雉科总数的40%，其中有许多珍稀濒危雉类，如雉鹑、四川山鹧鸪、绿尾虹雉等。近年来，四川省境内新记录到鸟类19种。

目前，全省自然保护区169个，面积8.345万km^2，占全省土地面积的17.2%；其中国家级自然保护区30个，占全国的6.7%，在我国西部地区居第一。

全省丰富的动植物资源、复杂的地质结构造就了独特的森林生态景观，如森林公园、自然保护区、森林溶洞及人文景观等旅游资源，具有数量多、类型全、分布广、品位高的特点，其资源数量和品位均在全国名列前茅。

拥有世界遗产5处，其中世界自然遗产3处（九寨沟、黄龙、大熊猫栖息地），世界文化与自然遗产1处（峨眉山–乐山大佛），世界文化遗产1处（青城山–都江堰）。被列入世界《人与生物圈保护网络》保护区的有4处：九寨沟、黄龙、卧龙、稻城亚丁。有"中国旅游胜地40佳"5处：峨眉山、九寨沟–黄龙、蜀南竹海、乐山大佛、自贡恐龙博物馆。有中国优秀旅游城市21座、国家历史文化名城8座。全省有A级旅游景区804家，其中AAAAA级旅游景区15家，在全国排名第四。2021年末全省自然保护区165个，面积8.03万km^2，占全省土地面积的16.5%，其中国家级自然保护区32个。全省有湿地公园55个，其中国家级湿地公园（含试点）29个。有国家级风景名胜区15处、省级风景名胜区79处。全省森林公园有137处，总面积232.48万hm^2，占全省面积的4.78%，其中国家级森林公园44处，森林公园总数列全国前十位。在省内发现地质遗迹220余处，有世界级地质公园3处、国家级地质公园19处。至2021年底，全省有博物馆263个、全国重点文物保护单位262处、省级文物保护单位1215处，有国家级非物质文化遗产名录153项、省级非物质文化遗产名录611项。四川红色旅游资源点多面广、类型丰富，有红色旅游重要景区（点）120余个，分布在全省80%以上的市（州），包括战争或重大事件的发生地、重要会议会址、各种重要机构的办公地旧址、杰出人物的故居或纪念堂、革命烈士陵园、纪念馆和各类革命建筑文物等类型。

3.2.6 小结

从四川的情况看，四川绿色生态资源在全国排名位居前列（表3-12），绿色生态空间（森林、湿地、草地面积之和，即GES）在全国排名第5位，在西部排名第4位。可见，四川是全国的生态大省，作为全国生态文明建设优先区，四川最大的优势是生态，最大的资源也是生态。

表 3-12　四川绿色生态资源在全国的排名

资源类型	指标	排名
土地	土地面积	全国第5位，西部第4位
森林	林地面积	全国第3位
	木材蓄积量	全国第2位
湿地	湿地面积	全国第8位，西部第4位
	沼泽湿地	全国第7位，西部第4位
草地	草地面积	全国第5位，西部第4位

续表

资源类型	指标	排名
生物多样性	高等植物种类	全国第2位
	蕨类植物种类	全国第2位
	裸子植物种类	全国第1位
	被子植物种类	全国第2位
	药用植物种类	全国第2位
	芳香油植物种类	全国第1位
	野生果类植物种类	全国第1位
	菌类种类	全国第1位
	国家重点保护野生动物种类	全国第1位
	陆生野生动物种类	全国第2位
	野生大熊猫种群数量	全国第1位
	鸟类种类	全国第2位
绿色生态	绿色生态空间（GES）	全国第5位，西部第4位

资源来源：《四川统计年鉴（2022年）》。

因此，加强四川生态文明建设，事关长江流域生态安全和长江经济带发展战略，要牢固树立保护生态环境就是保护生产力、改善生态环境就是发展生产力的理念，把生态文明建设放在更加突出的位置，正确处理加快发展与生态保护的关系，在保护中发展、在发展中保护，大力释放生态"红利"，提升生态"福利"，把生态优势转化为发展优势。

3.3 绿色生态空间（GES）分布格局

3.3.1 绿色生态空间分布

从全省21个市（州）的绿色生态空间（GES）排序来看（表3-13），甘孜州最大，高达1373.845万hm²，其次是阿坝州，为804.6916万hm²，第三是凉山州，为430.923万hm²；GES50万hm²以上的除了甘孜州、阿坝州、凉山州外，还有绵阳市、雅安市、广元市、达州市、乐山市、巴中市、泸州市、宜宾市和攀枝花市等8市。可见，全省绿色生态空间（GES）主要集中在川西北高原区、川西高山峡谷区、川西南山地区和盆周山地区，是全省绿色生态空间的优势区域。

表 3-13 全省绿色生态空间（GES）

序号	行政区	辖区面积（km²）	森林面积（万 hm²）	草地面积（万 hm²）	湿地面积（万 hm²）	GES（万 hm²）	排序
1	阿坝州	83016	210.2089	532.0450	62.4377	804.6916	2
2	巴中市	12293	64.9027	22.6360	1.4154	88.9541	9
3	成都市	12119	36.0731	7.2420	2.1308	45.4459	14
4	达州市	16582	65.3701	28.3060	2.4820	96.1581	7
5	德阳市	5910	13.8144	1.6850	1.4108	16.9103	19
6	甘孜州	149599	470.2600	831.6630	71.9220	1373.8450	1
7	广安市	6341	17.8674	4.3140	1.5582	23.7396	16
8	广元市	16311	88.7857	32.7220	2.4356	123.9433	6
9	乐山市	12723	70.1907	18.3010	2.8088	91.3004	8
10	凉山州	60294	244.9903	181.5560	4.3767	430.9230	3
11	泸州市	12236	48.0992	18.4930	1.7562	68.3484	10
12	眉山市	7140	28.9445	3.4180	1.5930	33.9554	15
13	绵阳市	20248	107.3308	35.0870	2.8827	145.3005	4
14	南充市	12477	38.2927	5.8210	3.3621	47.4758	13
15	内江市	5358	12.2032	1.6260	0.9607	14.7900	20
16	攀枝花市	7401	43.9708	20.4800	0.8813	66.0838	12
17	遂宁市	5323	15.6559	2.6590	1.4612	19.7761	18
18	雅安市	15046	95.4792	36.3170	1.5696	133.3659	5
19	宜宾市	13266	48.8960	14.8790	2.5191	66.2941	11
20	资阳市	7960	17.6927	1.1760	1.6111	20.4798	17
21	自贡市	4381	11.7640	0.6060	0.8192	13.1893	21
	全省	486024	1750.7923	1812.3250	172.6504	3724.97	

GES在40~50万hm²的有成都市、南充市，GES在20~40万hm²的有眉山市、广安市和资阳市，GES在20万hm²以下的有德阳市、内江市、遂宁市和自贡市。这些地区都在四川盆地区，是全省绿色生态空间具有一定优势区域。

3.3.1.1 绿色生态空间国土密度（GESLD）

对21个市（州）进行绿色生态空间国土密度（GESLD）分析，反映绿色生态空间的资源供给能力。从全省21个市（州）的排序来看（表3-14），各市（州）绿色生态空间国土密度GESLD在0.7以上的有阿坝州、甘孜州、攀枝花、雅安、广元、巴中、绵阳、乐山、凉山州等9个市（州），最高为0.97（阿坝州）；0.5~0.7的有泸州市、达州市、宜宾市；最低为0.26（资阳市）。

表 3-14 全省各市（州）绿色生态空间排序

序号	行政区	绿色生态空间（$10^3 hm^2$）	排序 A	生态空间国土密度	排序 B	排序 S
1	阿坝州	8046.92	2	0.97	1	3
2	巴中市	889.54	9	0.72	6	15
3	成都市	454.46	14	0.37	15	29
4	达州市	961.58	7	0.58	10	17
5	德阳市	169.10	19	0.29	19	38
6	甘孜州	13738.45	1	0.92	2	3
7	广安市	237.40	16	0.37	16	32
8	广元市	1239.43	6	0.76	5	11
9	乐山市	913.00	8	0.72	8	16
10	凉山州	4309.23	3	0.71	9	12
11	泸州市	683.48	10	0.56	11	21
12	眉山市	339.55	15	0.48	13	28
13	绵阳市	1453.00	4	0.72	7	11
14	南充市	474.76	13	0.38	14	27
15	内江市	147.90	20	0.28	20	40
16	攀枝花市	660.84	12	0.89	3	15
17	遂宁市	197.76	18	0.37	17	35
18	雅安市	1333.66	5	0.89	4	9
19	宜宾市	662.94	11	0.50	12	23
20	资阳市	204.80	17	0.26	21	38
21	自贡市	131.89	21	0.30	18	39
全省		37249.70		0.7664		

从聚类分析情况（图3-7）看，阿坝州、甘孜州、攀枝花市、雅安市、广元市、巴中市、绵阳市、乐山市、凉山州等9个市（州）为一类，绿色生态的资源基础良好，其中阿坝州、甘孜州、攀枝花市、雅安市等4个市（州）GESLD在0.8以上；泸州市、达州市、宜宾市等3个市（州）为第二类，绿色生态的资源基础较好，GESLD在0.5以上；其余8个市为第三类，绿色生态的资源基础相对较差，其绿色生态空间供给能力也较差。与全省GESLD（0.7664）相比，大于全省GESLD的有阿坝州、甘孜州、攀枝花市、雅安市等4个市（州），表明这些地区绿色生态空间供给能力大，绿色生态资源优势明显。

3.3.1.2 绿色生态空间分布格局

利用GES和GESLD排名，根据排名S=排名A+排名B的结果，可将全省绿色生态空间分为三大类。

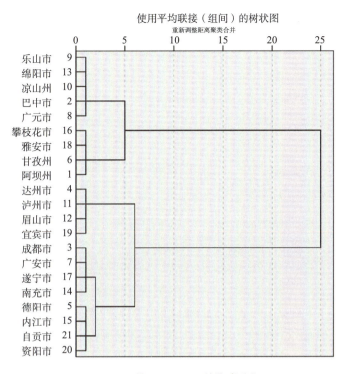

图 3-7 基于 GESLD 的聚类分析

第一类：排名 S 为 3，包括甘孜州、阿坝州，是全省绿色生态空间极丰富区，位于川西高山高原区。

第二类：排名 S 为 9~23，包括雅安市、绵阳市、广元市、巴中市、攀枝花市、凉山州、乐山市、达州市、泸州市和宜宾市，是全省绿色生态空间丰富区，位于川西南山地区和盆周山地区。

第三类：排名 S 为 27~40，包括南充市、眉山市、成都市、广安市、遂宁市、德阳市、资阳市、自贡市和内江市，是全省绿色生态空间较丰富区，位于盆地平原丘陵区。

综合上述分析，全省绿色生态空间的总体格局为川西高山高原绿色生态空间极丰富区、川西南山地和盆周山地绿色生态空间丰富区、盆地平原丘陵绿色生态空间较丰富区。

3.3.2 绿色生态空间承载格局

3.3.2.1 绿色生态空间人口密度（GESPD）

从各市（州）GESPD 的排序来看（表3-15），甘孜州的最高，为 11.97hm^2/人，阿坝州为 8.74hm^2/人，表明这2个州的绿色生态转化为发展潜力很大。其余市（州）均在1以下，最低为 0.0315hm^2/人（成都市），表明这些地区绿色生态转化为发展的潜力相对较弱，但对绿色生态空间的需求较大。与全省 GESPD（0.4576hm^2/人）相比，大于全省 GESPD 的有阿坝州、甘孜州、凉山州、攀枝花市、雅安市、广元市等6个市（州），表明这些地区绿色生态转化为发展的潜力优势明显。

表 3-15　全省各市（州）绿色生态空间国土、人口、经济密度排序

序号	行政区	生态空间国土密度	排序1	常住人口（万人）	生态空间人口密度（hm²/人）	排序2	2015年GDP（亿元）	生态空间经济密度（hm²/万元）	排序3	排序T
1	阿坝州	0.97	1	92.03	8.7438	2	264.39	3.0436	2	3
2	巴中市	0.72	6	332.21	0.2678	9	501.34	0.1774	6	12
3	成都市	0.37	15	1442.8	0.0315	21	10801.15	0.0042	21	36
4	达州市	0.58	10	553.05	0.1739	10	1350.76	0.0712	9	19
5	德阳市	0.29	19	351.1	0.0482	18	1605.1	0.0105	20	39
6	甘孜州	0.92	2	114.79	11.9683	1	213.04	6.4488	1	3
7	广安市	0.37	16	323.16	0.0735	15	1005.6	0.0236	15	31
8	广元市	0.76	5	257.5	0.4813	6	605.43	0.2047	5	10
9	乐山市	0.72	8	325	0.2809	8	1301.2	0.0702	10	18
10	凉山州	0.71	9	461.93	0.9329	3	1314.9	0.3277	3	12
11	泸州市	0.56	11	425	0.1608	11	1353.54	0.0505	11	22
12	眉山市	0.48	13	298.97	0.1136	13	1029.86	0.0330	13	26
13	绵阳市	0.72	7	473.9	0.3066	7	1700.33	0.0855	7	14
14	南充市	0.38	14	633.38	0.0750	14	1516.2	0.0313	14	28
15	内江市	0.28	20	373.26	0.0396	20	1198.58	0.0123	18	38
16	攀枝花市	0.89	3	123.2	0.5364	5	925.18	0.0714	8	11
17	遂宁市	0.37	17	328.25	0.0602	16	915.81	0.0216	16	33
18	雅安市	0.89	4	154.37	0.8639	4	502.58	0.2654	4	8
19	宜宾市	0.50	12	447	0.1483	12	1525.9	0.0434	12	24
20	资阳市	0.26	21	354.72	0.0577	17	1270.4	0.0161	17	38
21	自贡市	0.30	18	274.58	0.0480	19	1143.11	0.0115	19	37
	全省	0.7664		8140.2	0.4576		32044.4	0.1162		

3.3.2.2　绿色生态空间经济密度（GESED）

绿色生态空间经济密度（GESED）可以反映出区域绿色生态空间的经济供给潜力。从各市（州）GESED的排序来看（表3-15），甘孜州为6.45hm²/万元，阿坝州为3.04hm²/万元，表明这2个州绿色生态空间的经济供给潜力很大。其余均在1以下，最低为0.0042（成都市）。表明这些地区绿色生态空间的经济供给潜力较弱，但对绿色生态空间的需求较大。与全省GESED（0.1162hm²/万元）相比，大于全省GESED的有阿坝州、甘孜州、凉山州、攀枝花市、雅安市、巴中市等6个市（州），表明这些地区绿色生态空间的经济潜力优势明显。

3.3.2.3　绿色生态空间的承载排序

按照绿色生态空间的资源、经济供给能力，利用绿色生态空间国土密度（GESLD）、

绿色生态空间经济密度（GESED）的排序，根据排序T=排序1+排序3的结果，可分为三类。

第一类：排名T为3，包括甘孜州、阿坝州，是全省绿色生态空间的供给潜力最大区，位于川西高山高原区。

第二类：排名T为8~24，包括雅安市、广元市、攀枝花市、凉山州、巴中市、绵阳市、乐山市、达州市、泸州市和宜宾市，是全省绿色生态空间的供给潜力较大区，位于川西南山地区和盆周山地区。

第三类：排名T为26~39，包括眉山市、南充市、成都市、广安市、遂宁市、德阳市、资阳市、自贡市和内江市，是全省绿色生态空间的供给潜力一般区，位于盆地平原丘陵区。

综合分析，全省绿色生态空间的供给格局与绿色生态空间的总体格局一致，即川西高山高原绿色生态空间的供给潜力最大区、川西南山地和盆周山地绿色生态空间供给潜力较大区、盆地平原丘陵绿色生态空间供给潜力一般区。

3.3.3 绿色生态空间区域格局

综合上述分析，根据自然地理区域、地貌类型等特点，全省绿色生态的总体格局为川西高山高原区、川西南山地区、盆周山地区和盆地平原丘陵区等4个区。

3.3.3.1 川西高山高原区

区域范围：包括阿坝州、甘孜州。

区域特点：该区域地处青藏高原东南缘、横断山脉北段，是长江、黄河重要水源地。丘状高原、高山峡谷地貌，垂直地带分异明显，植被类型多样，绿色生态资源富集，是全省天然林主要分布区和国家级公益林、国有重点森工企业集中分布区，也全省高山高原草甸、天然湿地的主要分布区。区域生物多样性丰富，自然景观资源独特，高山高原特色生态旅游资源富集。区域基础设施建设滞后，社会经济发展落后。湿地与草地退化、土地沙化问题较为突出，干旱半干旱区治理修复难度较大，是长江上游生态屏障建设的重点与难点地区。区域发展对绿色生态空间的依赖程度高，生态保护与经济发展矛盾突出。

3.3.3.2 川西南山地区

区域范围：包括凉山州、攀枝花市。

区域特点：该区域大部分地处云贵高原北部，以中山宽谷地貌为主。气候条件优越，干湿季节分明，雨热同季，光照、热量充沛，属典型的南亚热带气候；植被垂直地带性明显，绿色生态资源丰富。区内拥有四川三大天然湖泊泸沽湖、邛海、马湖；森林覆盖率42.16%，生态系统稳定性差，森林草地防火形势严峻。干旱半干旱土地面积57.12万hm^2，占全省干旱半干旱土地面积42.8%，干热河谷、工矿废弃地等困难地带植被恢复任务重。区域生活经济发展相对滞后，生态保护、生态治理与经济发展矛盾较为突出。

3.3.3.3 盆周山地区

区域范围：该包括广元市、绵阳市、乐山市、雅安市、宜宾市、泸州市、达州市、巴中市等8个市。

区域特点：地处四川盆地边缘，地貌以低中山为主，自然条件优越，气候温和湿润，四季分明、雨量充沛，绿色生态资源相对丰富。该区域系青衣江、沱江、涪江、嘉陵江和渠江等重要江河的上游或发源地，是四川盆地水资源的重要补给区。森林覆盖率53.15%，是木竹原料林和特色经济林产业发展的主战场，是大熊猫、金丝猴、牛羚、红豆杉、珙桐等重要珍稀野生动植物的主要分布区，是全省国有林场的集中分布区。该区毗邻大中城市，具有绿色生态转化为发展的基础和优势。

3.3.3.4 盆地平原丘陵区

区域范围：包括成都市、德阳市、眉山市、南充市、遂宁市、资阳市、内江市、自贡市和广安市等9市。

区域特点：地处四川盆地，系岷江、沱江、涪江、嘉陵江、渠江等重要河流的中下游，地貌以丘陵、平原为主，自然条件优越，社会经济条件好，区位优势明显，区内交通、科技、商贸、物流发达，城市化水平较高，人口密度大，绿色生态资源较为丰富。该区域森林覆盖率不足30%，人均绿色生态资源拥有量相对较小，"山绿民不富"问题、生态产品供需矛盾突出。资源保护和开发利用矛盾突出，城乡绿化任务繁重。

3.4 绿色生态供给能力分析

3.4.1 绿色生态供给数量分析

3.4.1.1 区域结构

（1）森林资源

从总量看，川西高山峡谷区和盆周山区分别高达9313.4万亩、7572万亩，两个区森林面积近1.7亿亩，森林面积占全省的62.7%；成都平原区和川西北高原区森林资源较少，尤其是成都平原区森林面积不到350万亩。从覆盖率看，盆周山区最高，达55.1%；川西北高原区最低，仅15.4%。从林地用途看，全省以发挥生态功能为主的公益林地，一半以上分布在川西高山峡谷区，面积近1.3亿亩；成都平原区最少，公益林地面积仅24.8万亩（表3-16）。

（2）湿地资源

全省湿地资源主要分布在川西北高原区，湿地面积达1504.9万亩，占全省湿地总面积的57.4%；成都平原区湿地面积最少，仅44.7万亩（表3-17）。

表 3-16　全省森林资源分区情况　　　　　　　　　　　　单位：万亩、%

区域	森林面积		森林覆盖率	公益林地	
	数量	比重		数量	比重
合计	26890.5	100.00	36.88	25672.8	100.00
成都平原区	348.1	1.29	23.10	24.8	0.10
盆地丘陵区	3908.4	14.53	32.90	1268.9	4.94
盆周山地区	7572.0	28.16	55.10	4357.2	16.97
川西北高原区	1964.1	7.30	15.40	2897.4	11.29
川西高山峡谷区	9313.4	34.63	38.50	12987.8	50.59
川西南山地区	3784.5	14.07	42.60	4136.8	16.11

表 3-17　全省湿地资源分布情况　　　　　　　　　　　　单位：万亩、%

区域	面积	比重
合计	2621.7	100
成都平原区	44.7	1.71
盆地丘陵区	262.6	10.02
盆周山地区	170.8	6.51
川西北高原区	1504.9	57.40
川西高山峡谷区	544	20.75
川西南山地区	94.7	3.61

（3）荒漠资源

根据各区域自然条件以及沙化土地、石漠化土地、干旱半干旱土地生态退化程度，全省可治理的生态脆弱区面积2249.7万亩，其中沙化土地1222.9万亩、石漠化土地970.4万亩、干旱半干旱土地56.4万亩（表3-18）。生态脆弱区治理任务主要集中在川西北高原区、川西高山峡谷区和川西南山地区，可治理面积达1899万亩，占全省可治理面积的84.4%。

表 3-18　全省可治理的生态脆弱区面积　　　　　　　　　　　　单位：万亩

区域	合计	沙化土地	石漠化土地	干旱半干旱土地
合计	2249.7	1222.9	970.4	56.4
成都平原区	5.2	5.2		
盆地丘陵区	65	14.5	50.5	
盆周山地区	280.5	5.5	275	
川西北高原区	742.9	742.8		0.1
川西高山峡谷区	727.1	408.4	282.2	36.5
川西南山地区	429	46.5	362.7	19.8

3.4.1.2 土地结构

现有26890.5万亩森林面积中,林地上森林面积26291.3万亩,非林地上(农耕地、城镇生态建设用地)森林面积599.2万亩。非林地上森林集中分布在成都平原区和盆周丘陵区,面积分别为102.5万亩、496.7万亩(表3-19)。

表 3-19　全省森林按土地性质统计　　　　　　　　　　　　单位:万亩、%

区域	林地上的森林		非林地上的森林	
	面积	比重	面积	比重
合计	26291.3	97.77	599.2	2.23
成都平原区	245.6	70.55	102.5	29.45
盆地丘陵区	3411.7	87.29	496.7	12.71
盆周山地区	7572	100.00		
川西北高原区	1964.1	100.00		
川西高山峡谷区	9313.4	100.00		
川西南山地区	3784.5	100.00		

3.4.2　绿色生态供给质量分析

四川绿色生态供给总体质量不高。全省退化防护林高达4314.3万亩,分别占全省森林面积、公益林面积的16.04%、21.7%(表3-20)。按退化程度分,重度退化2759.3万亩,中度退化318.8万亩,轻度退化1236.2万亩。按起源分,天然林退化面积3560.2万亩,占82.52%;人工林退化面积752.4万亩,占17.48%。按区域分,川西高山峡谷区退化防护林面积最大,高达2429.3万亩,占全省的56.3%。从退化防护林占公益林比重看,盆地丘陵区最高,达36.5%,尤其是该区域天然林退化比重高达47.6%。

表 3-20　全省退化防护林退化统计　　　　　　　　　　　　单位:万亩、%

区域	公益林面积	退化防护林				退化防护林占公益林比重
		合计	重度退化	中度退化	轻度退化	
合计	19872.6	4314.3	2759.3	318.8	1236.2	21.7
天然林	16203.4	3560.2	2533.7	250.2	776.3	22.0
人工林	3669.2	752.4	225.5	67.1	459.8	20.5
成都平原区	24.2	4.2	0.6		3.6	17.4
天然林	3.4	0.3			0.3	8.8
人工林	20.8	3.9	0.6		3.3	18.8

续表

区域	公益林面积	退化防护林				退化防护林占公益林比重
		合计	重度退化	中度退化	轻度退化	
盆地丘陵区	1085.6	396.2	37.2	38.3	320.7	36.5
天然林	173.8	82.8	5.3	10.7	66.8	47.6
人工林	911.9	313	32	27.5	253.5	34.3
盆周山地区	3498.7	743.9	415.8	46.7	281.4	21.3
天然林	2427.5	537.3	327.5	36.5	173.3	22.1
人工林	1071.2	206.9	88.5	10.1	108.3	19.3
川西北高原区	2303.4	304.3	244.8	39.5	20	13.2
天然林	2159.6	284.7	234.9	36.9	12.9	13.2
人工林	143.8	19.6	9.9	2.6	7.1	13.6
川西高山峡谷区	10230.4	2429.3	1852.5	141.5	435.3	23.7
天然林	9558.5	2307.8	1785.5	132	390.3	24.1
人工林	671.9	121	66.8	8.9	45.3	18.0
川西南山地区	2730.2	436.6	208.4	53	175.2	16.0
天然林	1880.6	347.6	180.6	34.2	132.8	18.5
人工林	849.6	88.3	27.8	18.2	42.3	10.4

在全省森林面积中，特殊灌木林地面积为4856万亩，占森林总面积的18.06%（表3-21）。成都平原区、盆地丘陵区、盆周山地区特殊灌木林面积占该区域森林面积比重低于2%，川西北高原区特殊灌木林地面积高达1239.7万亩，占本区域森林面积的63.12%，单位面积森林生态产品供给能力较小。

表3-21 全省特殊灌木林面积　　　　　　　　单位：万亩、%

区域	森林面积	特殊灌木林	
		面积	占森林面积比重
合计	26890.5	4856.0	18.06
成都平原区	348.1	5.6	1.61
盆地丘陵区	3908.4	67.3	1.72
盆周山地区	7572.0	116.6	1.54
川西北高原区	1964.1	1239.7	63.12
川西高山峡谷区	9313.4	3262.2	35.03
川西南山地区	3784.5	164.6	4.35

从有林地林分龄组看，全省幼龄林、中龄林、近熟林、成熟林、过熟林比重分别为19.3%、29.5%、16.4%、21.3%、13.6%，龄组结构较为合理（表3-22）。成都平原区、盆地丘陵区、盆周山地区、川西北高原50%以上森林面积为幼龄林和中龄林，其中盆地丘陵区比重高达72.2%。川西高山峡谷区、川西南山地区林分以成熟林和过熟林为主，其中川西南山地区比重达61.9%。

表3-22　全省有林地分龄组情况　　　　　　　　　　　　　　　　单位：万亩

区域	合计	幼龄林	中龄林	近熟林	成熟林	过熟林
合计	21435.3	4129.7	6314.9	3513.6	2919.4	4557.6
成都平原区	240.0	43.4	118.8	62.7	14.1	1
盆地丘陵区	3344.3	592.9	1821.3	629.2	245	55.9
盆周山地区	7455.4	1866.1	2706.1	1315.3	961.5	606.3
川西北高原区	724.4	115	280.3	169.6	117.7	41.9
川西高山峡谷区	6051.2	815.2	1056.9	987.2	1693.8	1498.1
川西南山地区	3619.9	697.1	331.5	349.6	1525.5	716.2

3.4.3　绿色生态供给均衡结构

全省人均森林面积3.28亩、每万人人均湿地面积3196亩，其中成都平原区分别为0.24亩、304亩，盆地丘陵区分别为0.97亩、649亩，远低于全省平均水平；经济欠发达地区的川西高山峡谷区、川西北高原区，人均森林面积分别为55.88亩、34.99亩，分别为全省平均水平的17倍、10.7倍，每万人人均湿地面积分别高达32639亩、268110亩，分别为全省平均水平的10.2倍、83.9倍，是全省森林、湿地资源的"富集区"，也是林业生态产品供给的"富集区"（表3-23）。

表3-23　全省森林资源均衡结构情况

区域	国内生产总值（万元）	森林面积（万亩）	湿地面积（万亩）	常住人口（万人）	森林覆盖率（%）	人均森林面积（亩）	每万人人均湿地面积（亩）
全省	307035481	26890.5	2621.7	8203.99	36.88	3.28	3196
成都平原区	94064380	348.1	44.7	1472.64	23.10	0.24	304
盆地丘陵区	128527081	3908.4	262.6	4045.05	32.89	0.97	649
盆周山地区	55949828	7572	170.8	1840.98	55.10	4.11	928
川西南山地区	23457122	3784.5	94.7	622.52	42.61	6.08	1521
川西高山峡谷区	4313516	9313.4	544	166.67	38.47	55.88	32639
川西北高原区	723554	1964.1	1504.9	56.13	15.41	34.99	268110

在长江经济带11个省份中，四川省人均林地4.2亩，居第2位，仅次于云南省的7.9亩；人均森林面积3.1亩，居第3位；森林覆盖率36.88%，居第8位；人均森林蓄积量20.3m³，居第2位，仅于云南省的57.2%。

表 3-24 四川省与长江经济带省份森林资源比较

省份	人均林地（亩）	人均森林面积（亩）	覆盖率（%）	人均森林蓄积量（m³）
四川省	4.2	3.1	36.88	20.3
云南省	7.9	6	50.03	35.5
贵州省	3.6	2.8	37.09	8.5
重庆市	2	1.6	38.43	4.8
湖北省	2.2	1.8	38.4	4.9
湖南省	2.8	2.2	47.77	4.9
江西省	3.5	3.3	60.01	8.9
安徽省	1.1	0.9	27.53	2.9
江苏省	0.3	0.3	15.8	0.8
浙江省	1.8	1.6	59.07	3.9
上海市			10.74	0.1

3.4.4 绿色生态产业（林草产业）结构

3.4.4.1 产品产量

（1）木材

2022年，全省木材商品材产量288.7万m³，比2021年减少13.9万m³，同比减少4.6%（图3-8）。

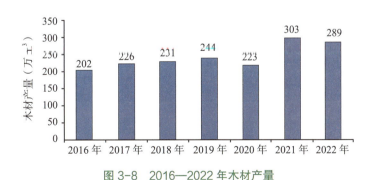

图 3-8 2016—2022 年木材产量

（2）竹材及竹产品

2022年全省大径竹产量23375.8万根，比2021年增长1.6%；小杂竹产量817.6万t，比2021年增加199.5万t，同比增长32.3%。竹地板产量36.4万m²，同比减少15.3%。

（3）锯材

2022年全省锯材产量159.6万m^3，比上年减少44万m^3，同比减少21.6%。

（4）人造板

2022年全年人造板产量447.3万m^3，同比减少31.5%。在全部产量中，胶合板、纤维板、刨花板产量分别为104.5万m^3、159.6万m^3、41.2万m^3，受市场因素及高温限电影响，均为负增长。

（5）经济林产品

2022年全省各类经济林产品产量为1639.6万t，其中水果产量最高，为1306.4万t，占经济林产品总量的79.7%；林产工业原料151万t，占经济林产品总量的9.2%，位居第二；以核桃为主的木本油料共72.9万t，占经济林产品总量的4.4%，排第三位（图3-9）。

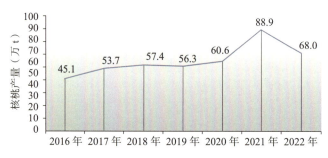

图 3-9　2016—2022 年核桃产量

3.4.4.2　林草产业

2022年林草产业总产值4709.7亿元，林草产业第一、二、三产业产值分别为1669.2亿元、1303.9亿元、1736.6亿元，较上年同期分别增长3.3%、7.6%、5.3%，比例从36∶27∶37调整为35∶28∶37（图3-10）。其中，竹产业同比增长15.1%，首次迈上千亿元台阶；经济林产品种植与采集产值连续2年超过千亿元，生态旅游收入连续5年超过千亿元，生态旅游、经济林、川竹成为四川林草产业发展的三大支柱。

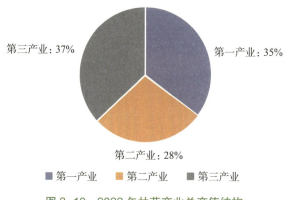

图 3-10　2022 年林草产业总产值结构

第一产业中，营造林78.3亿元，较上年增加16.5亿元，同比增长26.6%；木材和竹材采运91.6亿元，较上年增加11.1亿元，同比增长13.8%。林木育种和育苗、经济林产品的种植与采集、花卉及其他观赏植物种植、陆生野生动物繁育与利用产值较上年略有减少。

第二产业中，木材加工和木、竹、藤、棕、苇制品制造309.9亿元，同比上年增长8.9%；木、竹、藤家具制造324.2亿元，同比增长1.64%；木质工艺品和木质文教体育用品制造11.7亿元，同比增长106.2%；非木质林产品加工制造业291.4亿元，同比增长9.5%；林产化学产品制造15.8亿元，同比减少29.4%。

第三产业中，林业旅游与休闲服务产值1446.7亿元，同比上年增长5.7%，占林草产业总产值的31%。林业生产服务产值33.5亿元、林业生态服务39亿元、林业专业技术服务19.2亿元、林业公共管理及其他组织服务22.4亿元，除林业生产服务、草原旅游与休闲服务较上年减少外，其他均保持增长。在全部林草产业总产值中，竹产业呈现快速发展态势，2022年实现产值1020.7亿元，占总产值的21.7%。

3.4.5 绿色生态产品供给存在的问题

3.4.5.1 供给总量不足

虽然四川省森林面积居全国第4位、森林蓄积量居全国第3位、湿地面积居全国第8位，均在全国排位靠前，但与排在首位的省份相比存在差距，供给总量相对不足。其中，森林面积比内蒙古少1.18亿亩，森林蓄积量比西藏自治区少5.8亿m³，湿地面积少近9600万亩。2016年底，全省森林覆盖率36.88%，低于长江经济带11个省份平均水平（42.87%）6个百分点，列第8位。2020年，四川省森林覆盖率上升到40.03%，较2016年提高3.15个百分点（图3-11）。但这与四川地处长江和黄河上游的重要生态地位以及作为建设长江上游生态屏障的核心还不相适应，难以满足广大群众对森林、湿地等自然生态系统的生态产品需求和生态公共服务需求。

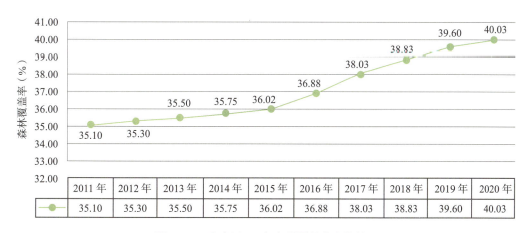

图3-11　全省近10年森林覆盖率变化情况

3.4.5.2　供给质量不高

从森林资源看，四川省每公顷蓄积量93.7m^3，虽高于全国平均每公顷90m^3的水平，但比世界平均水平低37.3m^3，比德国、新西兰等发达国家每公顷300多m^3差距更大。四川省每公顷森林年生长量仅为1.1m^3，远低于全国平均每公顷4.23m^3的生长量。此外，20世纪80年代末至90年代，为迅速消灭荒山而突击植树，一些地方树种配置不科学，树种单一、生长慢、产出少，抗灾害能力弱，生态效益低。全省人工林每公顷蓄积量约52m^3，低于全国平均水平，低产低效林超过3000万亩。

从湿地资源看，受全球气候变化影响以及不合理开发利用，许多湿地尤其川西高原沼泽湿地面积缩小，湿地生态功能下降，生态产品供给能力减弱。以若尔盖湿地为例，1976—2006年若尔盖地区湿地面积变小，沙化土地面积增大，景观破碎化加剧，湿地面积呈现不同程度的萎缩状态。据最新野外调查结合遥感影像分析，若尔盖沼泽退化严重，呈现出沼泽旱化、沼泽类型改变、沼泽逆向生态演替、沼泽区沙化、野生动物种类和种群数量减少、土壤浅层水位下降、草场退化等问题，生态功能持续下降。

从荒漠资源看，全省荒漠化土地高达2522.9万亩，其中生态重度退化的面积超过100万亩，这部分土地基本没有林草植被覆盖，也几乎无生态产品生产。其余荒漠化土地虽然有部分林草植被，但生态系统稳定性差，单位面积生态产品供给量小。

3.4.5.3　供给格局不均

成都平原区、盆地丘陵区和盆周山地区常住人口5517.7万人，占全省总人口的67.3%，但3区森林、湿地面积仅分别为4256.5万亩和307.3万亩，人均森林面积、湿地面积分别为全省平均水平的23.5%、17.4%，呈现山区人少区域森林、湿地多，城镇人多区域森林、湿地少的不均衡格局，广大人民群众对林业生态产品的获得感不强。从经济发展看，2016年成都平原区和盆周山地区国内生产总值达22259.1万亿元，占全省的72.5%，但森林和湿地资源仅分别占全省的15.82%、11.72%，经济社会持续发展缺乏有力的生态支撑。

荒漠化土地作为未来绿色生态供给增量的重要来源，也主要分布在人口少、经济欠发达的川西北高原区和川西高山峡谷区，两个区域有可治理的荒漠化面积达1470万亩，占全省总量的65.3%。随着荒漠化土地的持续治理，这2个绿色生态产品供给"富集区"与区域经济社会发展不协调的情况会更加凸显。

3.4.6　小结

从全省情况看，结合《中国绿色生态空间研究》（刘珉等，2012），全省绿色生态空间（GES）为3724.97万hm^2，在全国排名第5位，在西部排名第4位，说明四川绿色生态空间优势明显。

全省生态空间国土密度（GESLD）0.7664，大于全国GESLD（0.64），表明四川在全国的绿色生态优势明显。

全省的GESPD为0.4576hm²/人，接近于全国的0.471hm²/人，表明四川的绿色生态空间的发展潜力与全国水平相当，处于实现绿色发展的转型阶段。

全省的GESED为0.1162hm²/万元，远远低于全国的4.336hm²/万元，表明四川的绿色生态空间的经济供给能力非常不足，绿色生态转化发展的潜力巨大。

但全省林业生态产品供给不均衡的格局依然存在，如何将绿色生态优势转化成发展优势、扩大生态产品的有效供给和优质供给的问题依就十分突出。

3.5 总结

- 四川地理区位特殊、生态地位突出、战略地位重要，作为我国西部经济、人口和资源大省，推进绿色生态优势转化为发展优势，对于加快绿色发展、维护国家生态安全、推进生态文明建设具有重大意义。

- 四川绿色生态包括森林、草地、湿地生态系统，是四川最大生态优势；全省绿色生态空间（GES）总量大，为3724.97万hm²，占国土面积的76.64%，在全国排名第5位，在西部排名第4位，说明四川绿色生态空间优势明显；全省绿色生态空间国土密度（GESLD）0.7664，大于全国GESLD（0.64），表明四川在全国的绿色生态优势明显；全省绿色生态空间人口密度（GESPD）为0.4576hm²/人，接近于全国的0.471hm²/人，表明四川的绿色生态空间的发展潜力与全国水平相当，处于实现绿色发展的转型阶段；全省绿色生态空间经济密度（GESED）为0.1162hm²/万元，远远低于全国的4.336hm²/万元，表明四川的绿色生态空间的经济供给能力非常不足，绿色生态转化发展的潜力巨大。另外，据生态产品价值实现潜力相关研究，基于2010—2020年的研究结果表明，在黄河流域9省份中，四川省和内蒙古自治区的生态产品供给潜力最高。综上，四川具有显著的绿色生态转化优势。

- 全省21个市（州）绿色生态空间区域分布不均，在绿色生态丰富度、供给潜力方面，绿色生态格局排序依次为川西高山高原区、川西南山地区、盆周山地区、盆地平原丘陵区，应制定区域差异化绿色转化发展战略布局。

- 从全省绿色生态的空间变化和增长潜力分析看，四川绿色生态空间的增长潜力主要森林、湿地，肩负着保护与发展森林、湿地生态系统为主要任务的林业是绿色生态空间的建设主体，应承担起促进绿色生态转化发展的重大职责；四川坚持生态优先、绿色发展，深入挖掘绿色生态的发展潜力，加快绿色产业基地增量提质，持续发展绿色产业，绿色生态优势转化的经济潜力进一步增强。

- 全省21个市（州）在推进绿色生态转化为发展的科技支撑、经济支持和政策保障方面既有很大的潜力，但区域不平衡的差距明显；四川创新能力居全国第16位、西部第3位，科技创新总体基础良好，科技支撑能力逐步增强，但区域（21个市/州）科技创新不平衡，提升空间大；四川对绿色生态转化发展（以林业为例）的经济支持持续增强，发展潜力逐渐显现，政策引导持续发力，绿色发展潜力显现，但区域（21个市/州）经济发展、科技支撑水平与绿色生态优势不匹配，需要制定区域差异化的绿色发展战略与政策。

- 四川作为一个绿色生态大省，绿色是四川最鲜明的底色，厚植绿色本底、提升生态"颜值"，持续加强生态保护修复，加大生态保护力度，强化生态保护监管，加强生物多样性保护，不断提升生态系统多样性、稳定性、持续性，推进绿色生态转化发展，既有国家和省绿色发展战略的形势和机遇，也面临诸多挑战。面对生态安全、西部大开发、长江经济带发展等国家战略，坚定不移走生态优先、绿色发展之路，充分发挥绿色生态优势，着力推进经济发展转型、加快绿色发展，构筑人与自然和谐共生家园，建设绿色发展、美丽中国先行区，是符合国家战略的必然需求；按照全省绿色发展战略的新要求，面临供给侧改革的新形势，加快科技创新驱动，强化经济支持，优化生态产业结构，推动生态产业转型升级是新时期推进绿色发展的重要任务。同时，科技创新能力不足，科技支撑引领缺乏，区域经济发展不平衡，资本投入相对不足，改革红利远未释放、发展体制不顺、建设机制不活等问题与挑战，依然是制约绿色生态优势转化为发展的深层次根源。

4 四川绿色生态价值评估

4.1 四川绿色生态效益监测评估

4.1.1 生态效益监测方法

4.1.1.1 监测网络体系

根据四川省地形、地貌、气候、土壤、植被和社会经济条件等要素，将全省划分为盆地丘陵区、盆周山地区、川西南山地区和川西高山高原区4个区域，建立了15个森林生态效益监测站（点）。

盆地丘陵区：绵阳市新桥站、南充市南部站、成都市双流站。

盆周山地区：绵阳市宽坝站、广元市碗厂沟站（重建中）、雅安市天全站、广元市朝天站。

川西南山地区：凉山州西昌站、凉山州宁南站、攀枝花市盐边站。

川西高山高原区：阿坝州黑水站（2个）、卧龙邓生沟站、甘孜州泸定站、甘孜州炉霍站。

4.1.1.2 监测技术路线

在分区分类的基础上，点面结合，分层控制，建立定量效益监测体系，即坡面径流场—小集水区—小流域分层监测控制，逐级放大的监测体系。

4.1.1.3 监测指标

森林生态效益监测站定位监测指标，遵循国家标准《森林生态系统长期定位观测指标体系》（GB/T 35377—2017），按监测内容归为森林水文要素、森林土壤要素、森林气象要素、森林小气候梯度要素、大气沉降、森林调控环境空气质量功能、森林群落学特征等7个大类别32个小类别155个观测指标（表4-1～表4-7）。

表4-1 森林水文要素观测指标

指标类别	观测指标	单位	观测频度
水量	降水量	mm	
	降水强度	mm/小时	
	穿透水	mm	
	树干径流量	mm	每次降水时观测
	坡面径流量	mm	
	壤中流	mm	
	地下径流量	mm	
	枯枝落叶层含水量	mm	每月1次

续表

指标类别	观测指标	单位	观测频度
水量	森林蒸散量	mm	连续观测
水质	pH 值		每月 1 次
	色度	°	
	浊度	°	
	可溶性有机碳	mg/dm³	
	总有机碳	mg/dm³	
	可溶性有机氮	mg/dm³	
	可溶性无机氮	mg/dm³	
	电导率	μS/cm	

表 4-2　森林土壤要素观测指标

指标类别	观测指标	单位	观测频度
土壤物理性质	母质母岩	定性描述	每 5 年 1 次
	土壤层次、厚度、颜色		
	土壤颗粒组成	%	连续观测
	土壤容重	g·cm	
	土壤含水量	%	
	土壤饱和持水量	mm	
	土壤田间持水量	mm	
	土壤总孔隙度、毛管孔隙度及非毛管孔隙度	%	
	土壤入渗率	mm/分钟	
	土壤质地	定性描述	
	土壤结构	定性描述	
	土壤侵蚀模数	t(km²·年)	每年 1 次
	土壤侵蚀强度	级	
土壤化学性质	土壤 pH 值		每 5 年 1 次
	土壤有机质	%	
	土壤全氮、水解氮、硝态氮、铵态氮	%,mg/kg	
	土壤全磷、有效磷	%,mg/kg	
	土壤全钾、速效钾、缓效钾	%,mg/kg	
	土壤全镁、有效镁	%,mg/kg	
	土壤全钙、有效钙	%,mg/kg	
	土壤全锌、有效锌	%,mg/kg	
	土壤全铜、有效铜	%,mg/kg	

续表

指标类别	观测指标	单位	观测频度
土壤碳	枯落物碳储量	t/hm²	每年1次
	土壤有机碳密度	kg·m	
	土壤有机碳储量	t/hm²	
	土壤无机碳储量	t/hm²	
	土壤年固碳量	t/hm²	
凋落物	厚度	mm	每年1次
	储量（包括粗木质残体储量）		
	林地当年凋落物量	kg/hm²	
	分解速率		

表4-3 森林气象要素观测指标

指标类别	观测指标	单位	观测频度
天气现象	气压	Pa	
风速和风向	冠层上3m处风向	°	连续观测
	地被层风向	°	
	冠层上3m处风速	m/秒	
	冠层中部风速	m/秒	
	地被层处风速	m/秒	
空气温湿度	冠层上3m处温湿度	℃，%	连续观测
	冠层中部温湿度	℃，%	
	距地面1.5m处温湿度	℃，%	
	地被层处温湿度	℃，%	
土壤温湿度	地表温度	℃	连续观测
	5cm深度土壤温湿度	℃，%	
	10cm深度土壤温湿度	℃，%	
	20cm深度土壤温湿度	℃，%	
	40cm深度土壤温湿度	℃，%	
	80cm深度土壤温湿度	℃，%	
辐射	总辐射量	MJ/m²，W/m²	连续观测
	净辐射量	MJ/m²，W/m²	
	光合有效辐射量	MJ/m²，W/m²	
	日照时数	小时	每日1次
降水	降水总量	mm	连续观测
	降水强度	mm/小时	

表 4-4　森林小气候梯度要素观测指标

指标类别	观测指标	单位	观测频度
天气现象	气压	Pa	
风速和风向	冠层上 3m 处风向	°	连续观测
	地被层风向	°	
	冠层上 3m 处风速	m/秒	
	距地面 1.5m 处风速	m/秒	
	冠层中部风速	m/秒	
	地被层处风速	m/秒	
空气温湿度	冠层上 3m 处温湿度	℃，%	
	冠层中部温湿度	℃，%	
	距地面 1.5m 处温湿度	℃，%	
	地被层处温湿度	℃，%	
土壤温湿度	地表温度	℃	连续观测
	5cm 深度土壤温湿度	℃，%	
	10cm 深度土壤温湿度	℃，%	
	20cm 深度土壤温湿度	℃，%	
	40cm 深度土壤温湿度	℃，%	
	80cm 深度土壤温湿度	℃，%	
辐射量	总辐射量	MJ/m^2，W/m^2	
	净辐射量	MJ/m^2，W/m^2	
	紫外辐射	MJ/m^2，W/m^2	
	光合有效辐射量	MJ/m^2，W/m^2	
	光照时数	小时	每日 1 次
降水	林内降水量	mm	连续观测

表 4-5　大气沉降观测指标

指标类别	观测指标		单位	观测频度
大气降尘	大气降尘总量		t/km^2	连续观测
大气干沉降	大气降尘组分	灰分重量、可燃性物质总量、pH 值、硫化物、硫酸盐和氯化物含量、固体污染物总量等		连续观测
	大气降尘元素浓度	Cu、Zn、As、Hg、Cd、cr（六价）、Pb、Ca、Na、K、N	mg/L	
大气湿沉降	大气湿沉降通量		kg/hm^2	每次降水时观测
	元素浓度	总 N、NH_4^+-N、NO_3^--N、总 P、Cu、Zn、Se、As、Hg、Cd、Cr（六价）、Pb、硫化物、硫酸盐、氯化物、Ca、Mg、Na、K	mg/L	
	pH 值			
	包括林内外观测			

表 4-6 森林调控环境空气质量功能观测指标

指标类别	观测指标		单位	观测频度
森林环境空气质量	TSP、PM_{10}、$PM_{2.5}$		ug/m^3	连续观测
	N_xO（NO、NO_2）			
	SO		mg/m³	
	O_3			
	CO			
空气负离子	浓度		个/cm³	连续观测
植被吸附滞纳颗粒物量	单位叶面积吸附滞纳量	TSP、PM_{10}、$PM_{2.5}$	ug/cm^2	按照物候期观测
	$1hm^2$林地吸附滞纳量		g/hm^2	
植被吸附氮氧化物量	N_xO（NO、NO_2）			每5年1次
植被吸附二氧化硫量	SO_2		kg/hm^2	
植被吸附氟化物量	HF			
植被吸附重金属量	镉（Cd）、汞（Hg）、银（Ag）、铜（Cu）、钡（Ba）、铅（Pb）、砷（Se）		mg/kg	

表 4-7 森林群落学特征观测指标

指标类别	观测指标		单位	观测频度
森林群落主要成分	起源			只观测一次
	乔木	林龄	a	每5年1次
		种名		
		树高	m	
		胸径	cm	
		坐标		
		编号		
		密度	株/hm²	
		郁闭度	%	
		枝下高		
		冠幅（东西、南北）	m	
	灌木	种名		每5年1次
		株数/丛数		
森林群落主要成分	灌木	平均基径	cm	每5年1次
		平均高度	cm	
		盖度	%	
		多度		
		生长状况		
		分布状况		

续表

指标类别	观测指标		单位	观测频度
森林群落主要成分	草本	种名		每5年1次
		株数/丛数		
		盖度	%	
		高度	cm	
		生长状况		
		分布状况		
	幼树和幼苗	种名		
	幼树和幼苗	密度	株/hm²	
		高度	cm	
		基径	cm	
		生长状况		
	藤本	种名		
		藤高	cm	
		蔓数		
		基径	cm	
	附（寄）生植物	种名		
		数量		
森林群落乔木层生物量和林木生长量	树高年生长量		m	
	胸径年生长量		cm	
森林群落的养分	C、N、P、K、Fe、Mn、Cu、Ca、Mg、Cd、Pb		kg/hm²	每5年1次
植被碳储量	乔木层碳储量		t/hm²	每5年1次
	灌木层碳储量			
	草本层碳储量		t/hm²	每5年1次
	藤本植物碳储量			
	凋落物碳储量			

4.1.1.4 监测方法

按国家标准——《森林生态系统长期定位观测指标体系》（GB/T 35377—2017）对各监测指标进行定位观测，其主要方法有：

气象要素：采用气象站自动收集数据。

水文要素：采用径流场法。

大气干湿沉降：采用大气干湿沉降采集系统自动记录采样。

降水量：采用翻斗雨量筒法。

植被群落特征：采用样方调查法。

生物量与生产力：采用植物生长状态监测系统自动采集数据。

土壤物理性质测定：野外采用环刀加铝盒采样法。

化学成分测定：采用室内化学分析法。

4.1.2 评估指标和方法

4.1.2.1 评估指标

4.1.2.1.1 森林生态系统

按国家标准《森林生态系统服务功能评估规范》（GB/T 38582—2020），共选择4个服务类别、7个功能类别、14种指标类别，合计20个评价指标，计量森林生态系统的物质量和价值量，如图4-1所示。

（1）服务类别

支持服务：指森林生态系统土壤形成、养分循环和初级生产等一系列对于所有其他森

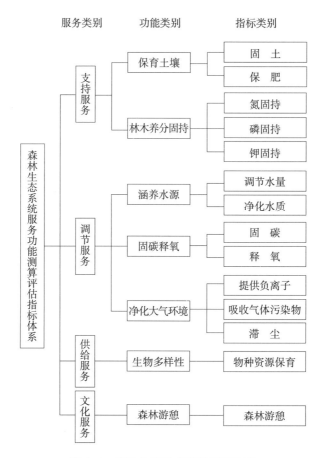

图 4-1 森林生态效益评估指标体系

林生态系统服务的生产必不可少的服务。

调节服务：指人类从气候调节、疾病调控、水资源调节、净化水质和授粉等森林生态系统调节作用中获得的各种惠益。

供给服务：指人类从森林生态系统获得的食物、淡水、薪材、生化药剂和遗传资源等各种产品。

文化服务：指人类从森林生态系统获得的精神与宗教、消遣与生态旅游、美学、灵感、教育、故土情结和文化遗产等方面的非物质惠益。

（2）评价指标

保育土壤：固土、保肥（氮、磷、钾）。

涵养水源：水源涵养、净化水质。

固碳释氧：固碳、释氧。

积累营养物质：林木营养积累（氮、磷、钾）。

净化大气环境：提供负离子、吸收气体污染物（二氧化硫、氟化物、氮氧化物）、滞尘。

生物多样性保护：植物多样性指数。

森林游憩价值：基于森林旅游产值。

4.1.2.1.2 沼泽湿地生态系统

沼泽湿地生态效益评估指标参照《森林生态系统服务功能评估规范》（GB/T 38582—2020），共选择4个服务类别、5个功能类、7种评价指标。

蓄水补水：蓄水、补水。

固碳释氧：固碳、释氧。

净化环境：降解排污。

生物多样性保护：物种保育。

沼泽湿地游憩价值：基于沼泽湿地旅游产值。

4.1.2.1.3 林地碳总贮量现状

生物量碳贮量：指乔木林、竹林、林下植被、灌木林、疏林和未成林造林地上植被所贮存的有机碳。

枯死凋落物碳贮量：指森林内枯死凋落物所贮存的有机碳。

土壤有机碳：指林地土壤中所贮存的有机碳。

4.1.2.2 评估方法

4.1.2.2.1 森林和湿地评估方法

利用定位站（点）的监测资料、区域调查资料、全省森林资源监测资料、各工程统计资料和全省林业统计资料建立数据库，依据国家标准《森林生态系统服务功能评估规范》（GB/T 38582—2020），按区域及其林分类型确定各评估指标的综合计量值，分别对四川森林生态系统、沼泽湿地生态系统、天然林保护工程和退耕还林工程的生态服务功能的实物量和价值量进行测算，形成林业生态效益综合评估结果。

（1）测算方法

采用分布式测算方法，见图4-2。分布式测算方法是将一个异质化的森林资源整体按照行政区划、林分类型（优势树种组）、起源（天然林和人工林）、林龄（为幼龄林、中龄林、近熟林、成熟林、过熟林5个四级测算）等不同分布式级别，划分为相对独立的、均质化的评估测算单元，并将这些单元分别处理，最后汇总得出结论的一种测算方法。

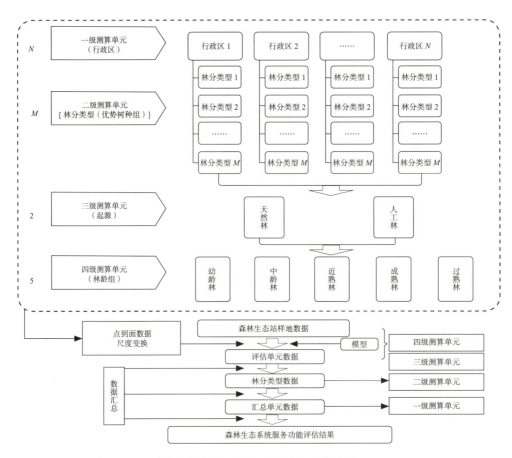

图 4-2 森林生态效益分布式测算方法

（2）评估公式

①保育土壤

森林保育土壤的作用主要表现在三方面。一是防止水蚀，固持土壤；二是防止风蚀，主要是防止土地荒漠化；三是造地育土作用，主要是保持肥力。本研究选取固土指标和保肥指标，以反映森林的保育土壤功能。

a. 固土量和价值

林分年固土量计算公式为：

$$G_{固土}=A \cdot (X_2-X_1) \quad (4-1)$$

式中：$G_{固土}$——实测林分年固土量（t/年）；

X_1——实测有林地土壤年侵蚀量[t/（hm²·年）];

X_2——实测无林地土壤年侵蚀量[t/（hm²·年）];

A——林分面积（hm²）。

由于土壤侵蚀流失的泥沙淤积于水库中，减少了水库蓄水的库容。根据蓄水成本（替代工程法）计算林分年固土价值。其计算公式为：

$$U_{固土}=C_{水土} \cdot G_{固土}/\rho \tag{4-2}$$

式中：$U_{固土}$——实测林分年固土价值（元/年）;

$C_{水土}$——挖取和运输单位体积土方所需费用（6.1107元/m³）;

ρ——实测林分或无林地的土壤容重（g/cm³）。

b. 保肥量和价值

固持土壤中氮、磷、钾和有机质计算公式为：

$$G_N=R_N \cdot G_{固土} \tag{4-3}$$

$$G_P=R_P \cdot G_{固土} \tag{4-4}$$

$$G_K=R_K \cdot G_{固土} \tag{4-5}$$

$$G_{有机质}=R_{有机质} \cdot G_{固土} \tag{4-6}$$

式中：G_N——有林地固持土壤而减少的氮流失量（t/年）;

G_P——有林地固持土壤而减少的磷流失量（t/年）;

G_K——有林地固持土壤而减少的钾流失量（t/年）;

$G_{有机质}$——有林地固持土壤而减少的有机质流失量（t/年）;

R_N——有林地土壤平均含氮量（%）;

R_P——有林地土壤平均含磷量（%）;

R_K——有林地土壤平均含钾量（%）;

$R_{有机质}$——有林地土壤平均有机质含量（%）;

年固土量中氮、磷、钾的物质量换算成化肥价值即为林分年保肥价值。林分年保肥价值以固土中的氮、磷、钾数量折合成磷酸二铵和氯化钾化肥的价值来体现。其计算公式为：

$$U_{肥}=G_N \cdot \frac{C_1}{R_1} + G_P \cdot \frac{C_1}{R_2} + G_K \cdot \frac{C_2}{R_3} + G_{有机质}C_3 \tag{4-7}$$

式中：$U_{肥}$——实测林分年保肥价值（元/年）;

R_1——磷酸二铵化肥含氮量（14.00%）;

R_2——磷酸二铵化肥含磷量（15.01%）;

R_3——氯化钾化肥含钾量（50.00%）;

C_1——磷酸二铵化肥价格（2400元/t）;

C_2——氯化钾化肥价格（2300元/t）;

C_3——有机质价格（320元/t）。

②涵养水源

涵养水源主要表现为森林通过对降水的截留、吸收和下渗，对降水进行时空再分配，减少无效水，增加有效水。本研究中选取调节水量和净化水质2个指标，反映森林的涵养水源功能。

a. 年调节水量和价值

林分调节水量计算公式为：

$$G_{调}=10A \cdot (P-E-C) \tag{4-8}$$

式中：$G_{调}$——实测林分年调节水量（m³/年）；

P——实测林分年降水量（mm/年）；

E——实测林分年蒸散量（mm/年）；

C——实测地表年快速径流量（mm/年）；

A——林分面积（hm²）。

森林调节水量与水库蓄水的本质类似，其价值采用水库工程蓄水成本（替代工程法）来确定，其计算公式为：

$$G_{调}=C_{库} \cdot G_{调} \tag{4-9}$$

式中：$G_{调}$——实测林分年调节水量（m³/年）；

$C_{库}$——水库库容造价。

b. 净化水质量和价值

森林生态系统年净化水量采用年调节水量的公式，即：

$$G_{净}=G_{调} \tag{4-10}$$

式中：$G_{净}$——实测林分年净化水量（m³/年）。

由于森林净化水质与自来水的净化原理一致，所以参照水的商品价格，即居民用水平均价格，这在一定程度上引导公众对森林净化水质的物质化和价值化的感性认识。其计算公式为：

$$U_{净}=K_{水} \cdot G_{净} \tag{4-11}$$

式中：$U_{净}$——实测林分净化水质价值（元/年）；

$K_{水}$——水的净化费用。

③固碳释氧

森林中绿色植物是生态系统的初级生产者和有机物的制造者，该功能通过2个途径，一是基于生物量和含碳率来计算，二是基于光合作用和叶面积指数来计算。本研究中选取固碳和释氧指标作为森林固碳释氧功能。根据植物光合作用和吸收作用方程式，森林植被每生产1g干物质需要1.63g二氧化碳，释放1.19g氧气，再根据各林分类型的净生产力计算森林年固定二氧化碳和释放氧气的总量。此外，森林碳库包括森林土壤碳库和森林植被碳库。

a. 森林碳贮量

森林碳贮量是指森林土壤和森林植被贮存有机碳的现状，其计算公式为：

$$W_{碳贮量}=A \cdot (1.63R_{碳} \cdot B+W_{土壤碳贮量}) \tag{4-12}$$

式中：$W_{碳贮量}$——森林碳贮量（t）；

B——单位面积林分的生物量（t/hm²）；

$R_{碳}$——二氧化碳中碳的含量，为27.27%；

$W_{土壤碳贮量}$——单位面积森林土壤中的有机碳量（t/hm²）；

A——林分面积（hm²）。

乔木生物量采用材积源-生物量法进行转换，其计算公式为：

$$B = BEF \cdot V \tag{4-13}$$

$$BEF = a + b/x \tag{4-14}$$

式中：V——林分蓄积量（m³/hm²）；

BEF——生物量换算因子，a、b为常数；

x——单位面积某树种林分蓄积量（m³/hm²）。

b. 森林土壤和植被年固碳量

森林土壤和植被年固碳量计算公式：

$$G_{碳} = A \cdot (1.63 R_{碳} \cdot B_{年} + F_{土壤碳}) \tag{4-15}$$

式中：$G_{碳}$——森林年固碳量（t/年）；

$B_{年}$——森林年净生产力[t/（hm²·年）]；

$R_{碳}$——二氧化碳中碳的含量，为27.27%；

$F_{土壤碳}$——单位面积森林土壤年固碳量[t/（hm²·年）]；

A——林分面积（hm²）。

c. 年固碳价值

森林生态系统固碳功能价值采用目前国内外通用的碳税法进行评估，其计算公式为：

$$U_{碳} = C_{碳} \cdot (G_{碳} + G_{土壤碳}) \tag{4-16}$$

式中：$U_{碳}$——森林土壤年固碳价值（元/年）；

$G_{土壤碳}$——森林土壤年固碳量（t/年）；

$C_{碳}$——固碳价格（1200元/t）。

d. 森林年释氧量

森林植被年释氧量计算公式：

$$G_{氧气} = 1.194 \cdot B_{年} \tag{4-17}$$

式中：$G_{氧气}$——森林年释氧量（t/年）；

$B_{年}$——森林年净生产力[t/（hm²·年）]；

A——林分面积（hm²）。

e. 年释氧价值

森林释氧功能价值根据氧气的商品价格和人工生产氧气的成本等方法进行评估。其计算公式为：

$$U_{氧} = C_{氧} \cdot G_{氧气} \tag{4-18}$$

式中：$U_{氧}$——森林年释氧价值（元/年）；

$C_{氧}$——制造氧气的价格（1000元/t）。

④林木积累营养物质

森林在生长过程中不断从周围环境吸收营养物质,固定在植物体中,成为全球生物化学循环不可缺少的环节。林木积累营养物质功能首先是维持自身生态系统的养分平衡,其次才是为人类提供生态系统服务。选用林木积累氮、磷、钾指标反映林木积累营养物质功能。

a. 林木年积累营养物质量

$$G_{氮}=A \cdot N_{营养} \cdot B_{年} \quad (4\text{-}19)$$

$$G_{磷}=A \cdot P_{营养} \cdot B_{年} \quad (4\text{-}20)$$

$$G_{钾}=A \cdot K_{营养} \cdot B_{年} \quad (4\text{-}21)$$

式中：$G_{氮}$——植被年固氮量（t/年）；

$G_{磷}$——植被年固磷量（t/年）；

$G_{钾}$——植被年固钾量（t/年）；

$N_{营养}$——实测林木氮元素含量（%）；

$P_{营养}$——实测林木磷元素含量（%）；

$K_{营养}$——实测林木钾元素含量（%）。

b. 林木年积累营养物质价值量

采取把营养物质折合成磷酸二铵化肥和氯化钾化肥方法计算营养物质积累价值，计算公式为：

$$U_{营养}=G_{氮} \cdot \frac{C_1}{R_1}+G_{磷} \cdot \frac{C_1}{R_2}+G_{钾} \cdot \frac{C_2}{R_3} \quad (4\text{-}22)$$

式中：$U_{营养}$——林分氮、磷、钾年增加价值（元/年）；

R_1——磷酸二铵含氮量（14.00%）；

R_2——磷酸二铵含磷量（15.01%）；

R_3——氯化钾含钾量（50.00%）；

c_1——磷酸二铵化肥价格；

c_2——氯化钾化肥价格。

⑤净化大气环境

森林能有效吸收有害气体、吸附粉尘、降低噪音、提供负离子等，从而起到净化大气环境的作用。选取提供负离子、吸收污染物（二氧化硫、氟化物和氮氧化物）、滞尘等5个指标反映森林净化大气环境能力。

a. 年提供负离子量

$$G_{负离子}=5.256 \times 10^{15} Q_{负离子} \cdot A \cdot H/L \quad (4\text{-}23)$$

式中：$G_{负离子}$——林分年提供负离子个数（个/年）；

$Q_{负离子}$——林分负离子浓度（个/cm³）；

H——林分高（m）；

L——负离子寿命（分钟）；

A——林分面积（hm^2）。

b. 年提供负离子价值

国内外研究表明，当空气中负离子达到600个/cm^3以上时，才能有益于人体健康。林分年提供负离子价值的计算公式为：

$$U_{负离子}=5.256\times10^{15}(Q_{负离子}-600)\cdot A\cdot H\cdot K_{负离子}/L \quad (4-24)$$

式中：$U_{负离子}$——林分年提供负离子价值（元/年）；

$K_{负离子}$——负离子生产费用[元/（10×10^{18}个）]。

c. 年吸收气体污染物量

二氧化硫、氟化物、氮氧化物是大气污染的主要物质，森林吸收二氧化硫、氟化物、氮氧化物的能力作为表征森林的吸收污染物功能。其计算公式如下：

$$G_{污染物}=G_{二氧化硫}+G_{氟化物}+G_{氮氧化物} \quad (4-25)$$

$$G_{二氧化硫}=Q_{二氧化硫}\cdot A/1000 \quad (4-26)$$

$$G_{氟化物}=Q_{氟化物}\cdot A/1000 \quad (4-27)$$

$$G_{氮氧化物}=Q_{氮氧化物}\cdot A/1000 \quad (4-28)$$

式中：$G_{污染物}$——林分年吸收污染物量（t/年）；

$G_{二氧化硫}$——林分年吸收二氧化硫量（t/年）；

$G_{氟化物}$——林分年吸收氟化物量（t/年）；

$G_{氮氧化物}$——林分年吸收氮氧化物量（t/年）；

$Q_{二氧化硫}$——单位面积林分年吸收二氧化硫量[kg/（$hm^2\cdot$年）]；

$Q_{氟化物}$——单位面积林分年吸收氟化物量[kg/（$hm^2\cdot$年）]；

$Q_{氮氧化物}$——单位面积林分年吸收氮氧化量[kg/（$hm^2\cdot$年）]；

A——林分面积（hm^2）。

d. 年吸收污染物价值

$$U_{污染物}=K_{二氧化硫}\cdot G_{二氧化硫}+K_{氟化物}\cdot G_{氟化物}+K_{氮氧化物}\cdot G_{氮氧化物} \quad (4-29)$$

式中：$U_{污染物}$——林分年吸收气体污染物价值（元/年）；

$K_{二氧化硫}$——二氧化硫的治理费用；

$K_{氟化物}$——氟化物的治理费用；

$K_{氮氧化物}$——氮氧化物的治理费用（元）。

e. 年滞尘量

森林滞尘量计算公式如下：

$$G_{滞尘}=Q_{滞尘}\cdot A/1000 \quad (4-30)$$

式中：$G_{滞尘}$——林分年滞尘量（t/年）；

$Q_{滞尘}$——单位面积林分年滞尘量[kg/（$hm^2\cdot$年）]；

A——林分面积（hm^2）。

f. 年滞尘价值

$$U_{滞尘}=K_{滞尘}\cdot G_{滞尘} \quad (4-31)$$

式中：$U_{滞尘}$——林分年滞尘价值（元/年）；

$K_{滞尘}$——降尘清理费用（元/t）。

⑥生物多样性保育

森林生态系统为生物物种提供生存与繁衍的场所，从而对其起到保育作用的功能。Shannon-Wiener指数是反映森林中物种的丰富度和分布均匀程度的经典指标，作为森林保护生物多样性功能价值指标。其计算公式为：

$$U_{生物多样性}=S_{生物多样性} \cdot A_i \qquad (4-32)$$

式中：$U_{生物多样性}$——林分年生物多样性保护价值（元/年）；

$S_{生物多样性}$——单位面积物种多样性保护价值[元/（hm²·年）]；

A_i——林分面积（hm²）。

Shannon-Wiener指数计算生物多样性价值，共划分为7个等级，每个等级分别给予一定赋值。

当指数<1时，S为3000元/（hm²·年）；

当1≤指数<2时，S为5000元/（hm²·年）；

当2≤指数<3时，S为10000元/（hm²·年）；

当3≤指数<4时，S为20000元/（hm²·年）；

当4≤指数<5时，S为30000元/（hm²·年）；

当5≤指数<6时，S为40000元/（hm²·年）；

当指数≥6时，S为50000元/（hm²·年）。

⑦森林游憩

森林游憩功能是森林的主要功能之一，其功能价值是指森林生态系统为人类提供休闲和娱乐场所而产生的价值，包括直接价值和间接价值。本次评估中，森林游憩价值采用评估期内林业系统管辖的自然保护区、森林公园全年旅游休闲服务产值和间接收入，间接收入即森林旅游休闲服务产值直接带动其他产业产值。其森林游憩功能价值的计算公式为：

$$U_r=Y_i/Y_{i'} \qquad (4-33)$$

式中：U_r——森林游憩产品的价值量（元/年）；

Y_i——森林旅游的直接收入（元/年）；

$Y_{i'}$——森林旅游的直接价值与森林景观价值比。

⑧森林生态产品总价值

森林生态产品总价值为上述分项价值量之和，公式为：

$$U_{森林}=\sum U_i \qquad (4-34)$$

式中：$U_{森林}$——森林生态产品总价值（元/年）；

U_i——森林生态产品各分项价值（元/年）。

4.1.2.2.2 碳计量方法

林地碳贮量包括生物量碳贮量、枯死凋落物碳贮量和土壤有机碳三部分，其林地碳贮量计算公式如下：

$$C = C_{生物量碳贮量} + C_{枯死物碳贮量} + C_{土壤有机碳} \quad (4\text{-}35)$$

式中：C——林地碳贮量；

$C_{生物量碳贮量}$——林地植被碳贮量，包括森林的乔木层、林下层、灌木林、疏林和未成林造林地上的植被碳贮量；

$C_{枯死物碳贮量}$——林地枯死凋落物的碳贮量；

$C_{土壤有机碳}$——一定厚度土壤内的有机碳，本次计量的土壤深度为50cm。

$$C_{生物量碳贮量} = (B_{乔木层} + B_{林下层} + B_{灌木层} + B_{疏林} + B_{未成造}) \cdot B_c \quad (4\text{-}36)$$

式中：B_c——不同乔木、灌木种（组）和草本层的含碳率。

乔木层生物量采用材积源-生物量法估算，其他生物量采用样地实测生物量，乔木材积来源于森林资源监测资料，其计算公式如下：

$$B_{乔木层} = \sum_{i=1}^{n} \sum_{j=1}^{5} A_{ij} \cdot BEF \cdot v_{ij} \quad (4\text{-}37)$$

式中：B——乔木生物量；

n——不同乔木树种（组）；

A_{ij}——第i类林分第j龄级面积；

v_{ij}——第i类林分第j龄级的林分蓄积量；

BEF——生物量换算因子。

BEF与林分蓄积量（x）之间的关系为：

$$BEF = a + b/x \quad (4\text{-}38)$$

式中：a、b——常数；

x——实测各林分类型的生物量。

林地枯死凋落物碳贮量计算公式如下：

$$C_{枯死凋落物} = B_{枯落量} \cdot P \quad (4\text{-}39)$$

式中：$B_{枯落物}$——林地枯死凋落物生物量；

P_c——有凋落物的含碳率。

林地土壤有机碳的计算公式如下：

$$C_{土壤有机碳} = W_{有机质} \cdot W_c \quad (4\text{-}40)$$

式中：$W_{有机质}$——指土壤中的有机质量；

W_c——有机质中的含碳率。

4.1.3　林业生态服务功能监测与评估结果

2022年全省林业和湿地生态服务价值总计22218.31亿元。其中，森林生态系统生态服务价值19965.20亿元，沼泽湿地生态系统生态服务价值2253.11亿元。

4.1.3.1 森林生态系统生态服务功能及价值

2022年全省森林生态系统所提供的保育土壤、涵养水源、固碳释氧、林木营养物质积累、净化大气环境、生物多样性保护和森林游憩价值共19965.20亿元（表4-8），较2021年增加1426.45亿元，增长7.69%。

表4-8 森林生态系统生态服务价值　　　　　　　　　　　　　　　　　单位：亿元/年

区域	保育土壤	涵养水源	固碳释氧	林木营养物质积累	净化大气环境	生物多样性保护	森林游憩	合计
盆地丘陵区	132.16	408.36	364.89	24.30	142.95	319.68	2639.91	4032.24
盆周山地区	629.42	1217.73	905.62	62.07	314.12	654.83	3541.24	7325.02
川西南山地区	532.57	986.89	656.64	40.86	233.56	354.36	224.97	3029.85
川西高山高原区	703.89	1668.85	1259.19	77.97	528.58	878.57	461.03	5578.08
全省合计	1998.04	4281.82	3186.34	205.20	1219.22	2207.43	6867.15	19965.20

（1）保育土壤功能及价值

全省森林生态系统减少土壤侵蚀量31339.16万t/年，固土价值19.51亿元/年；减少土壤有机质和土壤氮、磷、钾损失量4263.17万t/年，保肥价值1978.54亿元/年。全省森林生态系统固土、保肥价值共计1998.04亿元/年（表4-9）。

表4-9 森林生态系统保育土壤功能及价值　　　单位：万t/年、亿元/年

区域	固土		保肥		价值合计
	功能	价值	功能	价值	
盆地丘陵区	3246.02	1.64	324.02	130.52	132.16
盆周山地区	8929.43	6.68	1539.18	622.74	629.42
川西南山地区	8810.62	4.40	993.54	528.17	532.57
川西高山高原区	10353.10	6.79	1406.42	697.10	703.89
全省合计	31339.16	19.51	4263.17	1978.54	1998.04

（2）涵养水源功能及价值

全省森林生态系统涵养水源量877.60万t/年，涵养水源价值2447.63亿元/年；净化水质量877.60万t/年，净化水质价值1834.19亿元/年。全省森林生态系统涵养水源、净化水质价值共计4281.82亿元/年（表4-10）。

表 4-10　森林生态系统涵养水源、净化水质功能及价值　　　单位：万 t/年、亿元/年

区域	涵养水源		净化水质		价值合计
	功能	价值	功能	价值	
盆地丘陵区	83.70	233.43	83.70	174.93	408.36
盆周山地区	249.59	696.09	249.59	521.63	1217.73
川西南山地区	202.27	564.14	202.27	422.75	986.89
川西高山高原区	342.05	953.97	342.05	714.88	1668.85
全省合计	877.60	2447.63	877.60	1834.19	4281.82

（3）固碳释氧功能及价值

全省森林生态系统固定碳量9259.23万t/年，固碳价值1111.11亿元/年；释放氧气20752.32万t/年，释氧价值2075.23亿元/年。全省森林生态系统固碳释氧价值共3186.34亿元/年（表4-11）。

表 4-11　森林生态系统固碳释氧功能及价值　　　单位：万 t/年、亿元/年

区域	固碳		释氧		价值合计
	功能	价值	功能	价值	
盆地丘陵区	1065.59	127.87	2370.18	237.02	364.89
盆周山地区	2675.85	321.10	5845.19	584.52	905.62
川西南山地区	1831.57	219.79	4368.49	436.85	656.64
川西高山高原区	3686.22	442.35	8168.45	816.85	1259.19
全省合计	9259.23	1111.11	20752.32	2075.23	3186.34

（4）积累营养物质功能及价值

全省森林生态系统增加纯氮量100.66万t/年、纯磷量7.65万t/年、纯钾量46.38万t/年，林木营养物质积累价值共205.20亿元/年（表4-12）。

表 4-12　森林生态系统营养物质积累功能及价值　　　单位：万 t/年、亿元/年

区域	增加纯氮量		增加纯磷量		增加纯钾量		价值合计
	功能	价值	功能	价值	功能	价值	
盆地丘陵区	12.32	21.12	0.83	1.32	4.21	1.85	24.30
盆周山地区	31.01	53.15	2.11	3.37	12.61	5.55	62.07
川西南山地区	19.92	34.15	1.48	2.37	9.88	4.35	40.86
川西高山高原区	37.41	64.13	3.24	5.18	19.68	8.66	77.97
全省合计	100.66	172.55	7.65	12.24	46.38	20.41	205.20

（5）净化大气环境功能及价值

全省森林生态系统吸收二氧化硫、氟化物、氮氧化物和尘埃77055.80万t/年，其净化环境的价值1208.16亿元/年；释放空气负离子3248.27×10^{18}个/年，价值11.06亿元/年。全省森林生态系统净化环境和释放负离子价值共1219.22亿元/年（表4-13）。

表4-13 森林生态系统净化环境功能及价值　　　单位：万t/年、10^{18}个/年、亿元/年

区域	吸收二氧化硫		吸收氟化物		吸收氮氧化物		滞尘		释放负离子		价值合计
	功能	价值	功能	价值	功能	价值	功能	价值	功能	价值	
盆地丘陵区	57.94	6.95	1.12	0.078	1.84	0.116	9009.36	134.51	381.23	1.30	142.95
盆周山地区	126.74	15.21	2.46	0.170	4.02	0.253	19708.46	295.63	840.80	2.86	314.12
川西南山地区	94.24	11.31	1.83	0.126	2.50	0.188	14654.67	219.82	622.81	2.12	233.56
川西高山高原区	213.29	25.60	4.14	0.286	6.62	0.426	33166.57	497.50	1403.44	4.78	528.58
全省合计	492.22	59.07	9.55	0.659	14.97	0.983	76539.05	1147.45	3248.27	11.06	1219.22

（6）生物多样性保护价值

全省森林生态系统生物多样性（仅指植物多样性）保护价值2207.43亿元/年。

（7）森林游憩价值

全省森林生态系统森林游憩价值6867.15亿元。

4.1.3.2 沼泽湿地生态系统生态服务功能及价值

据"第二次全国湿地资源调查数据"，四川省沼泽湿地面积123.13万hm^2。2022年全省湿地生态系统所提供的保护生物多样性、环境净化、蓄水调洪、固碳释氧和游憩等方面价值共2253.11亿元/年（表4-14）。

表4-14 沼泽湿地生态系统生态服务价值　　　单位：亿元/年

生物多样性保护	净化环境	调洪蓄水	固碳释氧	游憩	合计
35.95	487.30	1309.10	363.54	57.22	2253.11

- 生物多样性保护价值：全省沼泽湿地生态系统提供的生物多样性保护年价值35.95亿元。
- 环境净化功能和价值：全省沼泽湿地生态系统净化环境能力1825.11万t/年，价值487.30亿元/年。

- 蓄水调洪功能和价值：全省沼泽湿地蓄水能力214.23亿m³/年，蓄洪调水功能价值1309.10亿元/年。
- 固碳释氧功能和价值：全省沼泽湿地植被年固碳量932.20万t/年，释放氧气2516.62万t/年，固碳价值111.88亿元/年，释氧价值251.66亿元/年。固碳释氧总价值363.54亿元/年。
- 游憩价值：全省沼泽湿地生态系统游憩价值57.22亿元/年。

4.1.3.3 林地碳贮量总量

森林是陆地生物圈的主体，贮存了陆地生态系统76%~98%的有机碳，在全球碳循环和碳平衡以及碳达峰和碳中和的社会经济发展中起着巨大作用。经计量，全省林地碳总储量32.99亿t。其中，生物量碳10.95亿t，枯死凋落物碳0.57亿t，土壤有机碳21.47亿t，林地碳密度168.59t/hm²（表4-15）。

表 4-15 林地碳总储量现状及林地碳密度　　　　　　　　　　单位：亿t、t/hm²

区域	土壤有机碳	生物量碳	枯死凋落物碳	合计	碳密度
盆地丘陵区	1.99	0.99	0.04	3.02	106.61
盆周山地区	5.99	2.80	0.16	8.95	154.22
川西南山地区	3.39	1.70	0.12	5.22	166.16
川西高山高原区	10.09	5.46	0.25	15.80	202.83
全省	21.47	10.95	0.57	32.99	168.59

2022年全省林业和湿地生态服务价值总计22218.31亿元，是同年林草产业总产值（4709.7亿元）的4.7倍，约占同年全省GDP（5.66万亿元）的40%。2016—2022年，全省林业和湿地生态服务价值逐年增加（图4-3），增加约27%，年均增加约4.5%。

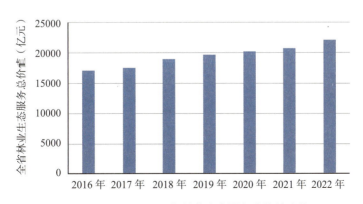

图 4-3 2016—2022年林草生态服务价值的变化

4.2 绿水青山指数

十八大以来，绿水青山就是金山银山日益深入人心，在国际上获得广泛认同和高度赞誉，2016年联合国环境规划署发布《绿水青山就是金山银山：中国生态文明战略与行动》报告。从"绿水青山就是金山银山"到"良好生态环境是最普惠的民生福祉""生态就是资源、生态就是生产力。""绿色生态是最大财富、最大优势、最大品牌"，再到森林"四库""林草兴则生态兴"，都充分体现了绿色发展的生态价值观的诉求，为推动绿色生态优势转化为经济优势、发展优势指明了方向、提供了根本遵循。可见，从科学意义上，青山是绿色生态的本底，是绿水的根基，青山绿水，既是自然财富、生态财富，又是社会财富、经济财富。

2004年，中国环境监测总站利用生态环境因素监测结果，结合生态系统物种多样性、群落结构、生产力及地表水、空气和土壤环境质量等数据，形成生物丰度指数、植被覆盖指数、水网密度指数、土地胁迫指数、污染负荷指数和环境限制指数共6项综合性指标，在卫星遥感数据、生态环境现状调查和统计数据等多源数据融合分析的基础上，对全国31个省份（不含台湾、香港、澳门）、2348个县（市、区）的生态环境质量进行了评价，提出区域生态环境状况综合指数。该指数基于生态环境监测数据，仅反映了生态环境质量，缺乏绿色资源、生态空间及绿色生态服务功能方面评价。2017年，中国气象局制定了《植被生态质量气象评价指数》（GB/T 34815—2017）国家标准，开始发布《全国生态气象公报》，主要有湿润指数、NPP指数（植被净第一生产力指数）两个指标，针对森林、草原、农田、荒漠等主要生态系统的气象影响评估，提出全国植被生态质量指数，并进行时间上的对比分析（曹祺文等，2021）。该指数主要基于气象数据，缺乏生态空间、生态服务功能等数据。赵国平（2020）对陕西省"绿水青山指数"进行探讨，构建了生态空间数量、质量、服务功能的评价框架。该指数基于第三次全国国土调查数据，在二级评价指标上尚不完善，只有简单的数量数据，没有科学的质量、功能数据。目前，相关研究主要有生态环境状况指数（Ecological Index，EI）（闫德仁，2023）、植被生态质量指数（任丽雯等，2023）、绿水青山指数（赵国平，2020）等，都没有完全反映"绿水青山"的数量、质量和功能关系，还不能体现绿色生态优势转化的成效。

因此，从"青山绿水"角度，依据生态空间的数量、质量和功能三大要素，结合绿色生态资源、生态监测等数据，通过设置绿色生态数量指数、质量指数和生态服务功能指数，构建绿色生态指数，表征"绿水青山"状况与"金山银山"的潜力。绿色生态指数衡量生态空间最优化、生态功能服务最大化的实现程度，其指数值大小可以表明绿色生态数量大小、绿色生态质量高低和生态服务（生态产品）供给能力强弱等，但不能衡量和评价"两山"转化工作成效。而以绿色生态指数为基础，通过绿色生态现实转化率（即生态产业总产值与生态服务价值之比），形成的青山绿水指数，可用作区域绿色发展的绩效考核关键指标，可以用来准确把握各级行政区（地市、县区）的绿水青山可持续发展程度，以督促指导各地国土生态空间治理，为推进绿色生态优势转化发展优势提供理论依据和技术支撑。

4.2.1 评价思路与原则

综合评价某一事物涉及的各相关要素构成评价要素集。各个要素的重要程度可能相同，也可能不同。用以评价该事物的一系列指标构成评价指标集。评价指标集是评价要素集的一个映射。一个评价要素集存在多个映射指标集，建立合理的评价指标体系就是在多个映射指标集中寻优。评价要素集和评价指标集之间存在4种映射关系，如图4-4所示。图4-4（a）是一对一关系，即一个评价指标只反映一个评价要素；图4-4（b）是多对一关系，即一个评价指标反映多个评价要素；图4-4（c）是一对多关系，即有多个指标共同反映同一个评价要素；图4-4（d）是多对多关系，即同时存在图4-4（b）和图4-4（c）的两种情况。4种映射关系中，一对一的关系最简单，也最理想，但在现实中很难找到；在一对一或多对一的映射关系中，指标间不存在重叠或交叉；在一对多或多对多的映射关系中，指标间存在重叠和交叉。

因此，构建评价指标体系是综合评价工作的基础。评价指标体系科学与否，直接影响到评价结果的准确性和客观性。因此，构建指标体系时应遵循以下原则。

- 系统性原则。指标的设置要从各个方面全面完整地反映出评价对象的各个主要影响因素，能够全面反映影响生态空间各个生态系统现状，又能反映其主要变化趋势，具有动态性和系统性。

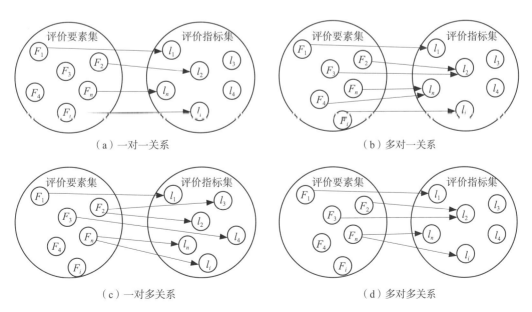

图 4-4 评价要素集和评价指标集之间的映射关系

- 可比性原则。同一指标对所有的评价对象应具有相同的标准尺度，便于评价对象间相互比较和分析，同时，所选指标要尽可能量化，同时对一些有重要意义而又难以定量的因素，可用定性指标进行描述，采用定性指标与定量指标相结合的方法。
- 通用性原则。指标的选取要尽量满足能够反映各方案的要求，避免选取某些仅对某一方案适用的特殊指标，能够充分挖掘涉及到绿水青山的相关变量，能够反映区域生态空间治理进程中的战略地位。
- 简洁性原则。指标的描述要简洁准确，指标的含义要明确具体，避免指标之间内容的相互交叉和重复，同时，在不影响指标系统性的原则下，尽量减少指标数量，考虑与生态空间治理有密切关系或有直接影响的指标；既要针对研究区域的实际状况，也要使测算方法基于学界现有的研究基础，具有充分的科学合理性和可操作性。

4.2.2 绿色生态指数构建

以生态空间格局、生态功能服务为基础，以绿色生态指数作为目标层，选取绿色生态空间数量、绿色生态质量和生态服务功能等三大要素，作为准则层，筛选评价指标，构建评价模型。

4.2.2.1 指标筛选

（1）目标层

绿色生态指数I_{cw}：

$$I_{cw} = W_a \cdot I_a + W_q \cdot I_q + W_f \cdot I_f \quad (4\text{-}41)$$

式中：I_a——生态空间数量指数（简称数量指数），数量指数越大，表征绿水青山的发展空间越大；

I_q——生态空间质量指数（简称质量指数），质量指数越高，表征绿水青山的质量越高；

I_f——生态空间功能指数（简称功能指数），功能指数越大，表征绿水青山的发展潜力越大；

W_a、W_q、W_f——对应的权重。

评价指标的筛选方法有两大类：一是定性分析法，又称经验法或专家意见法，包括理论分析法和特尔菲法（Delphi），主要是凭借评价者个人的知识和经验，借鉴同行专家的意见，综合后进行筛选，这种方法的优点是简单易行，缺点是主观性较强；二是定量分析法，目前采用的主要有主成分分析法、相关分析法和独立性分析等，这类方法的优点是客观性较强，缺点是比较机械且计算量大，不一定符合评价的实际。本次研究采用的是定性指标与定量指标相结合的方法。

（2）准则层

准则层①——生态空间数量指数I_a：

$$I_a=\sum_{i}^{n}S_i/G_L \tag{4-42}$$

式中：G_L——国土空间面积；

S_1——林地面积；

S_2——草地面积；

S_3——湿地面积（沼泽湿地面积+湖泊湿地面积+人工湿地面积）；

S_4——自然保护地面积（自然保护区面积+风景区面积+自然公园面积）；

S_5——其他绿地面积（城乡绿化绿地面积）。

准则层②——生态空间质量指数I_q：

$$I_q=\sum_{i}^{n}B_iZ_i \tag{4-43}$$

式中：B_i——生态空间质量各指标对应的权重；

Z_1——林地质量，Z_1=（乔木林面积+灌木林面积）/S_1；

Z_2——草地质量，Z_2=天然草场面积/S_2；

Z_3——湿地质量，Z_3=（沼泽湿地面积+湖泊湿地面积）/S_3；

Z_4——自然保护地质量，Z_4=自然保护区面积/S_4。

准则层③——生态空间功能指数I_f：

$$I_f=\sum_{i}^{n}D_iG_i \tag{4-44}$$

式中：D_i——各功能指标对应的权重；

G_1——森林生态服务功能指数，G_1=森林生态服务功能数值/G_t（生态空间功能总量）；

G_2——草地生态服务功能指数，G_2=草地生态服务功能数值/G_t；

G_3——湿地生态服务功能指数，G_3=湿地生态服务功能数值/G_t。

（3）二级指标

①数量指标（表4-16）

表4-16 绿色生态数量指标

一级指标	二级指标	三级指标	计算方法	备注
绿色生态数量指数 I_a	林地面积 S_1	有林地面积	S_1/G_L	
	草地面积 S_2	天然草场面积、其他草地面积	S_2/G_L	
	湿地面积 S_3	沼泽湿地面积、湖泊湿地面积、人工湿地面积	S_3/G_L	
	自然保护地面积 S_4	自然保护区面积、风景区面积、自然公园面积	S_4/G_L	
	其他绿地面积 S_5	城乡绿化绿地面积	S_5/G_L	

②质量指标（表4-17）

表 4-17 绿色生态质量指标

一级指标	二级指标	三级指标	计算方法	备注
绿色生态质量指数 I_q	林地质量 Z_1	乔木林面积、灌木林面积	（乔木林面积＋灌木林面积）/S_1	
	草地质量 Z_2	天然草场面积	天然草场面积 /S_2	
	湿地质量 Z_3	沼泽湿地面积、湖泊湿地面积	（沼泽湿地面积＋湖泊湿地面积）/S_3	
	自然保护地面积 Z_4	自然保护区面积	自然保护区面积 /S_4	
	森林质量 Z_5	森林蓄积量	森林蓄积量 /S_1	

③功能指标（表4-18）

表 4-18 绿色生态功能指标

一级指标	二级指标	三级指标	计算方法	备注
绿色生态功能指数 I_f	森林生态服务功能指数 G_1	森林生态服务功能数值	森林生态服务功能数值 /G_t	
	草地生态服务功能指数 G_2	草地生态服务功能数值	草地生态服务功能数值 /G_t	
	湿地生态服务功能指数 G_3	湿地生态服务功能数值	湿地生态服务功能数值 /G_t	
	绿色生态服务价值指数 G_4	绿色生态空间服务价值	绿色生态服务价值 /GDP	
	林草第三产业贡献指数 G_5	林草第一产业产值、第二产业产值、第三产业产值	第三产业产值 / 林草总产值	

4.2.2.2 权重计算

层次分析法是一种解决多目标的复杂问题的定性与定量相结合的决策分析方法。该方法将定量分析与定性分析结合起来，用决策者的经验判断各衡量目标之间能否实现的标准之间的相对重要程度。

（1）构造判断矩阵

构造成对比较矩阵建立判断矩阵，是层次分析法的关建。构造判断矩阵的过程实际上是对同一层次上的因素进行优先顺序的两两比较：第一步，对准则层的各准则因素进行两两比较，建立相对重要的判断矩阵；第二步，对各准则层下的措施层因子进行两两比较，建立相对重要的判断矩阵。利用1~9标度法进行成对比较，用 a_{ij} 表示第 i 个因素相对于第 j 个因素的比较结果，则

$$A = \begin{pmatrix} a_{11} & \cdots & a_{1n} \\ \vdots & \ddots & \vdots \\ a_{n1} & \cdots & a_{nn} \end{pmatrix} = (a_{ij}) n \times n \quad (4-45)$$

式中：$a_{ij}=1/a_{ji}$，矩阵 A 构成了判断矩阵。

（2）层次单排序，计算特征向量W_i

层次单排序，是指根据判断矩阵，计算对于上一层某因素而言的本层次与之有联系的因素的重要性次序的权值。它是本层次所有因素相对于上一层次而言的重要性进行排序的基础。

判断矩阵A对应于最大特征值λ_{max}的特征向量$W=(w_1，w_2，\cdots，w_n)$T，经归一化即得到同一层次相应元素对于上一层次元素相对重要性的排序权值，公式如下：

$$\lambda_{max}=\frac{1}{n}\sum_{i=1}^{n}\frac{(AW)_i}{W_i} \quad (4\text{-}46)$$

在实际操作中，由于客观事物的复杂性以及人们对事物判断比较时的模糊性，很难构造出完全一致的判断矩阵。因此，Satty在构造层次分析法时，提出了一致性检验，所谓一致性检验是指判断矩阵允许有一定不一致的范围。

（3）一致性检验

①计算一致性指标CI：

$$CI=\frac{\lambda_{max}-n}{n-1} \quad (4\text{-}47)$$

式中：CI=0表示完全一致，CI越大越不一致。

②查询平均随机一致性指标RI

对应n=1~10，RI值见表4-19（这是通过随机的方法生成的一组标准指标）。

表 4-19 随机一致性指标表

n	1	2	3	4	5	6	7	8	9	10	11	12
RI	0	0	0.52	0.89	1.12	1.26	1.36	1.41	1.46	1.49	1.52	1.54

③计算一致性比例CR

$$CR=CI/RI \quad (4\text{-}48)$$

式中：当CR<0.10，认为矩阵的一致性是可以接受的。通过计算求得的权重系数W，可以较好地反映上一级指标中各指标的相对重要程度；若CR>0.10，则需对两两比较的取值进行修正，直至满意为止。

（4）权重计算

通过专家打分和问卷调查法，采用德菲尔法进行有效权衡，得出判断数值，构建各层的判断矩阵。其结果见表4-20~表4-23。

表 4-20 目标层权重表

	W_a	W_q	W_f
W_a	1	3/2	4/3
W_q	2/3	1	5/4
W_f	3/4	4/5	1

经计算，W_a=0.2809，W_q=0.2553，W_f=0.4638；$\lambda_{\max}$=3.0015，CI=0.0008，CR=0.0015，通过一致性检验。

表 4-21 准则层 I_a 权重表

	S_1	S_2	S_3	S_4	S_5
S_1	1	2	3	4	5
S_2	1/2	1	2	3	4
S_3	1/3	1/2	1	2	3
S_4	1/4	1/3	1/2	1	2
S_5	1/5	1/4	1/3	1/2	1

经计算，S_1=0.4174，S_2=0.2634，S_3=0.1602，S_4=0.0975，S_5=0.0615；$\lambda_{\max}$=5.0680，CI=0.0170，CR=0.0152，通过一致性检验。

表 4-22 准则层 I_q 权重

	B_1	B_2	B_3	B_4	B_5
B_1	1	2	3	4	1
B_2	1/2	1	2	3	1/2
B_3	1/3	1/2	1	2	1/3
B_4	1/4	1/3	1/2	1	1/4
B_5	1	2	3	4	1

经计算，B_1=0.3197，B_2=0.1836，B_3=0.1090，B_4=0.0680，B_5=0.3197；$\lambda_{\max}$=5.0363，CI=0.0091，CR=0.0081，通过一致性检验。

表 4-23 准则层 I_f 权重

	D_1	D_2	D_3	D_4	D_5
D_1	1	3	4	5	5
D_2	1/2	1	3/2	3	5
D_3	1/4	2/3	1	4	5
D_4	1/5	1/3	1/4	1	2/3
D_5	1/5	1/5	1/5	3/2	1

经计算，D_1=0.1811，D_2=0.0835，D_3=0.0558，D_4=0.3376，D_5=0.3420；$\lambda_{\max}$=5.2793，CI=0.0698，CR=0.0624，通过一致性检验。

4.2.3 青山绿水指数构建

聚焦"绿水青山"转化"金山银山",以绿色生态指数为基础,构建形成青山绿水指数。

青山绿水指数是基于绿色生态指数的生态价值转化,通过林草产业产值与绿化空间生态价值之比来实现。其计算公式为:

$$Q_W = 100 \times I_{cw} \times B_i \qquad (4-49)$$

式中:Q_W——为青山绿水指数,采用百分制;

I_{cw}——为绿色生态指数;

B_i=林草产业总产值/ G_t(绿色生态空间功能价值总量),即区域绿色生态价值现实转化率。

一个区域绿色生态转化率高,即B_i大,该区域青山绿水指数Q_W越大,说明该区域绿色生态价值实现程度高;一个区域绿色生态变好,绿色生态指数I_{cw}就变大,也会提升绿色生态价值转化,Q_W变大,即说明该区域绿色生态价值实现程度高。

4.2.4 数据来源

- 林地资源、草地资源和湿地资源以及生态服务功能和价值的数据来源于《四川林业和草原资源及效益监测年度报告(2022年)》。
- 自然保护地数据来源于四川省自然保护地优化整合清单(2022年)。
- 城乡绿化绿地面积数据来源于第三次全国国土调查成果。
- 地区生产总值(GDP)来源于《四川统计年鉴(2022年)》。
- 林草产业产值数据来源于四川省林业和草原局林草产业统计数据。

4.2.5 结果分析

4.2.5.1 绿色生态数量指数

绿色生态数量指数(I_a)表征国土空间内林地、草地、湿地、自然保护地和城乡绿地的数量等级,数值越大,表明其绿色的发展空间越大。全省及21个市(州)评价单元的I_a值如图4-5所示。从图4-5可知,全省的I_a值为0.089。雅安市I_a值最高,为0.126,表明具很高的绿色发展空间;其次为阿坝州、攀枝花市、甘孜州、凉山州和广元市,其值高于全省I_a值,表明具高的绿色发展空间;以位于盆周山地为主的巴中、绵阳、乐山、泸州、达州、宜宾、眉山和德阳市7个市(州)的I_a值介于0.08~0.06,也具有较高的绿色发展空间;而位于川中丘陵区和川西平原的广安市、成都市、南充市、自贡市、遂宁市、内江市和资阳市7个市(州)的I_a值在0.05及以下,表明绿色发展空间有限。

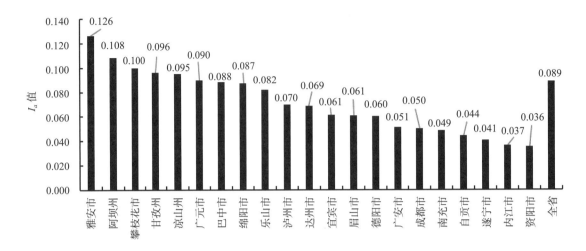

图 4-5 四川省各市（州）绿色生态数量指数（I_a）

4.2.5.2 绿色生态质量指数

森林、自然草地和沼泽湖泊湿地的数量资源、天然林蓄积量资源以及自然保护地设立数量都影响绿色生态质量指数（I_q）值，数值越大，表明其绿色发展质量越高。全省21个市（州）评价单元的I_q值如图4-6所示。从图4-6可知，全省I_q值为0.200。全省21个市（州）中，甘孜州和阿坝州的I_q值在0.2以上，远高于其他市（州），表明绿色发展质量高；其次是凉山州、雅安市和攀枝花市3个市（州），I_q值在0.18以上，表明具有较高的绿色发展质量；I_q值在0.1以上的有绵阳市、乐山市、广元市、德阳市、成都市、达州市、巴中市、泸州市和宜宾市8个市，表明其具有较强的绿色发展质量；I_q值0.1以下的有资阳市、南充市、眉山市、遂宁市、内江市、自贡市和广安市7个市，表明其绿色发展质量较低。

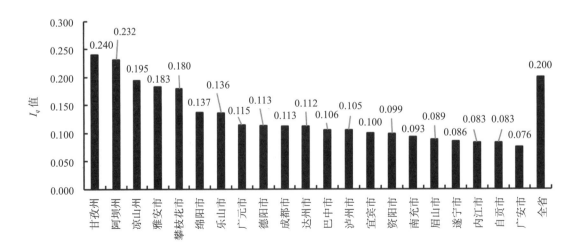

图 4-6 四川省各市（州）绿色生态质量指数（I_q）

4.2.5.3 绿色生态功能指数

森林、草地和湿地等自然生态系统具有保持水土、涵养水源、固碳释氧和生物多样性保育等生态服务功能,是维持和支撑社会经济发展的物质基础。绿色生态功能指数(I_f)是表征自然生态系统发挥的服务功能作用,其数值大小表明绿色可持续发展的潜力大小。全省及21个市(州)评价单元的I_f值如图4-7所示。从图4-7可知,全省I_f值为0.191。全省21个市(州)中,甘孜州和阿坝州的I_f值远高于其他市(州),达1.275以上,其原由是全省天然林、草原、沼泽湿地和自然保护地等生态资源主要分布区,在全省具有最高的生态服务功能和生态价值,绿色GDP在全省最高而GDP最低;I_f值在0.19以上,有雅安市、凉山州、巴中市、广元市、乐山市、泸州市和攀枝花市7个市(州),此7个市(州)位于川西南山地和盆周山地区,具有较高的绿色可持续发展潜力;I_f值在0.19以下,主要为盆地丘陵区和川西平原的绵阳市、德阳市、眉山市、遂宁市、内江市、宜宾市、资阳市、达州市、广安市、成都市、南充市和自贡市12个市,其绿色空间可持续发展的潜力受限。

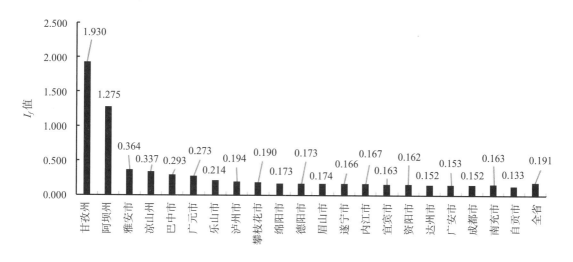

图4-7 四川省各市(州)绿色生态功能指数(I_f)

4.2.5.4 绿色生态指数

绿色生态指数综合了绿色生态数量、绿色生态质量和绿色生态功能,能很好地表征一个评价单元绿色生态空间现状,其数值大小表明绿色生态空间的大小。全省及21个市(州)评价单元的I_{cw}值如图4-8所示。从图4-8可知,全省I_{cw}值为0.480。受绿色生态功能指数影响,全省21个市(州)的绿色生态指数(I_{cw})仍以甘孜州和阿坝州为最高,达1.6以上,表明绿色生态发展空间最大;其次是雅安市、凉山州、巴中市、广元市、攀枝花市和乐山市6个市(州),其I_{cw}值在0.4以上,具有较高的绿色生态发展空间;其余市州的I_{cw}值在0.4以下,其绿色生态发展空间不足。

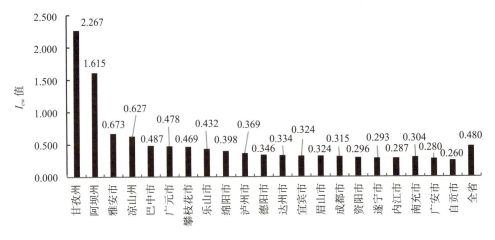

图 4-8　四川省各市（州）绿色生态指数（I_{cw}）

4.2.5.5　青山绿水指数

青山绿水指数表明绿色生态空间的生态价值转化现状。全省及21个市（州）评价单元的Q_w值如图4-9所示。从图4-9可知，全省Q_w值为9.03。全省21个市（州）的青山绿水指数（Q_w）值中，宜宾市、眉山市、成都市、乐山市、泸州市、雅安市6个市的Q_w值高，其值在12以上，表明林草产业发达，生态价值转化高；Q_w值在12以下、10以上的有资阳市、广安市、自贡市、达州市、广元市、巴中市6个市，林草产业相对发达，生态价值转化较高；Q_w值在10以下、5以上的有遂宁市、绵阳市、南充市、德阳市和内江市5个市，林草产业不发达，生态价值转化低；Q_w值在5以下的为攀枝花市、凉山州、阿坝州和甘孜州4个市（州），林草产业极不发达，生态价值转化极低。

从21个市（州）的Q_w值看，与2021年全省各市（州）单位绿色生态空间的林草产值相比较（图4-10、图4-11），除了成都市比较特殊（二产加工业相对集中，其产值较大）以外，总体上反映了各区域的绿色生态转化程度。

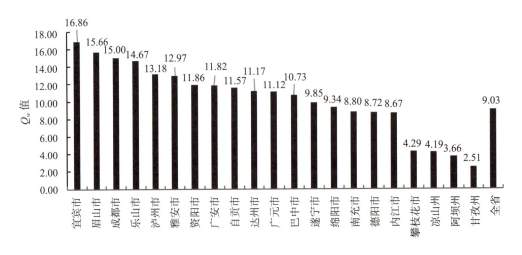

图 4-9　四川省各市（州）青山绿水指数（Q_w）

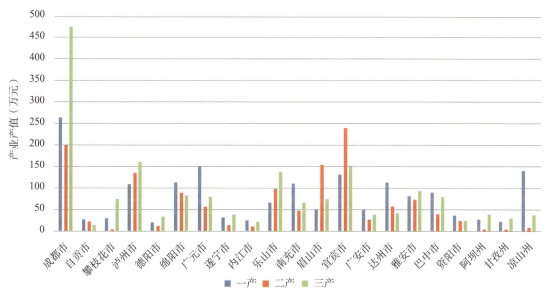

图 4-10 各市州林草一——三产业产值

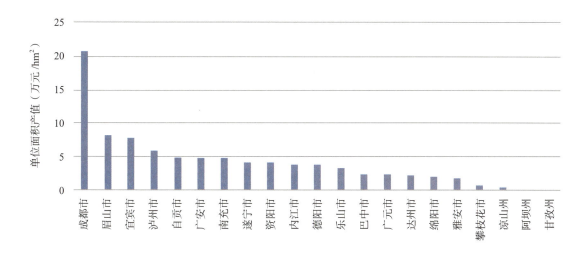

图 4-11 各市州林草产值/绿色生态空间面积的之比

4.2.6 结论和建议

以绿色生态指数为表征的评价单元，川西高原的甘孜藏族自治州和阿坝藏族羌族自治州的绿色生态发展空间最大，绿色生态指数（I_{cw}）在1.5以上；川中丘陵区的资阳市、遂宁市、内江市、南充市、广安市和自贡市的绿色生态发展空间最低，绿色生态指数（I_{cw}）在3.0以下；盆周山地区和西南山地区的绿色生态发展空间介于其间，绿色生态指数（I_{cw}）介于0.32~0.67。

以青山绿水指数为表征的评价单元，川南、川西山地和川西平原的宜宾市、眉山市、成都市、乐山市、泸州市和雅安市的绿水青山可持续发展程度最高，林草产业发展发达，青山绿水指数（Q_w）在12.0以上；川西高原的甘孜藏族自治州、阿坝藏族羌族自治州和川西南山地的绿水青山可持续发展程度最低，青山绿水指数（Q_w）在4.5以下；川中丘陵区、盆周北缘和东缘地区的绿水青山可持续发展程度介于其间，青山绿水指数（Q_w）介于8.0~11.0。

绿色生态是指一定区域内森林生态系统、湿地生态系统、草地生态系统及其生物多样性的总称，是构成陆地生态系统的主体，集生态效益、经济效益、社会效益于一体，是建设和保护自然生态系统的主体，是社会生态产品的最大生产车间，是发展绿色经济的根本，是生态文化的主要源泉和重要阵地，是绿色发展的优势和潜力所在。绿色生态空间则是城乡发展的绿色基底和生态基础，其协同联系"山水林田湖草沙"各生态系统构成生命共同体的主体，是动植物和自然生态多种过程的空间载体，同时也是人类进行社会经济活动的场所，与城乡生态经济社会发展息息相关。绿色生态指数能体现绿色生态空间分布格局，能准确把握区域的绿水青山可持续发展潜力，而青山绿水指数则是基于绿色生态指数的"两山"转化成效，是推进绿色生态优势转化发展优势的考核指标，是政府制定绿色发展的政策依据。

四川位于中国西南，地处长江、黄河上游，地形地貌复杂多样，从川西平原和盆地丘陵区，经盆地山地区过渡到川西北高原和西南山地，气候有亚热带季风气候和高原寒温带等，森林植被、草地和沼泽湖泊湿地资源差异极大，社会经济和工业化发展程度极为不平衡。为便于依据绿色生态指数（I_{cw}）和青山绿水指数（Q_w）作为地方政府考核指标，I_{cw}值按0.1的差异、Q_w值按1~2的差异进行分类，则全省21个市（州）可以分成5级，183个县（市、区）分成10级。

通过对比可以看出，目前全省各县（市、区）绿色生态转化成效差异显著，绿色生态指数高的地区，林草产业发展相对落后，绿色生态转化不足，青山绿水指数较低。绿色生态转化体现在生态服务价值实现过程，从价值形成来看，绿色生态转化强调从生态服务的全生命周期认识其价值创造、转移和分配的价值链过程，从价值链这一视角，可充分理解绿色生态资源向资产、资本转化的内在逻辑。从绿色生态转化及其价值链形成的全过程来看，绿色生态指数（I_{cw}）体现在生产到供给，青山绿水指数（Q_w）体现在供给到消费，经历了两次质的跨越。在生产端，生态系统是生态产品生产的物质载体，其中绿色生态的数量、质量和功能是绿色生态转化的基础；在供给端，政府和市场通过各类要素的投入及优化配置，不断实现绿色生态价值增值；在消费需求端，市场需求量和购买力影响绿色生态品的潜在价值，进而影响绿色生态转化的价值实现程度。

绿色生态是四川最大的财富、最大的优势、最大的品牌，绿色生态转化发展具有得天独厚的基础优势。"绿色发展是高质量发展的底色，新质生产力本身就是绿色生产力。"探索绿色生态转化路径，促进形成新质生产力，是推动"两山"理论转化的核心、建设生态文明的应有之义。不同地区的资源禀赋和经济状况具有明显的差异性，政府部门可以根据青山绿水指数（Q_w），创新强化政策、财税、金融、要素保障，因地制宜探索有效的绿色生态转化路径，构建差异化绿色发展新格局。青山绿水指数（Q_w）较低的地区，在立足区域优良生态环境、绿色生态空间富集的特点，持续增强和扩大生态优势，夯实绿色发展基础，推进生态产业化、产业生态化，积极培育生态功能性新产业、多行业融合新业态、新模式、新场景，提升绿色生态转化的全要素生产率，推进形成新质生产力；青山绿水指数（Q_w）较高的地区，应根据区域发展实际情况增加绿色生态数量、提升绿色生态质量、提高生态服务（生态产品）供给能力，培育战略性新兴产业，创新发展新产业、新业态、新模式、新路径，不断开辟发展新领域、新赛道，持续塑造发展新动能、新优势，为培育绿色发展新动能提供增长极和动力源；大力发展新质生产力，促进绿色发展，建设美丽中国，实现"绿水青山"转化为"金山银山"。

四川绿色生态优势转化发展策略

5

5.1 绿色生态转化的实践案例分析

近年来，全国各地积极探索绿色生态转化路径与机制，国家发展改革委批准丽水和抚州两个国家级试点，生态环境部成立了绿水青山就是金山银山实践创新基地240个，共建成国家生态文明建设示范区七批共572个。自然资源部推出四批共43个生态产品价值实现典型案例，批准江苏等6个省份开展自然资源领域生态产品价值实现试点，积极探索生态产品价值实现的具体路径，并取得了积极成效。

通过国内外资料收集和考察调研，收集了国内外100多个典型案例，进行了重点剖析，系统总结主要做法、典型经验，见表5-1。

表5-1 生态产品价值实现典型案例归纳（张百婷等，2004）

实现路径	实现模式	具体措施	典型案例
政府路径	生态修复与生态补偿模式（资金补偿、生态旅游开发、生态产业扶持）	①构建市场化、多元化、可持续的生态保护补偿机制；②开展生态修复并打造旅游产品；③扶持生态产业	①江苏省徐州市潘安湖采煤塌陷区生态修复及价值实现；②湖北省鄂州市生态价值核算和生态补偿案例；③浙江省杭州市余杭区青山村建立水基金促进市场化多元化生态保护补偿；④美国马里兰州马福德农场生态产品价值实现
市场路径	生态产业化经营+绿色金融模式（形成了立体种养、粮食加工、电商销售、生态旅游、社会化服务等多种产业形态）	①建立森林生态银行；②发展"内源式村集体主导"旅游产业；③开发绿色产业（如农业种植、渔业养殖、产品初加工、本地特色产品销售、生态旅游）	①福建省南平市"森林生态银行"；②云南省元阳县阿者科村发展生态旅游；③宁夏回族自治区银川市贺兰县"稻渔空间"；④吉林省抚松县发展生态产业推动生态产品价值实现
政府+市场路径	全域环境综合整治+生态修复+生态产业开发模式（"生态+工业""生态+光伏""生态+扶贫""生态+旅游""生态+农业""生态+康养""生态+研学"）	①土地综合治理兼顾生态修复，发展多类型生态产业；②开展矿区生态修复并发展生态旅游业；③统筹推进山水林田湖草沙生态保护修复，发展生态农业、旅游业和体育健身等产业；④"政府主导+多方参与+市场运作+可持续发展"的生态修复和产业发展；⑤开展生态治理与建设国家公园；⑥盐碱地生态修复、开发林下复合绿色生态产业，打造生态特色品牌，构建"科技+企业+农户"利益联结机制	①浙江省余姚市梁弄镇全域土地综合整治；②北京市房山区史家营乡废弃矿山生态修复及价值实现；③江西省赣州市寻乌县山水林田湖草综合治理案例；④广西壮族自治区北海市冯家江生态治理与综合开发；⑤东营市盐碱地生态修复治理以及规模化开发经营生态产品；⑥青海省海西蒙古族藏族自治州"茶卡盐湖"发挥自然资源多重价值助推生态产业化
	生态资源指标及产权交易模式（森林覆盖率、地票制度、林业碳汇产品交易）	①开展森林覆盖率约束性指标交易；②地票制度与市场化的"退建还耕还林还草"机制的建立；③开展"林票"制度改革并建立市场化碳排放权交易试点；④政府提供基础数据和制度保障，第三方核算碳减排量，为市场化交易提供技术支持	①重庆市森林覆盖率指标交易；②重庆市拓展地票生态功能促进生态产品价值实现；③福建省三明市林权改革和碳汇交易促进生态产品价值实现；④德国生态账户及生态积分

续表

实现路径	实现模式	具体措施	典型案例
政府+市场路径	生态修复+全域土地综合整治及增值溢价+生态产品经营化模式（文化+生态+旅游）	①推进生态保护与产业发展的融合；融合生态与文化，平衡公益性服务和社会化运营；②打造国家农业公园和农村产业融合发展先导区，进行土地整理和生态修复；③提升区域公共品牌影响力，引导社会资本参与投资	①广东省南澳县"生态立岛"促进生态产品价值实现；②北京城市副中心构建城市"绿心"推动生态产品价值实现；③新疆维吾尔自治区伊犁哈萨克自治州伊宁县天山花海三产融合助推生态产品价值实现；④广西壮族自治区梧州市六堡茶产业融合溢价促进生态产品价值实现
	特许经营+公园导向型开发模式+生态补偿+生态产品经营化模式	①开展生态修复管护并创建国家公园；②山水林田湖草沙综合治理，完善国家公园生态补偿机制，区域公共品牌赋能产品增值溢价	①浙江省杭州市开展西溪湿地修复及土地储备助推湿地公园型生态产品价值实现；②福建省南平市加快武夷山国家公园生态产品价值实现

在国内外开展的生态产品价值实现的典型案例中，政府+市场路径是国内外主要采用的价值实现路径，具体有主流的4种政府+市场路径下的生态产品价值实现模式，分别为：①全域环境综合整治+生态修复+生态产业开发模式。该模式首先要开展土地综合治理与生态修复，并寻求可持续的发展模式，比如大力开发生态产业，如"生态+工业""生态+光伏""生态+扶贫""生态+旅游""生态+农业""生态+康养"和"生态+研学"等多重价值实现方式。该模式要求政府与社会参与方开展紧密合作，实现环境增益与利益共享。典型案例如北京市房山区史家营乡废弃矿山生态修复及价值实现、江西省赣州市寻乌县山水林田湖草沙综合治理以及东营市盐碱地生态修复治理及规模化开发经营生态产品等。②生态资源指标及产权交易模式。该模式要求政府发挥更重要、更积极的作用，为社会各方积极参与提供基础数据与制度保障，而社会各方则需在制度约束下实现市场化交易，典型案例如重庆市拓展地票生态功能促进生态产品价值实现、福建省三明市林权改革和碳汇交易促进生态产品价值实现以及德国生态账户及生态积分等。③生态修复+全域土地综合整治及增值溢价+生态产品经营化模式。该模式的关注重点在于生态修复和土地综合整治后形成的生态产品的价值增值，这种模式更多地要求市场化，通过打造和提升区域知名度及公共品牌影响力，将生态产品的价值最大化。在这一模式下，市场路径占主导，政府路径次之。典型案例有广东省南澳县"生态立岛"促进生态产品价值实现、广西壮族自治区梧州市六堡茶产业融合溢价促进生态产品价值实现以及新疆维吾尔自治区伊犁哈萨克自治州伊宁县天山花海三产融合助推生态产品价值实现等。④特许经营+公园导向型开发模式+生态补偿+生态产品经营化模式。该模式强调建设国家公园，以此种形式实现生态环境保护，并与受益方合作，合理化地进行生态补偿，并在特许情况下，实现生态产品的经营。该模式将由政府主导，市场方参与，实现生态与经济的并行发展。典型案例有浙江省杭州市开展西溪湿地修复及土地储备助推湿地公园型生态产品价值实现、福建省南平市加快武夷山国家公园生态产品价值实现。而在政府路径下，目前主要为生态修复与生态补偿模式，政府通过资金补偿完成区域环境保护，并基于可持续发展目标打造生态旅游产品，扶持生态

产业发展，典型案例有湖北省鄂州市生态价值核算和生态补偿、美国马里兰州马福德农场生态产品价值实现。市场路径下目前已发展并完善了生态产业化经营+绿色金融模式，这种模式完全由市场主导，可形成立体种养、粮食加工、电商销售、生态旅游和社会化服务等多种产业形态，目前典型案例有福建省南平市"森林生态银行"、宁夏回族自治区银川市贺兰县"稻渔空间"等。

综上所述，目前国内外主流的生态产品价值实现路径为政府+市场路径，且国内已经形成了一批有影响力的典型案例。不同的实现模式要求政府和市场的参与程度不同，且针对不同对象，需要有差别地选择生态产品价值实现途径，且不能以破坏生态环境为代价实现更大的经济利益，这就要求政府提供必要的制度保障并发挥监督管理以宏观调控等职能，保证生态产品价值实现的合理化、绿色化和有序化。

5.1.1 国外的典型案例

> **案例：美国湿地缓解银行案例**
>
> 是一种市场化的补偿和价值实现模式，其核心是通过法律明确了湿地资源"零净损失"的管理目标和严格的政府管控机制，并设计了允许"补偿性缓解"的制度规则，从而激发了湿地补偿的交易需求，形成了由第三方建设湿地并进行后期维护管理的交易市场。湿地缓解银行模式既保障了湿地生态功能的平衡，又促进了湿地生态价值与经济价值的转换，是生态产品价值实现的有效模式。

◆ **案例背景**

从20世纪70年代开始，受湿地面积急剧减少、水生资源被破坏等影响，美国联邦政府逐步重视湿地保护。1972年，美国颁布了《联邦水污染控制法》（以下简称《清洁水法》），规定除非获得许可，否则任何主体都不得向美国境内水体倾倒或排放污染物，以严格保护湿地、水体和物种栖息地。1988年，布什政府根据《清洁水法》，提出了美国湿地"零净损失"的目标，即湿地数量和功能在开发建设中不得减少。此后的法律和政策逐步细化了开发者损害补偿的义务，建立了补偿性缓解机制，政府允许开发者用一定数量得到改善（新建、修复或保护）的湿地，去补偿另一块受开发活动影响的湿地，从而产生了大量的湿地补偿需求。美国湿地缓解银行（Wetland Mitigation Bank）是指一块或数块已经恢复、新建、增强功能或受到保护的湿地，是一种市场化的补偿机制，由第三方新建或修复湿地并出售给其他开发者，以帮助后者履行其法定补偿义务，目的是保护湿地、抵消开发活动对自然生态系统的影响。目前，湿地缓解银行已经扩展到溪流修复和雨洪管理等领域，并成为美国政府最推崇的补偿性缓解方式，不仅吸引了大量的私人企业投资参与建设，激励了土地所有权人、社会公众参与湿地保护，还推动了湿地修复技术的进步和湿地修复产业的发展，有效地保障了湿地资源及其生态功能的动态平衡。

◆ 运行机制和具体做法

（1）湿地缓解银行交易需求的培育

美国对生态环境保护法律的制定和严格执行以及"补偿性缓解"原则的确立，是培育湿地缓解银行交易需求的基础。根据美国《清洁水法》第404条的规定，美国陆军工程兵团建立了工程许可审批制度，对任何破坏或损害湿地、水道环境的项目进行审批，以监管对湿地、溪流和河流产生的任何不利影响，这些项目既包括私人部门实施的土地开发，也包括政府部门实施的公共基础设施或军事类项目。在此基础上，美国确定了"补偿性缓解"原则，即政府各部门和企业在项目规划设计阶段，就必须充分考虑其对湿地、河流和其他自然生态系统的影响，并严格遵循"缓解措施优先级别"顺序：首先应尽量避免项目对湿地和河流造成影响；如果避免不了，应该将影响降到最低；如果这些方案都不可行，才能采用补偿性缓解机制，即允许项目开发者采用补偿生态环境损失的方式来抵消损害（如购买湿地信用），并实现湿地资源的"零净损失"。只有当补偿完成之后，才能获得项目开发的许可，由此培育了专门为不可避免的开发提供补偿的湿地缓解银行业务。

（2）各方的权利和责任

美国湿地缓解银行机制基于一个权责清晰的三方体系：政府审批和监管部门、购买方、销售方，后两者构成了市场交易的主体。

——审批和监管部门。主要包括美国陆军工程兵团和环境保护署，前者根据《清洁水法》对破坏湿地、溪流和通航水道的开发项目以及湿地缓解银行项目进行审批，并负责监管湿地银行的设立、建设、出售和长期管理等；后者参与缓解银行项目的审批，并负责跟踪和监测。随着美国湿地缓解银行机制的完善，该类项目一般通过建立"跨部门审核小组"的方式进行审批，小组成员可能会因项目的位置、规模和性质不同而有所区别，除陆军工程兵团和环境保护署外，美国鱼类与野生动物管理局、农业部、海洋渔业局以及各州的相关机构都会提供指导，参与审核和监管。政府部门的权利和责任包括三个方面：制定并执行与缓解银行相关的总体规则和政策，对每个缓解银行进行正式的审核批复，对其生态绩效进行长期监测。因此，政府机构逐步从单一的自然生态执法机构，转变为市场化补偿体系的监督机构，但不干预或影响具体的市场交易行为。缓解银行项目的规划设计、建设维护、定价或交易等，全部由市场主体自行完成。

——购买方。是从事开发活动，对湿地造成损害的开发者，包括个人、企业或各级政府部门（含军事部门）。购买方通过从已经完成的湿地缓解银行中购买湿地信用（对应具有一定生态功能的湿地面积），将其补偿生态破坏的责任以及对缓解银行地块的绩效指标、生态成效进行长期维护和监测的责任全部转移给了销售方。与直接开展补偿相比，这种责任转移机制让购买方的成本更低、获得开发许可的速度更快，不仅是湿地缓解银行持续交易的动力，还有助于政府法律的有效执行。

——销售方。一般是湿地缓解银行的建设者和生态修复公司，包括建立和管理缓解银行的私营企业、地方政府机构、个人土地所有者，以及将缓解银行业务作为投资组合的投资基金或投资公司等。在湿地缓解银行机制中,湿地信用的销售方作为第三方机构,享有对湿地信用进行定价、出售、转让和核销的权利,承担湿地银行的设计、申请、建设、长期维护和监测责任,是湿地补偿责任的实际承担者。除以上各方外,美国的缓解银行体系中还包括其他利益相关方:相关协会(缓解银行协会)、营利性会议组织者(全国缓解和生态系统银行会议)、为缓解银行提供服务的专业法律和咨询机构、专业学术机构、跟踪监测缓解银行的非政府组织等,他们主要承担第三方评估、研究支撑和社会监督等作用。

(3)湿地缓解银行的设计和申请

——湿地缓解银行的基本要素。美国政府规定了建立湿地缓解银行必须包含的四个基本要素。

一是确定缓解银行所在的地点,即修复、新建、增强或保护其生态功能的湿地位置及其物理面积。

二是明确缓解银行的服务区域,即缓解银行能够影响到的地理区域,通常是指一个流域、次流域或较大的物种栖息地,但一般限定在州的行政区域内,依据水系的流域特征进行划分,这有助于通过临近地理区域的修复行动,来补偿开发活动所导致的土地和生物多样性价值的丧失。美国目前规定,除极个别情形外,所有缓解银行的信用额度必须在其设定的服务区域内销售。

三是组建跨部门审核小组,由联邦和州政府相关部门组成,负责每家缓解银行从创建到批准以及批准后一段时间内的全部监督职责。

四是签订缓解银行协议,缓解银行所有者与审核小组共同签订一份具有法律效力的正式协议,其中规定了双方责任、预期达到的生态功能、监测要求、获批信用额度以及相关的法律和财务要求。

——提交缓解措施实施计划并签订协议。在申请阶段,所有湿地缓解银行必须提交"缓解措施实施计划",该计划将作为签订缓解银行协议的重要基础。后者一经签订,湿地缓解银行就宣告成立。湿地缓解银行的实施计划和正式协议通常包含13个部分。

一是缓解银行的修复与保护目标,以及缓解银行的其他用途,如休憩、科学研究等。

二是选址标准和拟定的服务范围。

三是地块保护机制,比如已经签订保护地役权或土地所有权转让协议。

四是拟修复地块的生态基线信息。

五是缓解信用额度的确定方法。

六是缓解银行地块的具体建设计划。

七是维护计划,即在湿地银行监测期间的维护措施和时间表,以确保湿地银行刚建成后的资源持续生存能力。

八是生态绩效标准,用于衡量该项目是否取得了既定的生态成效目标,如详细的水文、水流恢复、物种入侵的清除标准等。

九是湿地信用发放的时间表。

十是监测要求,即该缓解银行项目在监测期间需要跟踪的指标。

十一是长期管理规划，明确在湿地银行建成后，能够永久提供生态服务所需开展的活动，如为其未来的修理、监测和长期运营而预留的资金或设立留本基金。

十二是适应性管理规划，即湿地银行未能达到规定的绩效标准时，所需开展的应急计划和补救措施。

十三是财务保障措施，包括以履约保证金、信用证或意外保险等形式为湿地银行的各项活动提供资金担保。

（4）交易的标准单位、数额和价格

——交易的标准单位。由于受损湿地与待售湿地处于不同地块，具有不同的自然生态特征和生态功能，因此必须确立统一的量化标准才能交易，这一交易的标准单位就是"湿地信用"，它代表的是恢复受损湿地、新建湿地、强化现有湿地的生态功能或保护现有湿地后，增加的湿地面积和生态功能。湿地信用数量的确定一般基于湿地缓解银行的面积和生态评估技术，美国联邦政府确定了评估的总体规则，但是各州可以根据实际有所调整。以佛罗里达州为例，其湿地缓解银行的信用计算包括三个步骤：一是根据湿地的水文地貌分类，判断受损湿地与湿地缓解银行内的湿地是否属于相似类型；二是对湿地的不同功能进行评分，共有湿地物种栖息地、支持食物链、本底物种支撑、维持生物多样性、提供景观异质性、提供通往水体环境的渠道、天然水文变化情况、维持水质、支持土壤过程等9项功能，每项功能按照从0到1的分值进行打分，0表示无此功能（最小值），1表示能够完整地提供该项功能（最大值）；三是计算湿地功能容量指数，即上述9项湿地功能评分的平均值，最后的湿地信用数量为湿地面积与湿地功能容量指数的乘积。环境保护署等部门颁布的指南和美国《2008年缓解银行规程》对湿地生态评估绩效指标进行了细化，以更好地确定受破坏湿地的生态价值，并通过缓解银行对受损湿地进行足额甚至超额补偿，确保实现湿地的"零净损失"，力求实现湿地生态价值的"净增长"。

——可交易湿地信用的确定。湿地信用的交易数量由买卖双方共同确定。一方面，购买方主要考虑三个因素：一是受影响地点是否在拟购湿地银行的服务区域内，湿地信用一般不能在服务区域之外进行交易。二是受损湿地和拟购湿地银行的面积，目前在美国有个别州采用面积比率法来计算拟交易的湿地信用数量，如华盛顿州规定，湿地银行重建1亩湿地可以获得0.5~1个湿地信用（信用转化率为1:1~2:1），增强1亩湿地的生态功能可以获得0.2~0.3个湿地信用（信用转化率为3:1~5:1）。在这种情况下，购买方主要根据受损湿地的面积来购买湿地信用。三是受损湿地的生态功能，美国大部分州采用基于湿地生态功能的半定量评估方法，来确定受损湿地、拟购湿地的生态功能和拟购湿地信用的数量。如前所述，在佛罗里达州，购买方需要购买的湿地信用数量主要取决于受损湿地的生态功能。另外，待售的湿地银行也必须符合审批部门的要求。在完成湿地修复、实施保护措施并达到短期的生态绩效标准后，政府通常允许湿地缓解银行的运营商出售一部分的湿地信用，即生态效益的"提前交付"；但剩余的湿地信用只有当湿地缓解银行完全实现其长期生态成效后才允许销售，这也是对缓解银行进行绩效监测、确保实现预期目标的关键。以佛罗里达州的湿地缓解银行为例，其获取信用的具体节点为：地役权登记记录（15%）、清除外来入侵物种（25%）、完成湿地地理位置分级（40%）和植被覆盖（10%），最后10%的信用是在项目完工并实现第一年（5%）和第二年（5%）的成功管理之后获得的。因此，湿地银行能够出售的湿地信用数量，也将严格按照湿地信用的"核准时刻表"来确定。

——湿地信用的交易价格。湿地缓解银行的买卖是双向的市场交易，湿地信用的价格由卖方（缓解银行经营商）与买方之间的公开交易确定，不受政府的控制或影响。销售方在定价时，一般都会考虑湿地缓解银行的建设成本、预期利润和当前市场情况等因素。美国湿地缓解银行体系的市场化程度较高，其交易行为完全受市场供需情况的影响。实际交易过程中，湿地缓解银行一般在开发活动给湿地带来损害之前就已经建设完毕，目的是存蓄待售。但在湿地信用需求强劲的地区，缓解银行的经营商还可以采取"缓解信用预售"的机制。比如当项目开发者预计未来会需要购买缓解信用时，可以向缓解银行申请预购，后者则可以在政府部门正式核准其缓解信用之前，预售未来信用额度，以便更快地收回成本；湿地缓解银行的运营商也必须确保缓解银行的生态功能并实现约定的生态成效，否则将要承担相应的违约责任。

(5) 长期监管措施

实施长期一致的监测管理是缓解银行获得成功、实现生态成效的关键。美国联邦法规和州级法规规定，所有缓解银行都必须对其生态成效进行监测和绩效追踪，如控制外来物种、维持湿地水源结构、确保湿地用途不改变等。为保证长期监管的有效性，美国在制度设计中运用了三类措施。

一是"抓源头"。在湿地缓解银行提交的"缓解措施实施计划"以及与政府签订的正式协议中，明确规定了生态绩效标准、定期的量化监测计划和监测指标、适应性管理计划等，从一开始就明确湿地缓解银行需要达到的生态成效和采取补救措施的条件。

二是"控节奏"。正式协议中还制定了严格的缓解信用核准时间表，银行运营商通常自行监测或聘请第三方对其生态成效进行核查和验证，并向政府机构报告监测结果。政府将根据缓解银行生态成效和维护状况的监测结果，核准每年或某个时间段内的可用缓解信用额度，防止湿地修复或保护项目"一签了之"或"重建设、轻管护"。

三是"管长远"。美国湿地缓解银行机制强调湿地生态系统的自我恢复和自我运行功能，同时规定所有缓解银行都必须从缓解信用的销售收入中计提资金，设立永久性基金或留本基金，为缓解银行的长期维护和管理提供资金保障。当正式协议中约定的保护期结束后，如果缓解银行受到威胁或破坏，这些基金就能为维权或采取补救措施提供资金，以实现对湿地缓解银行区域的永久性保护。

◆ 主要成效

湿地缓解银行是一种有效的市场化补偿机制，交易的是对湿地补偿和后续维护的责任，也是湿地的生态价值。湿地缓解银行机制既保障了湿地生态功能的平衡，实现了湿地资源的严格保护与有序开发，又通过市场化机制促进了湿地生态价值与经济价值的转换，推动了相关行业的繁荣和经济社会的可持续发展，是生态产品价值实现的有效模式。主要成效具体如下。

一是促进了湿地资源的保护。通过科学界定生态成效和严格遵循"零净损失"的政策要求，湿地缓解银行在修复已退化或被破坏生态系统的同时，能够对等地抵消项目开发所造成的湿地生态功能减少或丧失，保护湿地、溪流、水生生态系统及濒危物种，推动实现政府湿地"零净损失"的目标。

二是有助于法律法规及许可制度的实施。当地方经济发展与就业形势低迷时，政府监管机构常常会受到来自外部的压力，要求放松监管。私营湿地缓解银行的建立，为开发者获得开发许可提供了保障，节约了开发者的时间成本和资金成本，降低了开发项目中的拖延和摩擦，为监管机构实施相关法律标准和补偿要求提供了一个更高效的途径。

三是推动相关产业的发展和生态价值的实现。2010年以来，美国的湿地缓解银行业务每年以18%的速度增长，2016年交易总量达到了36亿美元，每年吸引30亿~40亿美元的私人资金投入基金和企业中开展缓解银行业务，并为投资者提供10%~20%的年度收益，以及为地方政府带来长期稳定的财产税收入（购买土地所有权或地役权）。在缓解银行的推动之下，由生态修复企业引领的技术创新、新型生态修复项目和保护咨询业务不断涌现，促进了大量科学技术和规划专业知识的应用，私营领域环境投资的形式和规模也持续发展，每年通过新增收入和就业为美国贡献了数亿美元的GDP。因此，包括美国在内的一些国家和地区已经将缓解银行列为优先甚至是首选的补偿模式。

> **案例：德国生态账户及生态积分案例** ◆ ◆ ◆
>
> 是一种政府管控与市场交易相结合的价值实现模式，政府以法律形式明确"对自然生态造成的影响必须得到补偿"，形成了由占用者或第三方建立生态账户、获得生态积分并进行交易的市场，其实质是将带有公共品性质、难以进行交易的生态系统服务，转化为可以直接进行市场交易的生态积分或指标，促进生态价值的实现。在生态价值核算过程中，德国不是采用"货币化"的方式度量生态系统服务的价值，而是采用"指数化"的方式将其转化为生态积分，既避免陷入"算多少、值多少"的误区，又为通过市场力量配置生态产品奠定了基础。

◆ **案例背景**

德国是较早重视生态保护并推行生态补偿制度的国家，早在1976年就颁布了《联邦自然保护法》，对保护自然资源、防止侵占、占用者义务、决策优先度、占用补偿标准等进行了规定，首次在联邦层面正式确立了生态补偿的法律地位，让生态补偿成为自然生态系统"占用者"必须履行的法定义务。经过多次修订，2010年新颁布实施的《联邦自然保护法》要求："（因某种原因）对自然生态造成的影响必须得到补偿"，并对生态补偿作出了更具体的规定。

利用生态账户体系（Eco-account System）消除生态影响，是德国生态补偿的一种典型方式。生态账户实际上是一个自然保护措施的"账户"，以可交易的生态积分（Eco-

Points)来衡量,当未来建设项目需要占用自然生态空间、对景观产生破坏并且需要进行生态补偿时,可以使用生态账户中的生态积分来消除负面的生态影响。德国对生态账户补偿模式的探索始于1998年,由各州法律进行具体规定,目前德国许多地区都建立了生态账户体系,有力地推动了生态补偿制度的实施。

◆ **具体做法**

(1)生态积分交易需求的培育

生态积分衡量的是自然生态系统及物种生存空间的生态价值。德国对生态环境保护法律的严格执行以及预先补偿措施的确立,是培育生态积分交易需求的基础。

根据德国《联邦自然保护法》第14条和第15条,所有导致地表形态或土地用途发生变化,或者导致与地层相连的地下水位发生变化的行为,都可能会影响自然生态环境和景观功能,因此都被视为产生了"生态影响"。按照"谁破坏、谁补偿"的原则,造成生态影响的责任主体有义务通过自然保护和景观管理措施,或者以其他替代措施来补偿不可避免的不利影响,如购买生态积分或自行运营生态账户等,以弥补生产活动产生的生态成本,并且需要在建设活动开始前完成补偿措施,才能获得项目许可。

(2)生态账户的创建和使用

德国规定三种情形禁止建立生态账户:完全符合良好农业实践或有序森林管理的土地;仅维持自然和景观现存状态而无法提升生态价值的土地;已参与其他生态补偿项目或开发利用规划的土地。除禁止情形外,地方政府、占用者和第三方机构可以申请创建和运营生态账户,主要步骤如下。

一是制定生态账户规划。

二是与当地有关部门协商,将拟作为生态账户管理的土地计入生态土地登记簿(专门用于登记管理生态用地的GIS数据库)。

三是实施规划,生态账户使用者可在登记后的土地上实施相关生态补偿措施,期间生态系统所发生的质量提升都体现为生态积分的变化;一旦规划的生态提升措施正式实施,生态账户就开始计算利息,年利率为3%,无复利累计,最多累计10年。

四是预计开展一项工程将会产生的生态影响,测算需要补偿的生态积分数额。

五是确定采取生态补偿的具体方式,如果选择生态账户的方式,则从生态账户中扣除补偿数额,并在生态土地登记簿中核销备案。

生态账户的使用者可以用生态积分来抵消未来占用自然生态空间所产生的生态影响,也可以通过市场交易的方式将其转让给第三方。

(3)生态积分的评估

德国每个州都有生态积分的具体评估标准,但评估原则、技术方法都大同小异。其中,巴伐利亚州生态积分评估方法和技术标准比较有代表性,针对物种和生存空间的不同,生态积分的评估主要分为两类:一是对于可根据面积计算和划界的,如农田、灌木等群落及其生存空间,由景观规划师根据自然生态系统的面积和《巴伐利亚州生态补偿条例群落生境名录划归细则》(以下简称《生境名录划归细则》)给出的生态积分来计算,这是主要的评估方式;二是对于无法清楚确定边界或者不能按面积等进行数量评估的,如某些物种的生存空间对栖息地有较高要求或者与其他生物重叠,很难用数量来衡量,则由景观规划师通过定性方式来记录和评估这些特征。根据面积计算生态积分的具体方法如下。

——评估标准。《巴伐利亚州生态补偿条例》将"群落生境"作为生态价值分类评估的最基本要素,群落生境分为价值较高(11~15分)、价值中等(6~10分)、价值较低(1~5分)和无生态价值(0分)四类,其评估标准主要考虑三个因素:一是稀缺性,群落生境越稀缺,其生态价值越高,对应的生态积分越多;二是可替代性,越无法替代则生态价值越高;三是天然性,天然属性越高则生态价值越高。

根据上述因素,《生境名录划归细则》对巴伐利亚州所有的群落生境进行了分类和描述,包括水体、农地、草地、河岸带、沼泽、山地灌木丛、洞穴、岩石、植被较少的裸露区、森林、人类聚居区、工业交通用地等,并对每个结构类型和使用类型的生态价值都给出了对应参考分值。例如,天然山泉的特征为沼泽泉、常流泉(渗水层为黏质、贫钙的土层)或者水质较软的地表泉,评分为稀缺性4分、可替代性5分、天然属性5分,总分为14分,其生态价值较高;道路及机场交通用地的特征为多车道交通用地或机场用地,属于水泥、沥青等硬化不透水路面,稀缺性、可替代性和天然属性都为0,总分为零分,无生态价值。

——评估方法。生态积分总额是评估对象的单位生态积分值乘以相应的面积。景观规划师依据《巴伐利亚州群落生境归类指导方案》《巴伐利亚州生态补偿条例群落生境名录》《生境名录划归细则》等,结合各群落生境的现状、规划用途,评估对应群落生境的参考分值,计算出生态积分。

(4)生态积分交易

生态积分可以在法律允许的范围内进行自愿交易,但不能跨州、跨规划区交易。政府一般会制定生态积分交易的最低价,最终交易价格由买卖双方协商确定。例如,德国下萨克森州埃姆斯兰地区1个生态积分的均价为2.9欧元,其附近区域的均价更高,为3.3~3.5欧元。所有者出售生态账户中的生态积分时,既可以只出售生态措施,保留生态用地,也可以二者打包出售。对于前者,土地所有者必须保障该土地上的生态措施得到有效执行;对于后者,该土地的使用权及其生态措施相关的维护义务则全部由买方承担。

(5)账户监管

政府部门对生态账户的监管措施主要包括:制定景观规划,开展生态账户登记和补偿项目验收,根据项目质量发放对应的生态积分并实行全过程的持续监管;对开展生态账户建设的自然生态空间,从补偿之日起一定期限内不得改变空间用途(比如25年内)。政府主管部门对生态账户补偿涉及的积分评估、预防措施、生态保护措施等进行长期监管,确保生态补偿措施落实到位。

◆ 案例实践

(1)基本情况

巴伐利亚州某农户准备将其所有的一块2000m²的牧草地改为果树林,并向当地主管部门提出了申请，拟建立生态账户并对这一生态措施进行记录。当地政府部门与该农户协商后，要求其种植本地原生的果树树苗，果园内不得使用农药化肥，果树下的草地一年只割草两次。该农户同意了这些要求，并委托景观规划师进行生态价值评估。

（2）价值评估

经现场评估和参考相关数据，景观规划师作出了评估结论：一是原有草地属于集中密集使用的草地，经常收割，因此生物种类较少、生态价值较低，评估值为每平方米3分；二是将规划的果树林栽种当地原生树种，并采取树下草地保持基本原生状态、不使用化肥农药、树叶落地任其自身腐烂等措施，该群落生境可为多种动植物提供生存空间，其生态价值中等，评估值为每平方米10分。该农户的生态措施预计可以获得的生态积分为：2000 m^2 × （10-3）分/m^2=14000分。

（3）账户使用

8年后，该农户账户中生态积分为17360分，包括获得的3360分利息（年度单利为3%，8年共24%）。该农户计划建设一个大仓库，生态补偿需求为9000生态积分，将直接从生态账户中进行扣除，扣除后该生态账户剩余8360分。

◆ 主要成效

一是改善了自然生态环境。通过建立和实施生态账户制度，推动了一定区域内生态价值"占用"与"补偿"的动态平衡，提高了生态系统的稳定性和生态环境的保护水平，为增加生态产品供给、实现区域内"生态环境质量不降低甚至还有所提高"奠定了基础。

二是探索了生态系统服务的价值核算和评价。德国在建立生态账户体系的过程中，生态积分的确定是一个关键，其实质是对生态系统服务的评价和价值核算。德国并没有对生态系统服务这类公共品采取"货币化"的价值核算方法，而是着眼于政府管理和市场交易的需求，将生态价值"积分化"，也就是不同的生态系统及其价值对应不同的积分，生态积分的价格交由买卖双方和具体的市场交易来决定，这既避免陷入"算多少、值多少"的误区，又为通过市场力量配置生态产品奠定了基础。

三是有效促进了生态产品的供给及其价值实现。作为一种政府规制与市场配置相结合的方式，德国将生态账户运用于生态补偿和生态保护修复领域，有利于调动市场力量参与生态产品的供给。生态账户制度不仅让占用者支付了一定的生态成本或者进行了生态补偿的实际行动，还让保护者享有优化生态环境的经济收益，厘清了政府与市场在生态保护中的定位，形成了"保护者受益、使用者付费、破坏者赔偿"的利益导向，为建立可持续的生态产品价值实现机制创造了必要的条件和激励。

澳大利亚新南威尔士州生物多样性（银行）补偿案例，是国际上最早专门针对生物多样性的市场化补偿机制。该州于2008年启动生物多样性和补偿计划，在2017年《生物多样性保护法（2016）》实施后得到了进一步完善。推出生物银行信托基金，以交易所的形式管理和分配生物多样性相关的资金和收益，形成了生物多样性银行。该银行由州政府负责实施、运行与监管，土地管理者（生物多样性收益的出售者）负责管理，其信用评估方法是统一的，由政府开发的计算器进行信用计算。

国外生态补偿的典型案例包括美国的绿色偿付、哥斯达黎加的国家森林基金、欧盟的生态标签认证、德国的跨流域国际生态补偿和区域横向转移支付、厄瓜多尔的流域水土保持基金，等等。

5.1.2 国内的典型案例

通过对我国生态产品价值实现相关实践研究的总结归纳，可以发现学者们更多地集中于国家政策试点地区及流域、矿山和自然资源等特定资源领域的实践研究，还有部分学者从乡村振兴和民族地区发展角度对生态产品价值实践开展研究。

（1）试点地区生态产品价值实现的相关案例研究

2017年10月12日，中共中央、国务院印发《关于完善主体功能区战略和制度的若干意见》，确定江西、贵州、青海和浙江四个省份作为生态产品价值实现机制的试点。目前，四个省份的试点工作已取得了积极进展和初步成效，学者们基于四个省份的生态产品价值实现实践开展了系列研究，成果颇丰。李芬等（2017）对我国三江源地区的生态产品价值，以农产品、干净水源、清新空气等作为指标开展了核算。詹小丽（2021）等从国土空间规划视角对浙江省生态产品价值实现开展研究，认为国土空间修复与生态产品价值实现相辅相成。还有很多学者基于"丽水模式"对浙江省生态产品价值实现开展了研究。吕军（2021）以江西省婺源县打造生态产品价值实现的篁岭古村为案例，介绍江西省古村生态产品价值实现的机制创新和成效。吴承坤（2022）从开展碳达峰碳中和行动，破解"度量难""交易难"，突破"变现难""抵押难"等方面对贵州省的生态产品价值实现工作进行总结。

（2）流域生态产品价值实现的相关案例研究

流域是生态产品价值实现的研究重点。雷硕等（2022）开展了长江流域生态产品价值实现机制与成效评价研究，并对长江流域进行生态产品数据分析、价值核算。还有学者从长江经济带的视角对生态产品价值实现进行研究，冯俊和崔益斌（2022）对长江经济带生态产品价值实现进行思考，认为长江经济带生态产品价值实现意义重大但任务艰巨。郭晗等（2021）认为，黄河流域生态产品价值实现研究更多是生态保护和生态修复及生态补偿方面。杜林远（2022）以湘江流域为例，分析目前流域生态产品价值实现存在的障碍因素，从政府、市场与社会主导三个方面对国外流域生态系统服务付费实践进行深入研究，并借鉴国外付费实践经验，提出推动湘江水资源资产产权制度改革、完善湘江生态产品价值实现机制与市场体系，以及深化产业生态化与生态产业化的流域生态产品价值实现路径。

（3）自然资源和生态环境领域生态产品价值实现的相关案例研究

自然资源部门和生态环境部门的具体案例进一步扩展了生态产品的研究内容。国内学者针对不同的自然资源和生态环境要素开展了较为全面的研究，成果丰富。一是自然资源领域研究成果。于丽瑶等（2019）主要围绕森林生态产品价值的实现机制进行探索；还有一些学者则是围绕海洋领域生态产品价值进行研究。叶芳等（2022）基于海洋生态产品的定义和特征,分析海洋生态产品价值实现的演化逻辑,结合典型模式探索海洋生态产品价值实现路径,对破解我国海洋生态产品价值实现的现实困境提出机制构建建议。陈雅茹等(2023)进行了政府特许经营制度下国家公园生态产品价值变现调研;臧振华等(2021)开展了国家公园体制试验区生态产品价值实现探索研究。二是生态环境领域研究成果。张丽佳等(2021)开展生态修复机制与路径研究,助力生态产品价值实现;陈明衡等(2021)关注生态产品价值实现的金融支持。韩宇等(2023)针对生态产品价值实现的市场化路径建立了"生态修复对象-生态产品类型-近远程效益-投资方式"为分析步骤的生态修复市场化投入逻辑框架。高艳妮等(2022)对国内外矿山生态修复的生态产品价值实现经验进行了归纳总结,提出废弃资源利用、指标权属交易、新型产业导入是矿山生态修复价值实现的主要模式,要素整合、区域统筹、产业融合是主要路径;指出各地区在实施矿山生态修复过程中通常结合自身实际采取多模式、多路径组合的方式推进,以达到资源的多元利用与生态、社会、经济效益的多重显化;并认为我国依托矿山生态修复的生态产品价值实现还处于起步阶段,应进一步加强顶层设计,不断完善成效评价标准体系和制度体系,推动修复矿山生态产品价值更加有序高效转化。

(4)边疆地区和乡村振兴领域生态产品价值实现的相关案例研究

学者们还从很多不同视角对生态产品价值实现做了大量研究。一是部分学者关注边疆地区的生态产品价值实现。王兴华(2014)开展了我国西南地区生态产品价值实现研究,对西南地区的生态产品生产能力现状和存在的问题进行梳理,运用数据支撑对西南地区生态产品生产提出建议,并以云南省为例,对西部民族地区生态产品生产能力进行研究。同时,还有学者研究了西南地区公共生态产品生产现状,孙爱真等(2015)提出西南地区公共生态产品的数量和质量总体较好,但是存在供给结构性失衡问题。学术界对东北边疆地区生态产品价值实现也有研究。杨玉文等(2022)对东北边疆地区重点生态功能区内生态产品价值进行统计和估算,探究存在的不足,并提出相应对策。二是学者们对于乡村振兴领域的生态产品价值实现有所关注。杨世成和吴永常(2002)关注乡村生态产品价值实现。还有很多学者在"双碳"视阈、乡村振兴视阈、马克思主义生态学视阈下对生态产品价值实现开展研究。王宾(2002)在共同富裕视角下探求生态产品价值实现。

案例:福建三明市林权改革和碳汇交易促进生态产品价值实现

三明市森林资源丰富,林业"碳票"(图5-1)拓宽了三明森林资源的生态价值实现渠道。作为全国集体林权制度改革的策源地,三明为全国集体林权制度改革探索出许多好经验、好做法,特别是在集体林的碳汇价值实现方面走在全国前列。早在2010年,三明就率先在全国营造了首片企业碳中和林。目前,全市已实施林业碳汇项目12个,面积118万亩,其中成功交易4个项目,交易金额1912万元。三明市林业局副局长告诉记者,"碳票"和林业碳汇项目既有区别又有联系。按照目前的林业碳汇项目方法学,生态公益林、天然林、重点区位商品林等都不能开发林业碳汇项目。而"碳票"的开发主体则宽泛很多,只要是权属清晰的林地、林木都可以申请"碳票"。另外,"碳票"针对森林自然生长条件下每年的净固碳量,而碳汇项目则指的是每年新增的额外碳储量。

在三明,和"碳票"形成互补的还有"林票"。这是三明在2019年推出的一项创新举措。沙县区夏茂镇的家庭林场主洪集体承包了2000多亩林地,种植油茶,发展林下经济。2019年,他领到了4张"林票",并以此质押获得20万元贷款。"林票"是对山林未来收益的提前兑现。目前,三明已经制发"林票"总额1.12亿元,惠及5.99万人,人均获得现值744元"林票",163个试点村每年村集体可增收5万元以上。

"林票"和"碳票",是三明对生态产品价值实现机制的探索,也是对集体林权制度改革的深化。这两张"票"架通了"绿水青山"通往"金山银山"的桥梁。推出"碳票"只是一个开始。"碳票"有创新性,更全面地反映了森林固碳释氧的功能,有利于盘活林业资源。三明已被国家林业和草原局列入全国林业改革发展综合试点,探索生态产品价值实现机制是试点任务之一。

图 5-1 福建三明"碳票"

◆ **案例背景**

福建省三明市森林资源丰富,森林覆盖率达到78.73%,集体林占比高,是我国南方重点集体林区、全国集体林区改革试验区和福建省重要的林产加工基地。

近20年来,三明市认真践行绿水青山就是金山银山理念,发挥森林资源优势,深入推进集体林权制度改革,探索实践了林票、林业碳汇等价值实现路径,逐步打通森林生态价值转化为经济价值的渠道,实现了生态环境保护与经济发展协同共进。

◆ **具体做法**

一是推进集体林权制度改革，建立产权清晰的林权制度体系。2003—2005年，三明市用两年多时间基本完成了集体林权承包经营，并推动林权发证及配套改革，保障了人民群众的财产权利和合法权益。不动产统一登记以来，三明市持续推进林权制度改革，释放政策红利：规范林权类不动产登记，组建林权权籍勘验调查小组，调整充实乡镇自然资源所力量，建立林权纠纷联合调查处理机制；建立林权登记信息共享平台，强化林权登记与管理衔接，进一步明晰产权；探索林权"三权分置"改革，明确林地所有权，落实农户承包权，放活林地经营权，在全国率先颁发林地经营权证书，赋予经营权人在林权抵押、享受财政补助、林木采伐等方面权益；制定林权流转管理、合同管理、承包经营纠纷调处、林权收储等制度，促进林地经营权流转；推动林业多元经营，发展大户经营、合作经营、股份经营等模式，培育家庭林场、股份林场、林业专业合作社等新型经营主体，破解"单家独户怎么办"的问题，逐步形成林地集体所有、家庭承包、多元经营的格局；推动林业领域金融创新，创新推出林权按揭贷和"福林贷"等普惠林业金融产品，拓宽林业多元化投融资渠道。

二是推动"林票"制度改革，激发林农活力，促进林业规模化产业化发展。2019年，为解决林权"碎片化"和林农缺乏技术、资金导致造林成活率低、林分质量下降等问题，三明市制定了《林票管理办法》，探索了以"合作经营、量化权益、市场交易、保底分红"为主要内容的林票改革试点，引导国有林业企事业单位与村集体或林农开展合作，由国有林业企事业单位按村集体或个人占有的股权份额制发林票。

林票共有四种模式，对现有林采用出让经营、委托经营模式，对采伐迹地采用合资造林、林地入股模式。其中，出让经营模式是由国有林业单位出资购买村集体或林业大户现有林的部分股权（事先经过价值评估），剩余股权量化成林票；委托经营模式是由村集体或林农将现有林委托国有林业单位经营管理，双方约定分成比例，再将收益量化成林票；合资造林模式是由双方在采伐迹地共同投资造林，村集体投资部分再量化成林票；林地入股模式是由村集体以采伐迹地的经营权入股，国有林业单位负责投资，双方约定林木采伐利润的分成比例，村集体收益量化成林票。林票作为股权收益凭证，可以由村集体或个人持有到合作结束并按股权分配收益，也可以通过抵押贷款、市场交易、转让等方式变现。同时，省属国有林场对其发行的林票提供"兜底兑现"，如果林票持有者拟退出合作，林场将按林票投资额加上3%的年化利率予以回购，以控制风险，保障林农利益。

三是探索林业碳汇产品交易，推动林业碳汇经济价值实现。2010年开始，三明市按照国际通行的"额外性"要求，探索开展林业碳汇产品交易，主要通过人工经营提高森林固碳能力，再将经过核证签发的森林碳汇量，有序转化为林业碳汇产品，借助碳排放权市场或自愿市场进行交易。

开展国际核证碳减排（VCS）项目交易，2016年，三明市永安市完成注册VCS森林碳汇项目面积11.1万亩，实施期限20年（2010—2029年）；2021年3月，VCS项目第一监测期21万t碳减排量和第二至四监测期的预计减排量78.5万t被成功交易。开展福建林业碳汇

（FFCER）交易，利用全国碳排放权交易试点的契机，福建省将林业碳汇产品作为碳排放权市场的交易标的之一，试点中纳入控制碳排放范围的企业，如果其实际碳排放量超过配额，可以购买其他控排企业剩余的碳排放权配额，或者购买经过核证的森林碳汇量等自愿减排核证减排量进行抵消。2018年，将乐县金森公司和尤溪县鸿圣公司共完成31.7万t FFCER碳减排量交易，成交金额423万元。探索林业"碳票"，创新林业碳汇价值实现渠道。2021年3月，三明市探索构建林业"碳票"制度，采用"森林年净固碳量"作为碳中和目标下衡量森林碳汇能力的基础，对符合条件的林业碳汇量签发林业碳票（单位为t，以二氧化碳当量衡量），并享有交易、质押、兑现等功能，鼓励在三明市举办的赛事演出等大中型活动，优先购买林业碳票以抵消其碳排放量。开展林业碳汇质押贷款，开发以林业碳汇收益权质押的"碳汇贷"等绿色金融产品，以碳汇项目的预期收益作为信用基础进行贷款，促进林业碳汇产品的价值实现。2021年3月，福建金森公司以4252hm^{2}碳汇项目中未销售的林业碳汇收益权进行质押，贷款100万元并用于森林抚育、林分改造、护林防火等，盘活了企业资产。

◆ **主要成效**

一是推动集体林权制度改革，维护群众切身利益。经过20余年集体林权制度改革的努力，三明市顺利完成了明晰产权的改革任务。截至2021年5月，全市累计发放林权权属证书67.5万本，林地登记发证率98.7%；林权登记纳入不动产统一登记以来，全市共办理各类型林权类不动产登记4.11万宗，涉及面积368.5万亩，集体林地家庭承包的基础性地位得到巩固，森林生态保护红线得到强化，广大林农的财产权利得到充分保障，真正实现了"山定权、树定根、人定心"，为促进林业发展、林农增收和林区繁荣奠定了坚实基础。

二是提高生态产品供给，擦亮绿色发展底色。随着林业改革的深入推进和森林资源价值的不断显化，进一步增强了村集体、村民、林业经营主体等开展育林造林和生态保护的积极性，三明市"十三五"时期共造林绿化109.1万亩，实现了全市范围内的增绿扩绿，森林负氧离子平均浓度是全国平均值的3.4倍；森林资源持续增长，生产力不断提升，2019年全市森林覆盖率78.73%，较2015年提高1.5个百分点，森林蓄积量1.87亿m^3，较2015年1.62亿m^{3}增加2500万m^3；森林生态功能逐步增强，全市分布有高等植物267科1062属2843种，陆生脊椎动物30目102科594种，是福建省生物多样性最丰富的区域之一。

三是打通"两山"转化通道，促进生态价值实现。全市林权交易得到蓬勃发展，共流转林权5738起，交易额18.3亿元；各类经营主体不断发展，全市形成林业经营组织3019家，经营面积占全市集体商品林地的62%，平均每家经营规模达3458亩。全市193个村开展了"林票"实践探索，涉及林地面积12.4万亩，惠及村民1.44万户6.06万人，所在村每年村集体收入可增加5万元以上，推动林业适度规模经营，提高森林生态产品供给能力和价值实现水平，实现国有、集体、个人三方共赢。林业碳汇经济价值逐步显现，实现交易金额1912万元，林业碳汇产品交易量和交易金额均为全省第一。绿色金融蓬勃发展，全市办理林权抵押登记1.6万宗，抵押金额77.3亿元，累计发放各类林业信贷172.25亿元、贷款余额27.6亿元，占全省一半以上。2020年，全市林业总产值1213亿元，已成为三明市最大的产业集群，有效盘活了沉睡的林业资源资产，打通了森林资源生态价值向经济效益转化的通道，推动形成"保护者受益、使用者付费"的利益导向机制，实现了生态美、产业兴、百姓富的有机统一。

> **案例：浙江省淳安县：探索"生态银行"绿色金融模式** ◆ ◆ ◆
>
> 淳安县地处浙江西部，集山区、库区、老区于一体，由中低山、丘陵、小型盆地、谷地和千岛湖组成，其中山地丘陵占80%，水域占13.5%，盆地占6.5%，素有"八山半田分半水"之称，是华东地区的生态屏障和水源地，全县森林覆盖率76.84%，林木蓄积量居浙江省第一。立足一流、丰富的生态资源优势，淳安探索公益林补偿收益权质押贷款新模式，发行生态环保政府专项债券，开展"两山银行"改革试点，将现代金融的理念、运作模式与以绿水青山为标志的生态资源保护和开发有效结合起来，实现生态资源向生态资产、生态资本转化，绿水青山就是金山银山实践创新基地建设取得积极成效，成为后发县中的先行县。

◆ **主要做法与成效**

（1）探索公益林补偿收益权质押贷款新模式

面对淳安山林资源丰富，但绝大多数村集体实力薄弱，单村单户难以发挥资源优势的现状，2017年，淳安县率先在里商乡石门村开展公益林补偿收益权质押贷款试点，利用村集体统管山30%公益林补偿收益权作质押，贷款230万元用于建设当地宰相源乡村旅游基地，当年就为村集体经济创收27.6万元，为全县消薄增收打开了新渠道。在试点成功经验基础上，按照"整县整合、抱团发展"思路，整合全县生态公益林资源，以全县402个村生态公益林补偿收益权集体留存部分作为授信基数，向淳安县农商银行质押贷款，成功融资2.5亿元，由政府国有公司统一代管运作融资所得资金，并最终选定投资资金风险低、收益持续有保障的"淳安'飞地经济'西湖区千岛湖智谷项目"，2019年该项目带动村集体消薄增收近4000万元，平均每村增收10余万元，有效缓解了项目前期融资和村集体消薄增收"两难"问题，真正达到了资源变资产、资产变资本良性转化目的，有效实现村集体从"输血"到"造血"的可持续发展。

（2）发行生态环保政府专项债券

千岛湖配水工程实施后，为提升千岛湖水资源环境，确保杭嘉地区饮水安全，淳安县启动实施包括土地整治复绿、沿湖生态修复与环境提升工程、农业及农村面源污染防治、河道综合治理工程、矿山治理和生态修复、水源地保护与建设等在内的全域生态环境治理工程，项目总投资13.1亿元。淳安将预期可实现的水资源转化收益作为偿还来源，以发行生态环保政府专项债券的方式筹集到资金10亿元，统筹用于开展生态环境综合治理项目，实现了水产品的资源向资金转化，形成从生态资源转化为资金又反作用于提升生态环境的良性循环，探索出水资源这一生态产品价值转化的道路，实现社会效益、生态效益和经济效益多方共赢。

（3）开展"两山银行"改革试点

2019年10月，淳安县成功列入浙江省11家县级生态系统生产总值（GEP）核算试点之一，在完成GEP核算的基础上，创新探索开展"两山银行"改革试点。通过"两山银行"改革试点，把碎片化的生态资源进行规模化的收储、专业化的整合、市场化的运作，探索试点绿色金融产品创新和生态产品价值转化路径，加速实现生态资源向生态资产、生态资本转化，争取实现生态价值的可量化收益和综合化效益，从而加快打通绿水青山向金山银山转化的通道。

一是构建专业运营平台。通过查清各类自然资源的类型、边界、面积、数量、质量等，明确所有权主体、划清所有权界线，由不动产登记机构实施登记，逐步汇总形成全县自然资源登记数据库。以县级生态资源资产经营管理平台公司为主，进行产权收储和资源提升、资源测量和动态管理、资源价值评估、资源项目增信、资源打包提升和市场交易、全过程风险控制。通过新建、整合、嫁接等手段，在乡镇、村集体成立县级生态资源资产经营管理平台公司的子公司、分平台，形成县域生态资产运营管理体系，构建生态资源的"调查—评估—管控—流转—储备—策划—提升—开发—监管"全过程工作机制（图5-2）。

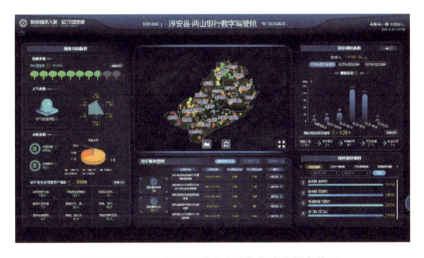

图5-2 "两山银行+城市大脑"数字化服务体系

二是创新完善配套制度。建立基于调节服务功能量（水源涵养和水土保持）核算结果为依据的总量控制制度，试行重点乡镇之间调节服务功能量交易，提升县域内政策间、乡镇间的协调性，集聚政策效应，促进绿色发展。强化农村承包地经营权发证，推进有序流转、规模化经营。建立农村集体经营性建设用地入市配套制度，推进集体建设用地使用权转让、出租、抵押交易。创新绿色消费、科技研发、生态农业等领域的绿色信贷、绿色金融产品，鼓励开展绿色金融资产证券化。建立生态产品价值实现引导基金，探索定向扶持生态产品价值机制。建立企业和自然人的生态信用档案、正负面清单和信用评价机制，将生态信用行为与金融信贷、行政审批、医疗保险、社会救助等联动奖惩。

三是开辟畅通转化通道。建设"千岛湖"区域性公用品牌体系，构建覆盖全类别、全产业链产品标准体系和管理标准体系。利用淳安空气清新、水源清洁、气候适宜的生态优势，培育招引环境适应性先进制造业，推动工业精致发展。多渠道、多层次、多形式开展生态产品的推广与宣传，推动生态产品全面发展。

四是健全提效支撑体系。基于周边高速、高铁线路与内部交通网络微循环，打造快进慢游的交通体系。建设涵盖生态产品产前、产中、产后各个环节的"千岛湖"生态大数据平台，提高生态产品生产管理决策水平，赋能生态产品，提高溢价。聚焦生态产品价值实现、前沿生态技术研究等方向，推进"两山"创新型复合人才培养。建立国际组织、科研机构落户的鼓励引导机制和产学研合作机制，引导知名创新企业设立研发机构，增强智力赋能。

◆ **经验启示**

淳安县通过全覆盖推进公益林补偿收益权质押贷款，将未来可预期补偿收入转化为眼前的资金收入，以异地发展资本化运作的方式，为村集体可持续发展、低收入农户增收"造血"；以预期水环境治理产生的优良生态产品预期收益，发行生态环保政府专项债券，解决生态环境治理的资金来源；在开展生态系统生产总值（GEP）核算基础上，创新探索"两山银行"改革试点，把碎片化的生态资源进行规模化的收储。淳安盘活"生态资本"变身"富民资本"，打通了"绿水青山"向"金山银山"的转化通道，为山林资源和水资源丰富地区践行绿水青山就是金山银山理念提供了淳安样本。

案例：黑龙江省伊春市国有林区绿色生态转化

伊春因林而生、因林而兴，是中国重点国有林区、国家重点生态功能区，素有"祖国林都""红松故乡""天然氧吧"的美誉。

2016年，党中央对伊春的转型发展提出了一系列要求，指出"生态就是资源、生态就是生产力"，作出"让老林区焕发青春活力"嘱托，为伊春描绘出人与自然和谐共生的现代化美好图景。伊春市以贯彻落实党中央重要指示为动力，进一步坚定了绿色化转型发展的道路自信，扬长避短、扬长克短、扬长补短，深入推进"五大生态产业"发展，努力让老林区焕发青春活力。为深入践行"绿水青山就是金山银山，冰天雪地也是金山银山"理念，扛牢维护国家生态安全的责任，2021年12月，伊春市人大常委会会议审议决定，将每年5月23日设立为"伊春生态日"。让"伊春生态日"系列活动成为引领性、示范性节日，不断提升全民生态保护意识，推进中国式现代化伊春实践。

◆ **伊春市生态优势**

伊春位于黑龙江省东北部，小兴安岭贯穿全境，是全国重点国有林区、中国最大的森林城市，生态优良，资源富集，素有"祖国林都""红松故乡""恐龙之乡""天然氧吧""立体资源宝库"之美誉，推进绿色生态转化发展的优势得天独厚。林业施业区面积400万hm^2，森林总蓄积3.03亿m^3，森林覆被率高达84.4%，拥有亚洲面积最大、保存最完整的天然红松原始林群落,是世界面积最大的原始红松母树林。年平均气温1℃左右,夏季平均气温20℃。空气质量二级以上天数为365天,负氧离子平均达到每立方厘米2.7万个,林间达十几万个,是大都市的数十倍甚至上百倍。

境内702条河流环绕山行,没有任何污染。北温带针阔混交林及蕴藏其间的野生动植物资源,构成了特有的物种多样性,4万km^2大森林中,栖息着珍稀野生动物434种;有五味子、人参、平贝等野生药材600多种,其中列入国家药典的就有90多种,总储量占黑龙江药材资源的30%以上;有野生植物1390多种,山野菜、山野果年允采、允收量高达上百万吨。

伊春的旅游资源丰富而大美,境内山川秀美、林草丰沛、花木葱茏、松涛悠扬,群山翠染、层林碧透,是祖国北方重要的生态屏障,也是天下游客倾情奔赴的旅游胜地。春天,冰融雪消,杜鹃盛开,繁花似锦;夏天,悠山美树,紫雾清溪,千山叠翠;秋天,层林尽染,姹紫嫣红,霜叶如花;冬天,雾凇岚霭,雪玉冰清,美轮美奂。

中国第一具恐龙化石就出土在伊春嘉荫龙骨山,小兴安岭又是清王朝划定的"皇家龙脉",伊春因此被称为"龙兴之地"。同时,伊春还是"中国木艺之乡""北红玛瑙之乡",所产北沉香、北红玛瑙等艺术品独具文化魅力。

近年来,伊春相继荣获中国优秀旅游城市、国家园林城市、中国幸福城市、中国六星级慈善城市、世界十佳和谐城市、国家创建新能源示范城市等多项殊荣,也是国家卫生城市、国家"长安杯"城市、全国商业信用环境优秀城市。

◆ **伊春绿色生态转化借势发力**

2023年5月23日,以"建设人与自然和谐共生的现代化"为主题的第二届"伊春生态日"系列活动在黑龙江省伊春市启幕。活动由省生态环境厅、伊春市政府、中国林业产业联合会、中国林学会、国家林业和草原局林业生态经济发展国家创新联盟、伊春森工集团等单位联合主办,由生态环境部宣传教育中心指导。第二届"伊春生态日"活动内容丰富,包括国际生物多样性日黑龙江省主题宣传活动、首届森林防火高级专家(伊春)学术交流、2023"两山"财富研讨会等多项内容,旨在加快推进伊春国家生态文明示范区建设,巩固扩大生态文明建设成果,让"伊春生态日"系列活动成为引领性、示范性节日,不断提升全民生态保护意识,推进中国式现代化伊春实践。

伊春市以此次活动为契机,牢记嘱托、感恩奋进,牢固树立绿色发展理念,科学把握"森林是水库、粮库、钱库、碳库"定位,坚决扛起维护国家生态安全重大政治责任,坚定走好生态优先、绿色发展之路,努力打造践行习近平生态文明思想的"伊春样板"。

◆ **伊春绿色生态转化成效显著**

"中国林都"伊春在绿色转型发展中牢记"让老林区焕发青春活力"的政治嘱托,立足生态保护与转型发展,以新发展理念为引领,推动生态资源优势向发展优势转化,向森林要碳库,打造"森林碳汇城市";向旅游要品牌,打造"森态旅居城市";向林下要空间,打造"践行大食物观先行区",伊春高质量转型发展迈出铿锵步伐,为筑牢北疆生态屏障砥砺前行,奏响了生态优先、绿色发展的交响曲,铺陈着生态建设持续发力、职工生活水平不断提高的幸福画卷,一片绿岭青山见证了"林区三问"——林区经济转型发展怎么样？林区生态保护怎么样？林场职工生活怎么样？的新答卷。

——从独木经济到百花齐放，从转产安置到焕发活力。"中国林都"伊春曾历经从停止森林主伐、率先全面停伐的阵痛，到艰难转型、迈入生态文明建设的新时期。近年来，伊春着力提升城市功能品质和文明内涵，让城市的"颜值"和治理能力得到有效提升。建设"森态旅居"城市，用"伊春模式"赋能文旅项目，持续打造高品质旅游节点和旅游打卡地，建设中国生态康养旅游目的地，助力乡村、林场"双振兴"。建设现代林业生态体系示范地，走出了一条生态美、产业兴、百姓富的绿色发展之路。通过推行林下种植养殖、开展森林食品精深加工、开发森林生态旅游市场等多项措施，伊春终于大步跨出了"独木经济"范式，确立了"生态立市、旅游强市"的发展定位，深耕主业、并举多业、培育新业，做优做强森林生态旅游主业，推进农林特色产业一体发展，推动数字经济、生物经济、冰雪经济、创意设计赋能升级传统优势产业，更好地把生态资源优势转化为产业优势、经济优势、发展优势。2022年，加快推进"兴安岭生态银行"试点建设，黑龙江省首例森林碳汇签约仪式在伊春举行，标志着黑龙江省在推进生态价值转换上迈出新的步伐，为实现"双碳"目标做出伊春贡献。

从独木经济到百花齐放，从转产安置到焕发活力，从传统业态到互联网+模式，伊春一直走在生态发展的路上，走出了一条生态美、产业兴、百姓富的绿色发展之路。

——凝心聚"绿"，让绿水青山成为发展之力。依托得天独厚的生态旅游资源和"中国优秀旅游城市"品牌，伊春正在全力打造"中国全域旅游示范区"。目前，全市已建成各级各类景区、景点100多处，国家A级以上景区30处，其中，国家AAAA级景区11处，国家AAAAA级景区1处（汤旺河林海奇石风景区）。推窗见绿、出门即景，好山好水好空气是大自然赋予伊春的独特魅力。伊春与京津塘、长三角、珠三角等地20多个城市的300多家旅行社建立了合作业务，大力推动文旅融合，重点启动了"四千行动计划"，即千名作家画兴安，千名书法家书兴安，千名作家写兴安，千名摄影家拍兴安。"伊春生态日""悬羊峰帐篷节""中国伊春·蓝莓公主大赛""首届黑龙江伊春森林露营大会"等节庆赛事活动的举办，带动伊春旅游持续升温，充满想象力和未来感的文旅新产品、新模式不断涌现。2018—2023年，累计接待游客6500多万人次，旅游收入达到500亿元以上，实现了老林区旅游业产值从零到百亿元的突破。曾经无人问津的山沟沟变成了旅游热土，其所附带引发的康养效应及小众经济范式也具有巨大的潜在价值，是伊春百姓安身立命的无尽宝藏。多措并举、多点发力，伊春正加快由景区景点"供应商"向游客旅居生活的"服务商"转变，加快打造中国生态康养旅游目的地，坚定走好以生态优先、绿色发展为导向的高质量转型发展之路。2022年，伊春全市接待游客1012.4万人次，实现旅游收入69.6亿元，分别同比增长5.5%、10.8%。

2023年，伊春森工集团同中国铁路哈尔滨局集团签约合作，投资改造"林都号"旅游列车，将铁力至乌伊岭铁路线沿途景区、山庄民宿等优质旅游资源串联起来，创新打造"旅游+铁路"新业态，项目于2023年7月1日投入运营。

——立足优势，蹚出生态产业发展新路。近年来，伊春立足农林一体、绿色有机优势，在全方位多途径开发食物资源上布局发力，着力在全省率先打造践行"大食物观"先行地。

依托丰富的林下资源、自然食品资源，全力打造"中国森林食品之都"。大力发展木本粮油和林下经济，壮大红松果林、食用菌、小浆果、山野菜、桦树汁、森林猪、湖羊、冷水鱼等特色产业，提升"粮头食尾、农头工尾"产业链层级，推动"种养加销"全链条发展，让林区天然绿色有机食品走出大山、走进城市、体现价值，更好满足人民群众日益多元化的食物消费需求，为黑龙江当好维护国家粮食安全"压舱石"加码增重。

重点打造了"红、蓝、黑、黄+山野菜+林畜"6条产业链。即以红松籽为主的坚果产业，以蓝莓为主的小浆果产业，以黑木耳为主的食用菌产业，以寒地非转基因大豆为原料的有机食品产业，以寒地森林猪为主的特种养殖加工产业链，以及山野菜产业链。现已建成"友好万亩蓝莓"等各类种养基地261个，蓝莓等小浆果种植6.2万亩，食用菌规模5.1亿袋，森林猪、森林貂、森林雪鹅、寒地毛皮动物分别达20.6万头、1.2万只、34万只、4.5万只。汇源、中盟、黑尊、宝宇、永旺等龙头企业相继落户伊春，带动了优势产业链发展，形成了"龙头+基地+农户"的产业化发展格局。目前，全市森林食品业已有规模以上企业38户，"中国驰名商标"7件，农产品地理标志登记认证17个，184个产品实现了全程可追溯。

2022年，伊春森工集团启动实施"区块链+森工品牌提升"项目，完成红松认养、红松籽、湖羊养殖、黑木耳等产品溯源和上链运营，2023年进一步打造"森林大厨房"线下体验和线上销售渠道，让伊春的蓝莓、红松籽、黑木耳、桦树汁等绿色有机森林食品加快走出大山、走上百姓餐桌。

依托空间环境资源，全力打造全省重要的北药种植和加工基地。突出单品种规模化种植，抓好药企引进和基地建设，走产业化发展的路径。2015年，伊春被确定为全省北药重点发展区域。目前，伊春市已有各类药材基地96个，药材种植面积达1115.7万亩，林下药材改培完成32万亩，药材种养大户193家。有葵花、格润等制药企业18家，生产的产品包括中药、西药、森林保健品三大类、12个剂型、247个品种。

木业加工向高端迈进。重点推进以光明集团为代表的家具制造产业，实现了"光明家具"的二次崛起。2015年，光明电商销售在天猫全国家具类销售中排名前十，传统实木家具企业中排名第一，成为天猫的战略合作伙伴。利用"红松明子"打造的"北沉香"木艺产品已成功注册为"东北红松沉香木"，"北沉香"所具有的保健价值及独特品质，一经开发问世，就得到了各界人士的广泛青睐，成为伊春木艺产业的最大亮点。全市现有100多户企业，从业人员5000人。同时，大力开发了"北红玛瑙""桃山玉"等特色工艺品。与上海海派玉雕文化协会达成了北红玛瑙产业合作框架协议，联手百名海派大师做北红，有百名海派大师走进伊春，进行"北红玛瑙"作品的创作，并于2023年7月在伊春举行玉石雕"神工奖"颁奖晚会，将伊春的"北红玛瑙"推向全国乃至世界。

——生态共建，着力提升城市功能品质。伊春市依托得天独厚的森林资源优势和国土空间优势，坚持生态优先、绿色发展，扎实推进生态振兴计划，协同推进经济高质量发展和生态环境高水平保护，大力发展生态产业，不断延伸产业链、提升价值链、贯通供应链，打造"区块链"，铸造品质可信化、定价精准化、品牌高端化、价值最大化的生态产品，把生态优势转化为产品优势、产业优势、发展优势，建构生态保护和生态价值转换的绿色蓝图，着力打造"绿水青山就是金山银山，冰天雪地也是金山银山"实践地。

立足生态保护与转型发展，以新发展理念为引领，推动生态资源优势向发展优势转化，伊春高质量转型发展迈出铿锵步伐。向森林要碳库，打造"森林碳汇城市"；向旅游要品牌，打造"森态旅居城市"；向数字要增量，打造"新型智慧城市"；向林下要空间，打造"践行大食物观先行区"。

近年来，伊春相继被国务院确定为林业资源型城市经济转型试点，被列为全国9个国家公园试点单位之一。《大小兴安岭生态保护和经济转型规划》《关于加快推进生态文明建设的意见》和《黑龙江林业产业发展规划》等新政策的陆续出台，为伊春发展带来了更多的政策支持。

> **案例：丽水市森林生态产品价值实现制度体系**
>
> 2019年1月，丽水市成为首个国家生态产品价值实现机制试点城市；2019年3月，浙江省人民政府办公厅印发《浙江（丽水）生态产品价值实现机制试点方案》，旨在把丽水市建设成为高质量绿色发展的全国标杆。丽水市不仅在推动生态产业化、建立生态产品区域公用品牌、推进生态保护修复工程等方面取得了显著成效，还进一步探索了森林调节服务类生态产品的价值实现机制，建立了政府直接购买制度、一级市场交易制度和二级市场交易制度等三类制度构成的制度体系（图5-3）。
>
> 森林资源是丽水市最为丰富的资源之一，《丽水市森林湿地资源及生态效益公报（2018）》显示，2017年丽水全市林地面积达2199.19万亩，活立木蓄积量达8597.03万m^3，森林覆盖率达81.70%。综上，有效实现森林调节服务类生态产品价值是这套制度体系的目标所在。

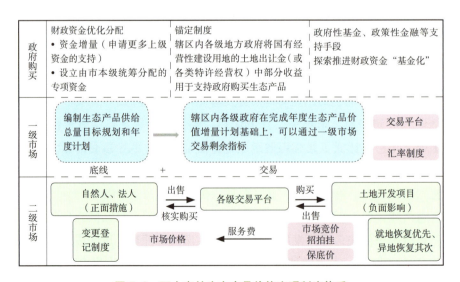

图5-3 丽水森林生态产品价值实现制度体系

(1)政府购买制度

政府购买制度指各级政府使用各类财政性资金,向各类法人、农村集体经济组织、社会组织或自然人采购森林调节服务类生态产品的行为,旨在解决生态产品价值实现中的公平问题,即满足"谁供给谁受益、谁消费谁付费"原则,避免"搭便车"现象。有效推进政府购买制度,首先要解决的是政府财政资金不足问题,为此丽水市采取了财政资金的优化分配、建立锚定制度,以及采用政府性基金、政策性金融等支持手段。

财政资金的优化分配是指充分发挥丽水市生态环境的竞争优势,依托省级绿色发展财政奖补机制与省级林业发展和资源保护专项资金,进一步争取扩大省级财政在市级和县(市、区)级政府采购生态产品方面的支持力度。具体包括与生态产品质量和价值相挂钩的财政奖补、森林质量财政奖惩、"两山"建设财政专项激励、生态环保财力转移支付、林业发展和资源保护专项资金等5项与任务完成情况相挂钩或以竞争性原则进行分配的省级财政奖补资金。在此基础上,积极争取上下游横向生态保护补偿、出境水水质财政奖惩、空气质量财政奖惩资金等3项财政奖补资金。建立市级生态产品政府采购资金池,在省级拨付设区(市)奖补资金的基础上,由丽水市政府统筹安排生态产品政府采购专项资金,以此激励各县(市、区)生态产品价值的保护和提升。

锚定制度是在国有经营性建设用地出让面积与(森林)生态产品价值提升之间设置锚定指标的制度。各级政府在国有建设用地一级市场中,每出让1亩经营性建设用地需以完成本辖区2亩新增国土绿化面积的任务为前置条件。1:2的锚定比例可随着生态产品供给规划的修编进行动态调整。同时允许各级政府在丽水市域内跨行政辖区交易锚定指标,即通过向其他辖区购买锚定指标来满足本辖区出让国有经营性建设用地的前置条件。

此外,丽水市还采取了政府性基金、政策性金融等支持手段,大力支持生态产业化发展。如2020年4月通过"山海协作"工程,与宁波市、中国农业银行等成立"两山"转化基金,基金规模达14亿元。一些地方对村、乡镇等集体经济组织授信,创立了诸如"两山贷""绿贷通"等金融工具。

(2)一级市场制度

一级市场采用"底线+交易"模式,各县(市、区)人民政府在完成本辖区生态产品总量规划年度基本任务(目标任务的60%)的前提下,可以通过市级生态产品交易平台向其他县(市、区)人民政府购买生态产品,由后者代为完成本辖区年度目标任务未完成的部分。其政策目标是提高生态产品供给任务的初次分配的效率。为此,丽水市制定了生态产品供给规划,依托农村产权交易中心建立了市级交易平台,并制定了一级市场交易规则。

在生态产品供给规划方面,丽水市以稳定森林面积、提升森林质量、增强森林生态功能为主要目的,制定了到2025年丽水全市力争完成新增森林面积40万亩,存量森林的质量提升生态产品价值总量(GEP)400亿元的总体目标。并根据全市新增森林面积潜力空间分布、质量提升潜力空间分布,将全市总量规划任务分配至各县(市、区),进一步压实年度计划任务。

在一级市场交易规则方面，交易主体是各县（市、区），交易方式为双方自行协商或在交易平台进行招标、拍卖或挂牌，交易客体具体包括两类：一是新增森林面积，即新增森林面积年度目标任务与年度完成任务之间的差额；二是存量森林质量提升，即存量森林质量提升（以GEP作为衡量标准）年度目标任务与年度完成任务之间的差额。考虑到仅仅是森林面积的交易具有一定的空间异质性，此区域每单位面积的森林与彼区域每单位面积的森林的调节服务价值可能不同，丽水市还建立了新增森林面积交易汇率制度，保证指标交易不会降低生态产品价值总量。另外，丽水市也建立了森林质量提升生态产品价值总量年度核算制度，为存量森林质量提升交易提供了保障。

（3）二级市场制度

二级市场是以各类法人、农村集体经济组织、社会团体和自然人为交易主体，以具体地块上的生态产品价值为交易客体的个体间市场。二级市场构建的目的在于激励社会主体参与生态产品的供给。各类主体在其拥有使用权的地块上采取相关措施提升森林面积或质量，在措施实施前到县级生态产品交易平台进行备案、初始核算，待实施后进行核验和登记，在不动产权证上备注相应生态产品权益值（GEP），平台将碎片化的生态产品权益收储后，统一出售给因开发建设项目而造成生态产品价值损失的主体。为此，丽水市建立了生态产品补偿责任制度、县级交易平台、变更登记认定清单、生态产品市场定价机制，以及森林资源动态监测系统、生态产品价值定期评估制度。

生态产品补偿责任制度指所有开发建设项目主体必须通过自主恢复或通过市场购买方式弥补对生态产品造成的损失，其目的是为二级市场创造需求端。建立县级交易平台的目的在于统一收储和打包出售由各类法人、农村集体经济组织、社会团体和自然人所供给的生态产品，避免逐案交易带来高昂的交易成本。变更登记认定清单用于告知供给者可以采取的提升生态产品价值的具体措施，并鼓励供给者及时进行变更登记。生态产品市场定价机制指交易平台在出售生态产品时采取招标、拍卖、挂牌等方式确定成交价格，并按市场价格支付给供给者。森林资源动态监测系统和生态产品价值定期评估制度则为整个二级市场的运行提供了技术支持。

（4）制度创新

综合来看，丽水市森林调节服务类生态产品价值实现制度体系包括四个核心内容：第一，开展森林调节服务类产品价值核算，将交易对象锁定为森林调节服务类生态产品。第二，建立社会主体间交易市场（二级市场），激励各社会主体积极参与调节服务类生态产品价值实现。第三，建立政府间交易市场（一级市场）和完善政府购买制度。第四，配套制度保障市场有效运行，如建立交易平台、变更登记制度及生态产品补偿责任制度等。这套市场交易制度具有三个方面的创新：一是建立了生态产品交易平台，将生态产品统一收储并出售给需求方，降低逐案交易可能造成的交易成本。二是采取生态产品市场定价机制，打破了原有必须按照生态产品价值总量核算结果值交易的误区，以招标、挂牌、拍卖三种主要方式利用市场供需决定生态产品交易价格。三是建立了交易汇率制度。考虑到空间异质性带来的生态产品价值的差异，丽水市在直接交易森林面积的基础上，基于生态产品价值核算结果开发出了"森林面积×交易汇率",这种既科学又易操作的方式。

从丽水市典型案例可以得到一些政策启示:第一,以政府管制培育调节服务类生态产品供给义务的"新"市场,提升政府管制效率。难分割、难确权的调节服务类生态产品具有公共物品的性质,较难通过社会主体间的自发交易进行供给,借助政府管制明确行为主体的责任义务,再通过市场交易的方式提升配置效率和实现管制总目标不失为一种有效的手段。第二,由政府建立生态产品交易平台,统一收储、出售生态产品可以降低交易成本,活跃市场交易,为后期市场化奠定基础。第三,坚持生态产品市场定价机制,采取招标、拍卖、挂牌等方式确定成交价格,充分实现生态产品的市场价值。第四,建立生态产品价值核算机制,推动生态产品价值核算常态化。第五,完善相关配套制度,如建立森林资源动态监测系统、变更登记认定清单、生态产品价值定期评估制度、领导干部自然资源资产离任审计制度等。

案例:四川武胜县生态产品价值实现的路径

(1) 聚焦"循环集约型"模式,发展循环经济生态产业

——构建循环经济产业链。突出绿色生态、循环发展的现代农业理念,以废弃物源头减量化、资源化为核心,着重延链补链,深化"叶养蚕""枝生菌""渣做肥""肥育桑"的深度循环模式,不断延伸和完善蚕桑全产业链(肖雪琳等,2021)。以废物处理资源化和无害化为主线,围绕畜禽养殖粪污"零排放"和"全消纳"目标,探索畜禽粪污综合利用模式,强力推广"果—草(菜)—畜—沼—果"等种养结合生态循环模式,形成上联养殖业、下联种植业的生态循环农业新格局。充分发挥农田生态系统服务价值,以多业共生的循环农业生产方式为抓手,依托"水稻+鱼虾"种养循环模式,探索"稻+鸭""稻+蛙""稻+菜""藕+鱼"等种养共生生态循环模式,带动形成一批种养结合的典型模式。

——发展创意农业循环经济。依托武胜农业发展优势,聚焦打造新时代更高水平的"天府粮仓",进一步拓展农业功能,整合农耕文化、现代农业园区、农村房屋、传统院落、特色优质农产品等资源,将良好的农业发展基础、农业产品、生态环境进行紧密结合,发展田园文创、文化体验、生态观光、美食品鉴、农事体验等产业,构建美色、美味、美形、美质、美感、美景、美心的现代生活方式,培育新产业、新业态、新模式,将传统农业的第一产业业态升华为一二三产业高度融合,延伸农村生产、生活的价值链,实现产区变景区、产品变礼品、一产变多产。

——打造绿色低碳园区。创新园区综合能源管理,系统推进武胜广武路片区农产品加工园、街子片区机械电子制造园等园区能源系统整体优化,实施园区节能降碳增效工程,鼓励优先利用可再生能源。完善合武共建产业园区低碳化改造和产业升级,通过"横向耦合、纵向延伸"构建园区内绿色低碳产业链,促进园区绿色低碳发展,争当成渝地区双城经济圈产业合作示范园区绿色低碳"领跑者"。强化独具特色的武胜火锅产业园建设,形成涉及火锅底料、食材、油料等产品的火锅全产业链,推动企业循环式生产、产业循环式

组合，推进能源梯级利用、污水收集处理和回用、固废处置和资源化利用，以及供热、供水、物流等基础设施共建共享（傅志寰等，2015），推动区域内资源循环利用形成闭环（李珀松等，2014）。

（2）聚焦"品牌塑造型"模式，擦亮生态产品"金字招牌"

——打造生态产品品牌。按照借力生态、品牌赋能的思路，打造特色鲜明的生态产品区域公用品牌，将区域典型生态产品纳入品牌范围，形成"县公用品牌+地理标志（证明商标）+企业品牌"的品牌矩阵场景（毕美家，2021）。进一步加强武胜大雅柑、武胜脐橙、武胜金甲鲤等品牌的培育和保护，提升生态产品溢价。立足具有鲜明地域特色的美食代表，通过强化武胜麻哥面、飞龙猪肝面、渣渣鱼、醉仙牛肉等品牌打造，按照集中资源、全面推广、持续营销的策略，面向不同消费群体实施"品牌+"精准营销，提高武胜美食品牌的知名度和美誉度。大力发展绿色食品、有机农产品和地理标志农产品，围绕"大而优"农产品和"精而美"特色农产品，构建农业品牌体系，打造绿色健康的"米袋子""菜篮子""油瓶子""果盘子"等品牌，创响一批乡土品牌。

——提升生态产品价值。挖掘农产品的核心价值和文化内涵，依托"中国蚕桑之乡"美誉，塑造武胜蚕桑产业整体品牌形象与美誉，围绕标准化桑园、标准化养蚕设施、蚕桑资源开发和蚕桑产业技术创新等方面，推进全程标准化生产，延长产业链条，提升蚕桑产业综合产值，全力打造蚕桑文化品牌。发掘本土生态资源的独特经济价值，打造"重庆火锅武胜造"IP，打通上游生态产品种植、下游生态产品加工、终端销售体系的全链条发展模式，做到人无我有，人有我优，打造川渝独有、全国一流的麻辣火锅产业基地，做响武胜火锅品牌，提高产品的"生态"溢价率。

——加强生态产品品牌管理。增强生态产品品牌保护意识。加强武胜生态品牌标准评价、认证、监管、标志使用等各环节的规范与管理，建设"武胜正品"追溯平台，建立生态产品质量追溯机制，提高武胜生态产品的知名度、美誉度和开放度（肖雪琳等，2021）。加强认证管理。制定武胜绿色生态产品标志管理办法，健全生态产品认证有效性评估与监督机制，积极推动认证结果省际互认、国际互认。做好面向获证单位的宣传推广和培训工作，指导主动用标、规范用标。支持企业参加国内外专业展会，拓宽农产品销售渠道，扩宽品牌营销体系，提升品牌在全国消费者中的认知度，做大品牌"无形资产"，助推生态产品销售增长（王恒等，2021）。

（3）聚焦"文化铸魂型"模式，挖掘特色生态文化产品

——"生态"+文化。将"生态"+文化理念融入全县相关生态文化旅游规划，充分整合全域资源、优化配置，形成因地制宜、突出特色、共建共享的生态文化旅游发展新形态。依托"红武胜"之美称，挖掘红色文化、诗词文化、民俗文化、蜀汉文化等文化资源，围绕现实题材、乡村振兴、生态保护等方向，进行选题创作。融入AR、VR等最新高科技元素和绿色低碳技术，建设一批集科普教育、研学、旅游、休闲、文创于一体的主题公园。推进宋（蒙）元山城遗址与钓鱼城联合申遗，整合宝箴塞和新中国第一次石油大会战、三线军工企业157厂等历史文化资源，结合龙舟文化、纤夫文化、蚕桑文化，协同上下游打造嘉陵江生态历史文化旅游带。以红色地标、沧桑文物、红色故事等为抓手，凝练武胜红色基因，打造红色旅游专题线路，盘活红色资源，将红色资源转化成发展优势。

——"生态"+旅游。将武胜"全时旅游、全业态旅游、全产业链旅游"与全方位、全过程、全地域生态环境保护结合起来，建立一体化运营体系，降低全域旅游和生态环境保护的运管成本。依托一江两岸、山水相融的独特优势，以"秀美嘉陵·百里画廊"品牌建设为抓手，挖掘利用龙女湖、永寿寺半岛等生态资源，打造川渝知名的江湾湖畔乡村度假旅游目的地。持续筑牢生态屏障，做好嘉陵江山水文章，推进嘉陵江沿岸绿化、彩化、美化，建设百里最美画廊，扩大"大地油彩乡村文化旅游节"参与度和影响力，擦亮"江湾湖畔城""乡约武胜"品牌，打响武胜知名度，唱响"嘉陵江畔游"文旅融合大品牌。

——"生态"+休闲。坚持人与自然和谐共生，依托县域生态资源条件，充分考虑市场辐射力、地区差异、季节变化等，打造独具特色的"武胜休闲产品"。通过体验化、情景化项目设计，推进县域水体资源景观化打造，完善高洞河度假带建设，变天然水体为生态池子，提供休闲、垂钓、科普等服务。依托蚕桑园、柑橘园等规模化的产业基地，配套步游道、休憩座椅等基础设施，实施景观打造，策划主题活动，变果园、菜园为绿色园子，变天然林盘为景观林子，提供采摘游、休闲游、观赏游、体验游，吸引游客"沉浸式消费"。以探索自然之美为主线，注重个性化、注重参与性、注重全过程，用好用活龙潭瀑布、白龙潭、唐家大山森林公园等资源，融合露营、徒步、林间电玩、自选运动、营地影院等"动静结合"项目，拉长游客游玩时间，让游客来得高兴、游得开心、走得留恋，释放"生态+休闲"的乘数效应。

（4）聚焦"数字赋能型"模式，提高生态产品供需能力

——依托平台经济推动生态产品供需精准对接。立足武胜万善物流园区和电商产业直播基地，推动川渝特色农产品供应链中心、电商直播中心和仓储物流中心建设，建立本土化、公益共享、线上线下融合的服务体系，探索开创"田园武胜"线上旗舰店，搭建电商平台线上销售渠道，创新应用"直播带货""拼团""众筹""私人定制"等多元化互联网营销模式，打通生态产品走进城市的上行通道。依托跨境电商实验中心，拓展抖音国际（Tik Tok）、亚马逊（Amazon）、虾皮（Shopee）、奥松（Ozon）等海外电商渠道，丰富优质生态产品交易渠道和方式。

——依托数字技术打通"两山"转化堵点。健全生态产品动态监测制度，利用大数据、云计算等先进技术，跟踪掌握生态产品的数量分布、质量等级、功能特点、权益归属、保护与开发情况等信息（王颖，2022），绘制武胜"生态产品价值地图"，构建生态产品空间信息数据资源库，形成可视化、可触摸的基础核算数据。加快建设开放共享的"生态产品武胜造"信息云平台。突出数字基础设施建设、智慧农业发展、乡村数字惠民服务等重点，进一步实现大雅柑产业基地肥水一体化管理、蚕桑现代农业园区智能化养蚕、"智慧渔政"提质增效。

——优化电子商务发展环境。建立健全武胜电子商务产业发展扶持政策，加强质量安全监管，组织企业参加"6·18""双11"等大型电商直播活动，推动武胜电商规模化、品牌化、集聚化发展。结合武胜电商人才发展现状和企业对电商人才的需求，依托直播培训中心，制定系统化、针对性的人才培育方案，通过培育一批、扶持一批、引进一批相结合的方式，打造规模化、结构化的电商人才队伍，培育孵化一批农村电商带头人，并提供完整运营及供应链解决方案。加大对农村电子商务基础设施的建设支持力度，完善电子商务物流基础设施，构建全覆盖、层次分明、职责明确的县、镇、村三级物流配送体系，为农村电子商务蓄势发展铺好道路。

案例：眉山市青神县做强竹产业品牌

◆ 案例背景

眉山市青神县是四川省竹资源分布重点地区，是"中国竹编艺术之乡""国际竹编之都"。近年来，青神县围绕"竹"优势，做强"竹"品牌，建成全国最大的竹产业交易博览综合体，开创中国本色纸第一品牌"斑布"，满竹里"竹纤维旅游餐具套装"荣获2020四川省旅游特色商品金奖，"青神竹编"作为国家地理标志保护产品，被列入国家级非物质文化遗产保护名录，连续3年跻身区域品牌百强榜。绿色青神的生态效益正源源不断地转化成经济社会发展效益。

◆ 主要做法与成效

（1）绘好"竹蓝图"，整合力量推进

一是重规划定目标。聘请清华大学、同济大学等规划设计团队，高标准编制《青神竹编产业发展规划》《竹编产业园区总体规划》；出台《青神县绿色发展五年行动计划》《关于建设全国特色产业示范县推进竹产业高质量发展的决定》，自2012年以来，投入资金建设国内最大竹产业专业博览综合体，建成国际竹艺中心、国际竹产业展览中心、国际竹编艺术博览馆，全力打造全国竹产业加工、研究、交易中心和国际竹产业培训、体验中心。

二是建机制聚合力。将竹产业现代农业园区建设作为"一把手工程"，由县委书记、县长担任组长，成立涉及农业农村、林业园林等38个职能部门的竹产业高质量发展领导小组；设立竹编产业园区管委会，组建国际竹艺城投资有限公司，采取"园区+管委会+国资公司"管理模式，高质量推动园区建设和经营管理融合；建立考核奖惩机制，将竹产业发展和园区建设工作纳入县委、县政府目标考核，实行末位问责制。

三是抓要素促整合。强化资金保障，出台《青神县竹编产业发展扶持资金管理办法》；强化人才支撑，实施新型职业农民培育工程，培育壮大"竹艺名师""土专家"人才队伍，深化开展校地合作，与中国农业大学建立青神乡村振兴研究院，引进"高精尖"人才37人；强化土地保障，开展国土空间规划和村规划编制工作，优先落实竹产业发展用地规划指标。

（2）做强竹工业，延伸绿色产业链条

一是打造加工企业增长极。围绕竹编、竹纸、竹桶等多元产品体系，延长竹精深加工产业链，壮大环龙新材料、嘉熙竹木、云华竹旅等竹制品生产加工龙头企业，建设全国最大竹本色纤维材料生产基地，带动竹林种植160万亩；建立竹产业孵化园，推进竹编机械化装备进程，鼓励竹材采伐、原料加工、产品配件组装等机械化装备研发和引进，孵化小微企业21家，引进培育竹加工企业55家，年加工产值27亿元。

二是打造科技研发支撑极。实施竹产业创新研发计划，制定竹制品核心技术需求清单和科技成果转化清单，与国际竹藤组织、中央美术学院共建博士工作站和全国竹产业研究中心，成立特级竹编大师为骨干的竹编科研团队；支持四川环龙新材料与芬兰国家技术研究院（VTT）技术与项目合作，开展竹材生物质精炼技术和竹材全价利用研究；搭建创客空间和大学生实践基地平台，创新学生和企业"就业实训+设计入股"双向合作模式，抓实竹艺创新创意研发和成果转化。目前，已成功创建全国版权示范园区，拥有专利授权48件、版权登记260余件。

三是打造多线营销带动极。推进农村电商示范区建设，打造省级竹编众创空间，建成电子商务创业创新孵化园，建立竹编产业电子商务运营中心、乡镇电商公共服务中心、村（社区）电商服务站三级公共服务体系；推行"互联网+"，开设竹品网，建立竹编跨境电商平台，拓展网红直播、抖音、天猫等网络营销渠道，发展竹制品网点300余个；构建竹编产业化联合体，以"云华竹旅+竹编协会+农户"发展模式，引导企业与留守妇女、残疾人、贫困户等建立定向销售机制，实现"订单编号"上连市场、下挂农户，促进农户居家灵活就业。

（3）打造"竹风景"，实现多重收益

一是做优生态线。实施年栽竹万亩计划，制定《万亩竹原料基地风景线建设项目实施方案》，通过低质低效林改造等方式，在7个乡镇14个行政村推广梁山慈竹、巨黄竹、甜龙竹等优良品种，建设尖山、天池、长池、五嘉坝4个万亩竹原料基地，辐射带动村组连片推进；深化"绿满青神"行动，引入竹林湿地污水治理样板，建设"中国首家竹林湿地"，打造10万m^2竹林康养基地，全县竹林面积20万亩。

二是做美景观线。推进"竹里+"生态建设，按照"竹+1+N"建设思路，突出一个主题树种，搭配多色谱、多品种、多元素的N种植物和景观小品，建设"竹里桃花""竹里海棠"等乡村公园25个；推进"竹+"业态融合，引导农户利用乡村道路、林盘绿地、住宅庭院植竹绿化，发展"竹+茶""竹+果""竹+花"等立体生态模式，打造竹茶园、竹果园和竹花园；实施岷江流域生态屏障和翠竹长廊建设项目，打造沿江竹林风景和竹林特色小镇，建成岷东大道、眉青快速通道、机械大道等四好农村路景观带150km。

三是做实富民线。抓实联农带农，制发《青神县推进竹产业高质量发展建设美丽乡村竹林风景线扶持办法》，对连片面积100亩以上的集体经济组织、竹产业企业、专业合作社、协会、种植专业大户给予补助；采取"公司+合作社+基地+农户"发展模式，引导带动5000余农户与四川环龙新材料等企业签订购销合同，每年户均增收1000元以上。

> **案例：大邑县以公园城市的雪山大邑表达，探索生态产品价值实现新路径**
>
> 大邑县是四川省生态产品价值实现机制试点县之一，也是成都市唯一的全域川西林盘保护修复示范县。近年来，大邑县按照试点工作要求，依托川西林盘保护修复与合理开发利用，聚焦生态资产可持续价值转换，积极探索公园城市的雪山大邑表达，创新川西林盘生态价值实现路径，形成了生态产品价值实现的大邑实践。"推窗可见千秋瑞雪、开门即是碧水蓝天"的雪山大邑独特标识，正全方位地展示在大邑广袤的都市田园和山水林盘间。获评"成都市川西林盘保护修复示范县"，相关经验被省发展改革委发文推广，已入选国家发展改革委建立健全生态产品价值实现机制经典案例。

（1）聚焦生态本底厚植，探索生态资产可计量转化新路径

一是启动生态产品价值核算基础工作。以川西林盘保护修复为抓手，对全县自然资源资产开展全面调查，基本完成森林资源信息普查，建立森林资源、动物资源、植物资源清单，推动水流、森林、湿地等生态资产统计登记。划定271km²生态保护红线，大力实施天然林保护、退耕还林保护工程，有效管护全县45万余亩国有林和4.8万余亩集体公益林。

二是科学系统保护修复，重塑川西林盘乡村生态格局。全面梳理川西林盘资源，系统编制《大邑县川西林盘保护利用规划》《新川西林盘民居建设导则》，建立林盘开发利用、规划建设等技术标准，在保护生态本底基础上强化对林盘"保、改、建"的有效管控。联动中央美术学院、中国美术学院等"九大美院"组建乡村社区空间美学研究创作基地，围绕雪山、森林、温泉、古镇、田园等独特优势进行林盘美学设计，构建多组团复合化的现代乡村田园景观，推动绿色生态空间向绿色经济空间转变；组织四川省社会科学院围绕成都平原特有的川西林盘开展调查研究，形成《大邑高质量推进川西林盘资源保护与利用战略研究》，探索以生态价值多元转化拓展林盘资源利用空间。现已建成溪地阿兰若等国内十大民宿品牌为引领的精品林盘44个，7家民宿酒店获评携程五星级。

三是实施生态价值转化重点工程。①实施雪山生态修复工程、雪山红色文化塑魂工程、四季冰雪运动场馆建设工程、雪山大熊猫文化创意工程、雪山子龙文化弘扬工程，促进雪山品牌塑造和价值转化；并关停大熊猫国家公园范围内小水电18家，还水于河、还瀑布于森林，消失数十年的"千年飞瀑"胜景重现西岭雪山，空气质量综合指数连续三年位列全市第一。完成龙门山大熊猫栖息地修复1.51万亩，认证大熊猫原生态产品2个，有效保护生物多样性。②实施生态价值转化场景建设工程。围绕川西林盘"田、林、水、院"基本要素，打造沃野环抱、茂林修竹、美田弥望、特色鲜明的林盘景观，植入商务、会议、博览、度假、旅游、文创等现代功能业态，推动农商文旅体一二三产业融合发展。以西岭雪山国家级森林公园、大熊猫国家公园为核心载体，强化冰雪运动、高山运动等山地户外运动功能植入，打造林雪掩映、刺激趣味、健康乐活的山地运动消费场景；以共享旅居小镇、金星产业新村等项目为引领，打造山水交融、诗意栖居的山水生态公园场景；以智慧田园农业公园、南岸美村、稻乡渔歌、高标准农田等项目为引领，用绿道串联特色镇、川西林盘、田园综合体消费场景，打造有田园特征、景区形态、有机互联的乡村田园公园场景；以王滩湿地公园、五矿未来生态城、特色街区、产业社区等为载体，打造集绿色生态、时尚生活、消费场景等为一体的城市街区公园场景。③构建生态产品价值体系。构建以生态物质产品、生态权益产品为主的生态产品体系。创建生态物质产品品牌，合理有序开发森林、湿地等自然资源，将生态环境优势转化为农副产品品质优势，深度挖掘王泗白酒、大邑金蜜李、安仁葡萄、中药材等产品价值，丰富绿色农副产品供给，强化生态标识和品牌宣传，培育、壮大生态品牌。探索生态权益产品供给，积极融入"碳惠天府"碳普惠机制建设，创新生态资产确权赋能实现路径，探索构建生态权益交易市场，以生态涵养区、川西林盘为重点率先探索开展林权、碳排放权、水权等交易，探索生态资产"可计量"转化路径。

（2）聚焦生态项目与资本高效嵌套，探索生态项目市场化实现新形式

积极探索"雪山+""公园+""绿道+""林盘+"模式，聚力"商业+旅游+文化"多元场景营造及新业态植入，促进生态价值多元转化。营造高品质生态价值转化场景，依托西岭雪山国家级森林公园、大熊猫国家公园，结合森林、绿道、林盘等特色资源，探索生态空间多元营运模式，营造山地运动、山水生态、乡村田园等生态消费场景。植入多元化消费业态，依托绿色空间体系，有机植入运动赛事、休憩娱乐、文化艺术、美食休闲等功能设施，培育大熊猫文化创意、森林康养、运动赛事、禅修养生、自然科普、文创休闲、生态体验等新业态，促进生态与文旅、消费叠加渗透、融合发展，拓宽生态价值转化路径。

一是依托安仁论坛、文化城镇博览会等平台，发布生态投资项目，成功举办公园城市·大邑全域川西林盘招商推介暨项目签约仪式，发布90个川西林盘保护修复机会清单，签约金额543亿。发布生态惠民示范工程应用场景和投资机会清单两批，涵盖政府企业两端的供需信息11条。

二是借助"成都时尚消费品设计大赛"等平台，围绕"美好生活、智能生产、绿色生态、智慧治理"，探索生态产品消费新模式，发布西岭雪山滑雪场、斜源共享旅居、天府花溪谷山地运动、雾山森林康养等生态价值转化方面"文旅大邑"新场景、新产品和新机会15个。

三是推动绿色信贷发展，解决生态项目建设资金需求。2021年累计发放绿色贷款48439万元，农村承包土地经营权抵押贷款538万元，农民住房财产权抵押贷款2391万元，集体建设用地使用权抵押贷款200万元。

（3）聚焦生态产品保护性利用，探索生态产业高质量发展新方略

一是积极探索"政府+央企（民企）+集体经济"模式，加快打造旅游、研学教育与康养休闲融合发展的生态文旅开发，走生态产业"可持续化"发展路径。依托川西平原优良的林盘自然资源资产和深厚的历史文化底蕴，引进华侨城集团、朗基集团等，建成南岸美村、稻乡渔歌田园综合体等"生态+文旅"产业项目，建成乡村会客厅、锦绣安仁花卉公园、大地之眼等，引进乡永归川、溪地·阿兰若等民宿集群，以美学经济激活文旅经济，积极推动农商文旅体一二三产业融合发展，实现"产景相融、产旅一体、产村互动"和

"以农促旅、以旅带农",推进生态产品的最大价值转化。采取"国有平台公司+金融资本+村集体经济"模式,促进林盘内的集体经济组织、农民合作社、企业等共建产业开发联盟,推动各集体经济组织共建联营体,实现对林盘的高效开发经营。通过"租赁、入股、有偿退出、拆院并院"等方式盘活全县林盘集体建设用地资源、废弃工厂和水电站,提升打造"1979雾山""山之四季"民宿酒店等一批旅游康养度假酒店。

——大邑县沙渠街道稻乡渔歌林盘。完善"特色镇+绿道+林盘"发展格局,联动中央美术学院、中国美术学院等"九大美院"组建乡村社区空间美学研究创作基地,围绕雪山、森林、温泉、古镇、田园等独特优势进行林盘美学设计,建成以姚林盘为代表的农业衍生型、以稻香渔歌为代表的特色旅游型等85个林盘美学空间样板,推动绿色生态空间向绿色经济空间转变,形成主线突出、关联性集聚的乡村生态新格局。稻乡渔歌"大地之眼"、田园村"箐山月"、西岭雪山"山之四季"等一批林盘精品民宿成为乡村生态新场景。

——大邑县安仁镇南岸美村"乡村会客厅"。深度挖掘川西林盘的生态、生活、生产价值,创新培育新业态,打造沃野环抱、茂林修竹、美田弥望、特色鲜明的林盘景观,植入商务、会议、博览、度假、旅游、文创等现代功能业态,推动农商文旅体融合发展;开展全域川西林盘招商推介,精准化招引投资主体进入,建立起"招大"与"引小"相结合的招商制度,在联动华侨城、五矿等一批"六类500强"企业打造示范标杆的同时,定向招引规模适度、实际带动性更强的小微型投资主体,优化林盘产业结构和经济生态,实现"产景相融、产旅一体、产村互动"和"以农促旅、以旅带农"。2021年,南岸美村接待游客100万人次,实现乡村旅游综合收入1500余万元;稻乡渔歌举办的研学活动参与人次达3.4万,民宿入住2.6万人次,祥和村集体经济由"空壳"发展到拥有千万资产,实现年收入180余万元。

二是积极探索"集体经济+村民自治"模式,充分盘活和利用集体资产,推进农民自主改革改变乡村。邛江镇太平社区实施"场镇改造+生态移民"工程,清理盘活斜源矿区国有闲置用地、废弃工矿用地、农村集体建设用地1000余亩,建成成都市"最美街道"晒药巷等特色街区,引入"温德姆""半山小院""探花·邸""阡陌田园"等酒店、精品民宿,实现村民、集体、企业共建共享,将废弃的煤炭乡镇建设成诗意栖居文化创意型社区;依托"大邑黄柏""邛江青梅酒"等开发青梅果酒、大邑古茶、药香抱枕等系列农创产品,建设集生态种植观光、田园采摘体验、精品民宿度假于一体的农旅综合体,实现生态产品价值多元共建共享。

(4)探索生态价值转化机制,推进生态产品价值实现

聚焦生态价值评估、确权、交易等重点环节,积极探索生态价值多元转化机制。探索生态价值核算评估机制,推进自然资源资产全面调查、动态监测、确权登记,编制全县生态资源资产负债表,开展生态系统生产总值核算,探索推行GDP和GEP双核算。健全生态资源市场化运营机制,以产权入股、资产租赁等方式推进公益性生态项目市场化运作,鼓励引导社会资本参与绿色基础设施建设。深化生态建设运营"双平衡"机制,以城市品质

价值提升平衡建设投入、消费场景营造平衡管护费用，推动形成"生态投入—环境改善—品质提升—价值反哺"良性循环。构建绿色金融服务供给机制，创新生态开发投融资机制，综合运用绿色专项债券、绿色信贷、绿色票据等投融资模式，探索建立"生态银行"。

目前，新成立集体经济市场主体195个，实现村级集体经济经营性收入增幅达50%，69个空壳村全部实现"村村有收入"，其中，新福社区集体经济资产超过5000万元。全县起步较快的村（社区）已向村民分红达400万元，全县农村居民人均可支配收入超3万元，近三年平均增速达8%。

已建成南岸美村、稻乡渔歌田园综合体等精品林盘和咏归川、溪地·阿兰若等100余个"乡居野奢"精品民宿，其中木莲酒庄、大地之眼等10个民宿获评携程五星级民宿酒店。沙渠街道祥龙社区被农业农村部命名为"中国美丽休闲乡村"，南岸美村入选第二届"小镇美学榜样"。2022年1~8月，全县共接待乡村旅游游客261.35万人次，同比增长28.16%；实现乡村旅游收入10.43亿元，同比增长33.71%。

国内实践证明，生态产品价值实现过程既需要社会公众积极参与，也离不开政府部门的制度支持，生态产品外部性内部化应当是政府与社会互动、融合并存的结果。近些年，我国积极开展碳排放权、水权、排污权等领域生态权益指标交易试点建设，建立市场化、多元化生态补偿机制，实施退耕还林、天然林保护、山水林田湖草沙综合治理等生态修复工程，推动生态产业化和产业生态化发展协同并进等实践工作。

5.2 绿色生态转化路径

5.2.1 生态产品价值实现路径

生态产品价值实现就是使其外部经济性内部化，将其使用价值转化为交换价值的过程。李燕等（2021）基于文献计量分析，提出生态产品价值实现路径可分为政府路径、市场路径和社会路径3个基本路径；Yang等（2023）在分析生态产品价值实现逻辑的基础上，提出生态产品价值实现路径有市场化路径和政府调节路径；张英等（2016）构建了生态产品二元价格体系，丰富了生态产品价值实现市场化路径；李宇亮等（2021）提出了适用于不同类型生态产品的政府、市场和政府+市场3种价值实现路径；张丽佳等（2021）在结合当前生态产品价值实现实践探索情况与典型案例的研究基础上，总结出生态产品价值实现路径有政府主导型、市场主导型和社会参与型，森林生态产品可以通过先政府引导，后市场参与的方式实现其价值。而在当前实践探索过程中，生态产品价值主要通过以下3种路径实现：一是通过市场配置和交易，实现可直接交易类生态产品的价值，此种价值实现路径被称为市场路径，需要明晰产权，构建生态产品的交易市场以及买卖竞争机制。比如生态旅游和生态农产品消费等。二是依靠财政转移支付或政府购买服务等方式实现生态产品价值的政府路径，比如生态补偿和公益林补助等。在我国的当前实践中，政府主导型价值实现路径也是最主要的路径，在自然资源部第一批生态产品价值实现案例中，厦门五缘湾和徐州潘安湖等地均采取了政府主导型价值实现的路径。三是社会广泛参与型路径，主要通过政府行政管控和政策支持来促进市场交易，主要表现为"政府+市场"主导、鼓励和支持企业和社会参与，最终通过市场化运实现生态产品价值。比如由政府组织并参与的森林碳汇交易、特许权经营以及地理标志产品等。

生态产品的经济价值被市场认可、生态价值充分显现、社会价值稳步提升，需要政府和市场共同发力，形成共识（张明晶，2021）。实践探索证明，厘清政府和市场的关系，充分利用政府的权威、公信特征，辅以市场活力，发动全社会多维度广泛参与，是生态产品价值实现机制可持续发展的关键。

5.2.1.1 政府主导型

（1）政府全部购买服务

我国实行生产资料公有制，人民整体地永久保留自然资源资产所有权，授予政府代表人民行使所有权和实际上的管理权。生态产品承载了维持国家生态安全、产出公共物品（水质净化、水土保持、生物多样性、气候调节等）等多种功能。因此，政府根据人民的委托，对提供资产保值增值管理的对象购买服务成为生态产品价值实现不可或缺的途径之一。面对关乎国家或区域性生态安全战略的生态产品，政府通过纵向、横向生态补偿来"兑现"生态产品价值。纵向生态补偿的实质是基于主体功能区考量的转移支付或专项生态投资建设，横向生态补偿的实质是基于地方发展权转移的生态产品交易，前者购买服务的主体通常是中央政府，后者购买服务的主体通常是地方政府。

（2）政府部分购买服务

政府部分购买服务指政府通过规划布局重要生态系统功能地区项目，或安排生态建设投资项目等方式，根据中央、地方事权划分等采取部分金额的财政补贴、补助、奖补资金，或各种"以奖代补"措施等，推动区域性、流域性生态保护修复，推动生态产品价值实现的方式。例如，2016—2018年，财政部、自然资源部、生态环境部分4批共支持了25个山水林田湖草沙生态保护修复工程试点。计划总投资2000多亿，其中中央奖补资金近500亿。工程试点在较大空间范围内实施整体性、系统性、综合性生态保护修复活动，通过系统性、全流域、大尺度的工程实施，提升了工程范围内整体生态产品数量、质量。中央对地方的奖补资金是基于中央事权的财政补贴方式，是中央政府代表人民购买各工程项目对生态系统整体保护修复、提供优质生态产品的服务，探索出了与生态系统难以分割的生态产品价值实现的多种模式，依托土地政策、金融工具、产业发展等，多渠道拓宽了生态产品价值实现的路径，不断满足人民群众日益增长的对优美生态环境的需要和对优美生态产品的需要。

（3）问题与障碍

政府主导的生态产品价值实现路径，也需要引入市场的竞争，来提升生态产品价值实现水平。政府主导的方式直接、高效，但是，面临财政资金缺口大、财政资金利用效率不高、"公地悲剧"愈演愈烈等经济、社会风险。长期单独依靠政府投入，无法全面激励社会树立保护生态环境、积极维护生态系统安全的普遍意识和行为方式，无法保障生态产品价值实现机制的可持续性。

5.2.1.2 市场主导型

生态产品实现计价和交易才能有效遏制人力对自然环境无节制的消耗，从而实现生态环境的可持续性发展。因此，充分发挥市场作用，探索多元化、社会化投入推进生态保护修复，能够激发市场主体内生动力，提升保护修复效率。依市场交易客体，生态产品交易可分为公共性和经营性。

（1）公共性生态产品交易

该类生态产品具有公共物品属性和特征，容易出现"搭便车"现象。因此，需要政府创造先导条件，包括出台法律法规或强制性政策、根据市场发展制定和调整交易规则以保证公平、对市场交易活动及主体进行监管等。

①以环境权益交易为代表的交易模式。在政府确定的配额制度及排放量标准范围内，允许在一定地区总体保护目标范围内产生环境权益的合理交易流动。例如，用能权、用水权、碳排放权交易等。在实践中，配额量交易类市场存在初始分配合理性不够、定价方法不统一、一二级市场不活跃等问题，排放权交易类市场存在缺乏法律基础、市场活跃度不足、价格波动较大、市场信息透明度不高和数据准确率低等问题和障碍。

②以与后续产业相结合为代表的产业化发展模式。生态产业化（利用优质生态资源聚集效应形成产业规模，突进资源优势转化）和产业生态化（产业发展走绿色化、环保化、可持续化发展道路），都是在产业发展过程中，体现对生态系统功能与作用的保护和利用，目的都是通过将资源优势转化成经济优势，激发生态环境保护内生动力，推动"绿水青山"与"金山银山"的双向转化。

③与金融结合的各类补偿或交易模式。金融手段本身无法成为推动生态产品价值实现的路径，只有通过与产业等其他模式的结合，拓展出不同于传统产业发展的新路径，才能在新时代开创生态产品价值实现的新路径。应认识到，金融手段不仅仅是解决融资、资金链的问题，还能够衍生其他相关产业和交易方式，多样化拓展生态产品价值实现路径。比如广东省肇庆市高要区"绿色信贷+生态补偿"创新模式、天津宁河区发行绿色生态债券，支持七里海湿地生态保护修复工程、绿色基金千岛湖水基金建立等，都是金融手段参与的生态产品价值实现路径。但是，在此类模式中，普遍存在规模拓展限制、管理风险、基金设计与运行合理性探讨等问题。

（2）经营性生态产品交易

该类产品是已进入一般商品经济循环，物质原料产品和精神文化产品生态效益显著的经营性商品。在经营性生态产品交易中，需要政府营造公平的营商环境，在绿色标识认证、反垄断、维护市场秩序等方面发挥政府的公信力背书和监督管理作用。经营性生态产品价值实现的路径较多，也较成熟规范，价值载体通常是可以附着的农产品、工业品或者服务业产品，生态产品的价值能够直接进入市场进行交易，并由市场自发调节价格，也更合理。经营性生态产品交易能够利用优质生态资源优化社会经济结构，甚至改变原有的传统生产生活方式，带动其他服务业等一系列相关产业发展。例如，生态资源丰厚的地区居民通过自主经营、提供导游服务、受聘为景区工作人员等途径参与旅游发展，促进产业发展，分享旅游发展红利，改善人居环境，守护"绿水青山"，实现经济、社会、生态三大效益的同步发展。

5.2.1.3 社会广泛参与型

社会广泛参与生态产品价值实现需要政府和市场发挥合力，尤其是政府的法规政策指引。一是通过法规政策等强制性规定，形成自然资源生态监管法律体系，在《环境保护法》《海洋环境保护法》《森林法》《水法》《民法典》等中，对环境保护正向激励、损害赔偿等进行细化规定与严格执行，引导形成全社会保护生态环境的强烈意识。二是通过绩效引导和自然资源资产离任审计制度的完善，转变地方增长挂帅绩效考核机制和追求当期经济利益最大化的目标导向，扭转"开发—破坏—巨额成本修复—新一轮破坏—再更巨额成本修复"的恶性循环。三是不断完善重点生态功能区产业准入负面清单制度。四是在社会各领域积极探索开展生态产品价值实现试点，赋予试点地区试错可能，形成规模和示范效应。例如，自然资源领域首批2个生态产品价值实现试点获批。福建南平试点将提升优质生态产品供给能力、形成"生态银行""谁没经济""武夷山水"和森林碳汇等一批生态产品价值实现路径和配套政策，将建立生态产品价值核算方法、价值实现程度评估方法、交易平台等支撑机制和制度框架作为工作目标，明确了夯实生态产品价值实现基础、提高生态产品供给能力、推进"生态银行"市场化建设等10项重点任务。重庆市试点完成到2022年，初步建立以森林覆盖率横向补偿、"林票"、生态"地票"等为主的生态资源指标市场化交易机制，完善"森林+N"生态产业发展模式，争取广阳岛片区、渝北铜锣山矿山生态修复区成为示范点，试点区域生态产品价值供给能力有效提升等设定的目标。并完成了推进"林票"制度改革、推动广阳岛片区生态产品价值实现综合试点、完善森林覆盖率横向补偿制度等7项重点任务。在法规政策的强制性规定、地方官员绩效考核和离任审计引导和试点试行等多方举措共同影响下，逐步形成了社会广泛参与生态产品价值实现的价值导向和路径探索。

我国各个地区开始探索适用于本地的生态产品价值实现模式，并涌现出了一批具有典型性的示范模式。比如福建南平的"生态银行"模式、浙江丽水的"两山银行"模式、江西婺源的"篁岭模式"和广东广州的"碳普惠"等。多样化的生态产品价值实现模式将是我国实现可持续发展的关键抓手。

Zheng等（2019）从流域尺度开展了生态产品价值实现模式探索。丘凌等（2023）根据生态产品的特性，将生态产品价值实现模式总结为政府主导模式、市场主导模式和社会主导模式。臧振华等（2021）针对国家公园试点内的生态产品，提出生态补偿模式、公益岗模式、非国有资源统一管理模式、生态旅游模式以及优质品牌模式等生态产品价值实现模式。Agaton等（2022）从金融服务角度出发，提出"品牌化+生态产业化经营开发+生态补偿"模式实现生态产品价值。张林波等（2021）在分析国内外生态产品价值实现实践案例的基础上，总结出了一组具有代表性的生态产品价值实现模式，具体包含生态保护补偿、生态权益交易、资源产权流转、资源配额交易、生态载体溢价、经营开发利用、区域协同开发和生态资本收益等。结合我国生态产品价值实现实践案例，可归纳形成3种生态产品价值实现路径和9大类30小类生态产品价值实现的实践模式（图5-4）。

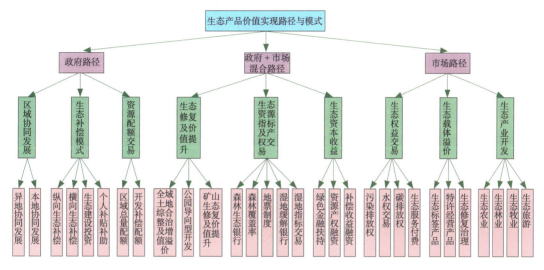

图5-4　生态产品价值实现路径与模式（张百婷等，2024）

以森林生态转化的生态产品价值实现模式为例，森林作为绿色生态的主体，森林生态产品价值实现的模式及实践也是当前研究的重点领域，具有典型代表性，主要包括森林生态效益补偿、绿色金融模式、森林生态产业开发、森林生态产品权属交易和森林生态载体溢价等模式。

（1）生态补偿模式

森林生态补偿是把生态服务的提供方和受益方，以生态服务或产品为标的，通过市场或准市场中契约的形式联系在一起，实现生态服务产品的价值。按照生态补偿融资形式，可分为公共部门森林生态补偿和私人部门森林生态补偿，其核心都是外部性内部化的问题。森林生态服务产品的生态补偿也可以分为庇古式的补偿和科斯式的补偿。庇古式的生态补偿是在政府干预下，采取征税或补贴的形式将外部成本或外部收益内部化。森林生态效益补偿就是我国普遍的森林生态补偿制度的具体实践。我国于1981年提出构建森林生态补偿制度，并进行了退耕还林还草、天然林保护、森林资源生态补偿试点工作。2001年，中央财政设立"森林生态效益补助资金"，这标志着我国开始进入一个有偿使用森林资源生态价值的新阶段。2004年，财政部建立中央森林生态效益补偿基金。为保护公益林资源，维护生态安全，2007年，中共中央、国务院《关于加快林业发展的决定》明确，各级政府按照事权划分建立森林生态效益补偿基金。本质上，我国的退耕还林工程补助就是森林生态产品价值实现的一种公共政策选择，其目的是以生态补偿的形式弥补农户在生态服务产品提供中的利益损失。2016年，国务院办公厅《关于健全生态保护补偿机制的意见》要求建立多元化生态保护补偿机制，提出"以生态产品产出能力为基础，加快建立生态保护补偿标准体系"，将生态补偿作为生态产品价值实现的重要方式，推动了生态补偿在理论及实践上的发展。

科斯模式是基于产权被清晰界定、交易成本低两个条件，通过利益相关团体自由谈判，由服务的收益方向服务的提供方进行支付，从而使森林生态服务价值得以实现的方式。例如新安江跨省流域横向生态补偿的后期就属于这种类型。新安江跨省流域横向生态补偿从第三轮试点（2018—2020年）开始，中央资金全部退出，通过两省的谈判确定生态服务付费的规则。按照协议的付费规则，2018—2020年安徽省从浙江省获得生态补偿资金共5亿元。这种生态补偿还具有非常重要的收入及就业的正效应。

好的森林生态补偿模式要求模式本身能有效解决向谁补偿、补偿什么、补偿多少、补偿标准及如何支付等问题。就目前中国森林生态补偿模式而言，还存在产权弱化、项目之间重叠和融资渠道单一（以政府融资为主导）的问题。建立多元化的森林生态补偿模式是森林生态产品价值实现的重要内容。

（2）绿色金融模式

由于生态产品在提供和生产中面临资金投入不足、市场有效需求缺乏等问题，绿色金融能够起到杠杆作用，撬动更大规模的社会资源参与生态产品的供给。绿色金融的生态产品价值实现模式以生态产品有用性、稀缺性、产权明晰和交易成本较低为基础条件，模式运行包括4个关键阶段：生态产品价值核算、形成明晰可供流转和交易的产权、生态产品商品化、生态产品市场金融化。同时，森林债券、碳排放权交易、森林生态银行也属于绿色金融支持生态产品价值实现的模式。福建南平"森林生态银行"，通过构建银行式的运作平台，以收储的形式对碎片化与分散化的林业资源进行整合、优化，通过林权抵押担保、赎买收储、托管经营、租赁、合作经营等模式提升森林资源经营收益，打通资源变资产、资产变资本的通道。还有学者探讨了生态银行在流域生态补偿机制中的应用问题。

（3）生态产业开发模式

对于适宜经营的森林生态产品，如林产品、森林旅游、森林康养类产品，由于其消费中具有排他性，可采用"政府+市场"的模式实现其生态价值。产品的供需由市场决定，政府则主要进行宏观引导、规划和调控。在国际上，一些国家在扶持传统林业产业的同时，不断地鼓励森林资源多功能利用，如俄罗斯依托森林景观发展特色生态旅游产业，有效实现了森林生态文化产品的价值。近年来，我国政府加强了对森林相关生态产业发展的引导，木材可持续利用、加工、林下经济、森林旅游、森林康养等产业融合发展，在发挥森林资源经济效益的同时，也形成了明显的生态效益和社会效益，使生态产业开发成为森林生态产品价值实现的重要模式。在生态产业开发模式中，国家森林公园建设是森林文化类产品价值实现最典型的代表。森林公园的价值实现模式通常是由政府和市场合力而行，政府负责改善森林公园的基础设施和周边环境，市场通过满足消费者对优质生态环境的需求，以旅游产品的形式获得消费者的支付对价，森林生态产品价值得以实现，同时促进了经济、生态和社会的协调发展。崇义县依托阳明山国家森林公园，积极发展生态旅游、森林康养等特色产业，带动全县森林康养直接从业人员3000多人，间接就业人数1万余人，取得突出成效。

（4）生态产品权属交易模式

森林生态产品权属交易包括林业碳汇和林地使用权等交易，通常由政府或第三方机构制定交易规则并搭建平台，由市场确定供需要关系。国际碳交易的兴起源于《京都议定书》设立的清洁发展机制（CDM），是以市场形式解决外部性问题的典范，也是森林生态产品价值实现的重要路径。我国林业碳汇市场就是首先明确各方减排的义务，然后制定森林碳汇交易规则，进而通过碳市场交易实现碳汇生态产品价值。学界对基于碳票的森林碳汇生态产品价值实现机制的探索始于福建省三明市发行的第一张碳票实践。在当前"双碳"背景下，国内碳市场发展如火如荼，也为我国森林碳汇产品的价值实现提供了很好的契机。

（5）生态载体溢价模式

针对森林生态系统提供的私人物品，由于其生产过程中存在着较强外部性，可通过第三方认证模式，将外部成本内部化，从而实现其生态产品的价值，促进森林生态系统持续、健康地为人类提供服务。生态载体溢价模式最早源于生态标签的应用，本质上是通过产品标签或认证标识传递产品环境的正外部性给消费者，引导其支付高于产品内部生产成本的价格，以生态溢价形式补偿给生产者为维持生态系统服务而付出的额外努力，从而鼓励生产者积极探索更加绿色可持续的生产方式。实践中，在福建南平森生态银行模式下，经营主体通过森林认证的参与获得了额外的效益，从而实现了部分生态产品的价值。当前，我国森林认证开展已经进入了快速发展的轨道，森林认证自20世纪90年代以来，发展迅速，在森林可持续经营中发挥了重要作用。PEFC（programme for the endorsement of sorest certification）和FSC（forest stewardship council）是全球公认的两大森林认证体系。中国森林认证管理委员会（CFCC）是我国自己的森林认证体系，也已成功地与PEFC和FSC体系实现了互认。截至2023年10月，中国森林认证体系共认证森林面积达599.74万hm^2，产销监管链（COC）认证企业359家，认证机构数量11家。截至2023年6月，中国有333.47万hm^{2}的森林经过了PEFC体系的认证，464家企业获得其COC认证。截至2023年10月，共有106个森林经营单位的165.65万hm^{2}森林通过FSC认证，19893个企业获得COC认证。除了森林认证，绿色食品认证、有机产品认证都能为相关生态产品带来一定程度的溢价。

5.2.2 绿色生态转化路径

学术界对于绿色生态转化路径的相关研究主要集中在以下几个方面：一是实践经验与实现途径方面，虞慧怡（2020）、Sierra和Russman（2006）等结合国内外生态产品价值实现的优秀成果和典型案例，明确现阶段探索实践中存在的不足，并吸取经验，提出推动绿色生态转化、促进生态产品价值实现的路径。二是在价值实现的基本模式方面，王夏晖（2020）等按照物质供给类产品、文化服务类产品、生态调节服务类产品总结了生态产品价值实现的三类基本模式；王会等（2017）以排他性为理论基础，构建"支付机制–制度供给主体"二维框架，识别了5类生态产品价值实现模式。三是政策与法律效应方面，高晓龙等（2022）从政府干预方式的角度，将政策工具分为市场化工具以及非市场化工具，并构建矩阵框架对其进行合法性分析。四是生态产品价值实现文本分析方面，Zhang等（2022）通过对258篇相关文章进行统计分析，得出生态产品相关研究主要涉及生态产品供给、生态产品价值实现、生态产业、生态文明、监测与评价5个方面。

总体来看，国内外学者从理论、实践模式和路径等多个角度对绿色生态转化开展了研究，为我国生态产品价值实现机制和试点工作的顺利实施提供了参考借鉴。

在国内实践层面上，2017年以来，生态环境部遴选了6批生态文明建设示范区或绿水青山就是金山银山实践创新基地，鼓励地方探索绿水青山就是金山银山实践路径的典型做法和经验，形成了"守绿换金""添绿增金""点绿成金""绿色资本"4种转化路径和生态修复、生态农业、生态旅游、生态工业、"生态+"复合产业、生态市场、生态金融、生态补偿等8种转化模式。

2019年，国家发展改革委批准浙江丽水和江西抚州为国家级生态产品价值实现机制试点，围绕自然资源统一确权登记、生态产品价值核算指标体系、价值转化政策体系、价值实现考评体系、绿色金融开发体系等内容展开探索和实践。

截至2023年9月，自然资源部推出4批共43个生态产品价值实现的典型案例，同时在6个省份开展自然资源领域的生态产品价值实现试点，总结了政府主导、市场主导和"政府+市场"等3种生态产品价值实现模式。地方层面上，已有25个省份、50多个地级市、超过160个县（市、区）出台了关于建立健全生态产品价值实现机制的实施意见或实施方案。

从实践内容来看，目前生态补偿仍然是最主要的生态产品价值实现方式，目前我国的纵向生态补偿有天然林保护工程、退耕还林（草）工程、森林生态效益补偿、湿地补偿、草原生态保护补助奖励和重点生态功能区生态转移支付等。横向生态补偿主要是跨流域的生态补偿，比如浙江-安徽、东阳-义乌、江西-广东等地开展了横向转移支付的探索，通过建立生态产品的市场交换关系，使生态产品的外部效应内在化。

除了由政府主导的生态补偿之外，近年来，全国各地因地制宜发展生态农业、生态工业和生态旅游，广泛探索了区域公用品牌认证、生态旅游、"生态银行"建设、绿色金融产品开发等一系列路径推动生态产品价值实现。也有很多地方通过开展生态产品价值核算，推进GEP进规划、进决策、进项目、进交易、进监测、进考核，为"两山"转化打下科学量化的基础。

从国内外100多案例来看，在生态产品价值实现方面开展了丰富多彩的实践活动，形成了一系列有特色、可借鉴的实践和模式，但多为县级及以下的小区域层面的典型个案，突出路径、模式和机制等，缺乏从省级层面整体考虑，进行综合系统分析。

因此，探索绿色生态转化路径，促进生态产品价值实现，是推动"两山"理论转化的核心、建设生态文明的应有之义，也是新时代必须完成的重大改革。不同地区的资源禀赋和经济状况具有明显的差异性，各个地区如何兼顾生态保护和经济发展关系，因地制宜选择绿色生态转化路径是当前政府迫切需要解决的问题。因此，不同地区应根据其实际的资源和经济情况，探索有效的绿色生态转化路径。

（1）绿色生态转化的技术经济路径

①生态资源路径：在生态环境资源丰富地区，因地制宜发展生态产业，探索生态优势向发展优势转变的实施路径。

②生态补偿路径：通过建立健全生态补偿机制，转移生态功能重点区域（生态重要区域、生态敏感区域）支付财政资金，提升当地生态系统服务功能，鼓励重点生态区提供更多的公共生态产品。

③生态转型路径：在资源开发强度高或资源枯竭的地区，以产业转型和产业提质为核心，对工矿业进行绿色改造和提升，培育资源节约友好型生态产业，推动经济绿色发展。

④生态延伸路径：通过产业链延伸的方式，促进一二三产融合发展，将生态产品要素融入其他商品和服务的生产过程，形成"生态+"的复合产业发展体系。

⑤美丽生态路径：依托自身生态市场，打造优美生态环境，促进优质资源集聚，发展旅游、康养、特色小镇、摄影写真等"美丽经济"。

⑥生态金融路径：建立生态产品价值（GEP）评价机制，构建生态价值实现的市场化运营体系和交易体系，开展用能权、碳排放权、排污权、水权等市场化运作，将生态资源股权化、证券化、基金化。

⑦生态文化路径：在历史文化底蕴深厚的地区，依托生态资源禀赋，充分挖掘当地文化脉络，梳理红色文化、历史文化、民俗文化等文化资源，激发绿水青山的人文生命力，推动文化、生态、产业的融合发展。

⑧生态数字路径：通过数字化推动产品价值提升，实现生态产品供需的精准对接，构建产业链数字服务体系，实现产业数字化、生态化、规模化、品牌化"四化"发展，促进人民群众增收致富。

（2）绿色生态转化的经济驱动路径

①外溢共享型：绿色生态服务或产品的公共性和外部性特征容易使其产生的价值"外溢"，这类公共性生态产品往往由政府通过转移支付、财政补贴等方式进行"购买"或开展生态保护补偿，以显化其外溢的价值，包括重点生态功能区纵向转移支付、流域上下游横向生态补偿等。

②赋能增值型：主要通过明确或扩展绿色生态资源资产及其产品的权能，如自然资源使用权、经营权的出让、转让、出租、抵押、入股等，实现自然资源资产所承载的生态价值。此外，部分生态产品可以通过品牌认证等方式实现价值的提升与显化，如国家"地理标志产品"品牌等。

③配额交易型：主要对自然资源、生态容量、生态权益等实施总量控制，将非标准化的生态系统服务转化为标准化的"指标"和"配额"产品，通过市场交易方式实现价

值,如碳排放权配额交易、碳汇交易、美国湿地信用指标交易等。

(3) 绿色生态转化的政策推动路径

①政府主导型路径,依靠财政转移支付、政府购买服务等为主,辅以政策支持、技术支持、财税补贴等方式,实现生态产品价值。

②市场推动型路径,主要表现为通过市场配置和市场交易,实现可直接交易类生态产品的价值,包括直接交易、权属交易、绿色金融(湿地银行、森林银行、绿色基金、绿色期权、债券、信贷等)、生态产业化、产业生态化等。

③"政府+市场"社会广泛参与型路径,通过法律或政府行政管控、给予政策支持等方式,培育交易主体,促进市场交易,进而实现生态产品的价值。

从2019年开始,生态产品价值实现机制的相关政策文件开始制定并陆续出台,政策制度体系进入实践探索期,呈现出政府主导、市场化运作、社会各界参与、可持续发展的推进特征。从政策内容来看,各地政策在贯彻落实中央文件精神的基础上,以借鉴先行试点城市经验为主导,在发展目标、发展思路、体制机制等方面缺乏具有城乡区域特性的探索,同时在细则措施的制定方面力度略显不足。这表明各地生态产品价值实现探索实践的政策制定方面结合自身实际情况存在不足,需鼓励有条件、有基础的地方政府根据需要和区域特点,制定相关策略性举措推进地区城乡生态产业发展和生态产品价值实现示范区的建设。

在绿色生态转化的政策推动的实践层面,参考国务院发布的《关于建立健全生态产品价值实现机制的意见》,在生态环境优美化方面,政府可将关注点集中在强化生态保护修复、提高能源资源利用效率等上来,以提升生态环境社会认可度和人民满意度。例如,加强技术创新,推广循环农业节能技术、降低生态资源能耗;通过服务平台的建设,加快促进生态系统服务惠及广大民众。在推进生态资源产业化方面,重点将政策工具集聚到推进生态农业典型性、生态能源产业智能化、生态服务综合性和生态工业集聚性等方面,以政策为导向探索生态产业化发展新路径。在生态产业高效化方面,重点将政策工具集聚到技术创新和交流合作上来,加强与高校、研究所等国外研究团队和专家合作交流,进一步推进生态产业科研成果转化。同时加快生态产业数字化建设,打造数字化服务和交易平台,促进生态产业向高端化升级。在加快生态产业品牌化方面,可将更多政策工具集聚到公共平台建设上来,依托自身自然资源禀赋,加快培育城乡区域生态品牌,发挥生态地标品牌对城乡融合与生态产品价值实现的推进作用,带动当地产业提升产品与服务供给质量,激发绿色优质生态产品与服务消费需求,打造覆盖全品类、全产业链的城乡生态产品公用品牌,实现区域生态品牌良性发展。最终形成生态环境质量优良、生态资源资产丰富、生态产业发展壮大、生态价值实现机制基本健全、生态产品价值实现成效显著的标杆。

生态产品价值实现的本质是将各类生态资源所蕴藏的存在价值转化为经济、社会和生态效用的过程,其结果是将生态优势转化为经济优势。目前生态产品价值实现存在的问题主要体现在实践层面和理论层面。实践层面,生态产品价值实现方式存在系统性不足和整体性欠缺的问题。例如,部分地区缺乏"两山"之间的转化渠道,存在市场机制不匹配的问题；也有部分地区内缺乏综合性和持续性的生态修复，缺少区域间的跨区协同发展，从而使得生态产品的供给存在单一且同质的问题（刘怀德，2020）。刘峥延等（2019）提出三江源生态产品价值实现存在生态产品同质化严重、购买力度不足、生态保护与经济发展间矛盾尚未解决等问题。张文明（2020）基于福建森林生态银行调研，提出当前我国生态产品价值实现存在产权不明确、权能交易不规范、有偿使用不合理以及监督与管理不清等问题。理论层面，存在对生态产品价值认识不到位、核算不科学、生态产品的定价机制和市场体系不健全以及生态产品价值实现过程中监管不到位等问题（罗胤晨等，2021）。沈辉等（2021）和Yang等（2023）在分析了生态产品的内涵以及价值理论的基础上，提出当前生态产品价值实现在生态产品价值核算、政策保障、资金支持力度、交易价格机制以及生态保护补偿等方面存在问题。

生态产品价值实现是一项复杂的系统工程，涉及环境、资源、产业和市场等多个领域，必须根据不同生态系统的生态区位、环境质量和资源禀赋，结合区域经济社会发展水平，围绕生态产品价值实现的重点领域和关键环节设计相应的保障机制。

曾贤刚（2020）认为建立健全生态产品价值实现制度保障体系，需考虑到对"私人"生态产品溢价的保障，在此基础上，还需要建立生态产品价值核算体系，明晰自然资产产权，创新生态补偿机制，拓展多元化的生态金融渠道以及明确的法律支持与保障。刘伯恩（2020）指出构建生态产品价值实现机制，需要坚持以下原则，首先是坚持"两山理论"的发展理念和遵循政府主导、市场配置、多方参与的原则；其次是应该按照因地制宜和分类施策的原则，增强自我造血功能和发展能力；最后应坚持并贯彻"谁受益谁补偿、谁保护谁受益"的原则理念。蒋金荷等（2021）建议从建立生态资源保护利益导向机制、生态产品价值考核机制以及绿色金融支持机制等方面保障生态产品价值实现。为确保生态产品价值充分及有效率的实现，张文明（2020）提出应从明晰生态资产产权、建立生态产品价值核算机制、优化生态资产管理和建设生态产品价值实现市场4个角度尽快完善生态产品价值实现机制。此外，由于生态产品的空间异质性，在完善生态产品价值实现机制的过程中，可以考虑进行空间分区以促进实现不同类型生态产品的价值。

基于价值共创理论，仅以政府主导或市场主导，其他主体参与较少，很难有效激发生态产品价值实现活力。推进绿色生态转化，实现生态产品价值，需要政府、企业、金融机构、社会组织等多元主体的协同参与和运作，促成多主体、多层次、多形态的有机结合，建立长效实现和管理机制。从政府、企业、农民专业合作社、金融机构、高等院校及科研院所、社会组织以及广大群众等各主体参与生态产品价值实现的行为逻辑和价值诉求来说，政府作为主导者，主要通过生态建设资金安排和转移支付，生态补偿、生态产品价值核算及结果应用、产品市场交易等机制制定和完善，相关政策和制度设计安排等方式推进生态产品价值实现；同时还要注重对其他参与主体的扶持、管理和监督。企业通过对生态资源利用和生态产品经营进行统筹协调和整体规划，提供高质量的生态服务和生态产品，满足和创造消费者需求，从而获得由经营业绩增长带来的直接经济收益。农民专业合作社以统一标准、统一管理和监督等方式提高生态产品质量，依据生态资源禀赋培育、发展优势生态产业，通过深入融合，将农村生态产品的生产、流通、加工、销售等纳入农民专业合作社运营体系，提高农村生态产品的附加值；借助市场信息获取优势，开展社会化服务，利用市场机制，有机融合生态产品生产、销售、金融支持等环节。金融机构通过生态基金、生态债券、政策性银行贷款等金融服务，为政府、企业、个人等生态产品市场主体提供融资支持保障，推动生态产品经营向产业化、多元化、规模化发展；通过实现生态产品交易流通中支付结算的全过程监控，利用生态产品质量保险、生态环境污染破坏强制责任保险等绿色保险产品，有效提高生态资源权益交易的效率，提升市场对生态产品价值的认可度，促进生态产品价值增值；通过"生态积分"制度，引导各参与主体参与生态环境保护。高校和科研机构主要通过校企合作、校地合作、校产合作，强化智力支撑等方式参与生态产品价值实现。一方面，通过成立专门的生态产品价值实现研究中心，围绕生态产品理论基础、价值核算、实现路径等重点问题展开研究，举办或参加国际研讨会、经验交流论坛等，学习借鉴国际相关经验，突破生态产品价值实现在重大基础理论、关键技术、体制机制和政策保障等方面的难题；另一方面，向政府、企业等培养并输送既懂经济学、又懂生态学的复合型专业人才，满足生态产品价值实现的人才需求。社会组织一方面可以通过公益基金等方式开展生态保护公益性活动和环保宣传，充分发挥自身引导全社会参与生态环境保护的积极作用；利用环境信息公开和公益诉讼等方式，有效监督和打击各类环境破坏行为；另一方面，通过为企业或个人生态产业提供专业的技术指导、培训、资金支持和渠道，参与生态产品市场化经营开发。个人主要通过产品生产经营、资源使用权流转、生态环境保护等方式参与价值实现，同时还可以以消费者身份进行生态产品购买，提高生态产品消费水平。因此，以政府为主导，充分调动其他主体参与意愿，发挥各主体在生态产品价值实现中的积极作用，推动生态产品价值实现保值、增值、提质，参与生态产品价值共享，形成"积极参与—价值共创—价值共享"的生态产品价值，形成多主体参与机制。

通过对我国已有的生态产品及其价值实现研究以及实践探索进行系统的文献梳理和案例剖析，得到如下结论：第一，目前我国对于生态产品及其价值实现的研究主要集中在生态产品的概念内涵、价值核算和实现路径模式以及典型案例分析等方面。第二，生态产品价值核算体系构建主要为GEP生态产品价值评估体系，其方法涉及直接市场法、替代市场法与意愿调查法等。第三，我国生态产品价值实现路径主要为政府路径、市场路径以及政府+市场混合路径。目前国内外主流的生态产品价值实现路径为政府+市场路径，在这种路径下，已形成了全域环境综合整治+生态修复+生态产业开发模式、生态资源指标及产权交易模式、生态修复+全域土地综合整治及增值溢价+生态产品经营化模式和特许经营+公园导向型开发模式+生态补偿+生态产品经营化模式。不同的实现模式要求政府和市场的参与程度不同，且针对不同对象，需要有差别地选择生态产品价值实现途径，不能以破坏生态环境为代价实现更大利益，这就要求全面正确履行政府职能，保证生态产品价值实现的合理化、绿色化和有序化。第四，目前生态产品价值实现存在的问题主要体现在实践层面和理论层面。实践层面，生态产品价值实现模式存在系统性不足、整体性欠缺的问题。理论层面，存在对生态产品价值认识不到位、核算不科学、生态产品的定价机制及市场体系的不健全以及生态产品的监管不到位等问题。

虽然目前我国学者在生态产品相关方面的研究已取得了一系列进展，但未来亟须通过多学科交叉融合、多元化数据库关联以及先进技术支撑来开展进一步研究：第一，如何在系统的价值核算体系中考虑生态产品的异质性，以实现统一的生态产品价值核算；第二，尽管生态产品价值实现路径和模式的不可复制性较强，但仍可从生态产品类型入手，发展出完整的集生态治理修复、生态补偿、生态产业化发展的生态产品价值实现链条；第三，针对当前生态产品价值实现缺少制度保障的问题，如何从政府角度和市场角度完善当前法律法规，充分考虑双方权益，保障可持续的生态产品价值实现，是当前亟须重视的迫切事宜。

总的来看，全面推进绿色生态转化、生态产品价值实现仍然面临着一些困难和问题，主要表现为优质生态产品供给能力仍相对不足，生态产品价值实现的机制体制创新亟待加强，支撑生态产品价值实现的理论研究还存在较大技术难题，生态产品价值实现实践创新需要顶层设计、部署破解以上约束和难题，亟待建立多层次、多尺度、全方位的生态产品价值实现理论和技术方法体系，找准制约生态产品价值实现的关键环节和难点障碍，从制度机制上进行顶层设计，加快培育生态产品价值实现新动能，选择适宜的生态产品价值分类分级具体实现路径，为推动"绿水青山"就是"金山银山"转化通道提供必要的发展支撑点。

5.3 绿色生态转化优势转化发展面临的战略形势

生态文明建设是关系中华民族永续发展的根本大计，以习近平总书记为核心的党中央国务院把生态文明建设放在突出地位，融入中国经济社会发展各方面和全过程，聚焦国家生态安全屏障建设、突出对国家重大战略的生态支撑，努力建设人与自然和谐共生的现代化，为生态保护修复工作提供了方向指引和根本遵循。迈入新时期，生态文明建设面临新要求。生态兴则文明兴，生态衰则文明衰。建设生态文明是关系人民福祉、关乎民族未来的大计。当前，我国生态文明建设进入了以降碳为重点战略方向、推动减污降碳协同增效、促进经济社会发展全面绿色转型、实现生态环境质量改善由量变到质变的关键时期，对推进绿色生态转化发展提出了新要求。

四川位于中国西部和青藏高原东南缘，在全国总地势中处于第一、第二阶梯上，面积48.5万km^2，占有长江上游地区的"半壁江山"，在国家生态安全格局、西部大开发和长江经济带发展中战略地位突出、生态区位特殊，应当成为国家绿色发展的战略重点区域，把绿色生态优势转化成发展优势，坚持生态优先，绿色发展，是符合国家生态安全战略的必然需求。

5.3.1 国家战略

5.3.1.1 全面乡村振兴国家战略

乡村振兴战略是党的十九大报告中提出的国家战略。2018年1月2日，中共中央、国务院印发《关于实施乡村振兴战略的意见》。3月5日，《2017年政府工作报告》提出，大力实施乡村振兴战略。2018年全国两会期间，习近平总书记多次提到乡村振兴，谈到"三农"问题。5月31日，中共中央政治局召开会议，审议通过《国家乡村振兴战略规划（2018—2022年）》，明确了2020年和2022年的目标任务，细化实化了工作重点和政策措施，为分类有序推进乡村振兴提供了重要依据。

中央农村工作会议首次系统地提出了"中国特色的乡村发展道路"，在"八个坚持"中，强调要坚持绿色生态导向，推动农业农村可持续发展；在"七条道路"中，指出必须坚持人与自然和谐共生，走乡村绿色发展之路。绿色发展被提到了十分重要的地位。

新时代我国社会主要矛盾是人民日益增长的美好生活需要和不平衡不充分的发展之间的矛盾，就包括对绿色生态的需要，就包括对绿色生态的不充分的发展之间的矛盾。由此看来，乡村绿色发展正处在良好的机遇期。

四川作为西部内陆省份，与发达地区相比，乡村发展总体水平落后，乡村发展不平衡不充分的问题更为突出，四川实施乡村振兴战略不仅具有良好的基础，而且还拥有一系列有利条件和重要机遇。

四川省工业化已经进入中后期，城镇化率已接近50%，意味着城市和工商业对农村、农业的带动能力不断增强，城市反哺农村、工业反哺农业的趋势将更为有力。经过不断改革，四川省城乡要素自由流动的程度逐步提高，城市资本、技术、人才向乡村流动的趋势日益明显。乡村自然环境优美、生态优势突出、农耕文化浓厚、民族文化丰富，随着人民消费结构提档升级和消费模式转变，乡村旅游、乡村民居、乡村文化、乡村生态的价值必然日益提升，坚持人与自然和谐共生，走乡村绿色发展之路，进一步拓展农村、农业发展的空间，促进新时代农村经济高质量发展。

5.3.1.2 "碳达峰碳中和"国家战略

力争2030年前实现碳达峰、2060年前实现碳中和，是以习近平总书记为核心的党中央统筹国内国际两个大局作出的重大战略决策，事关中华民族永续发展和构建人类命运共同体。自2020年9月在第七十五届联合国大会上正式宣布这一目标以来，党中央多次对做好碳达峰、碳中和工作，作出战略擘画和系统部署。实现碳达峰、碳中和是一场广泛而深刻的经济社会系统性变革，要将其纳入经济社会发展全局，坚定不移走生态优先、绿色低碳的高质量发展道路；强调实现碳达峰、碳中和是对我党治国理政能力的一场大考，必须坚持全国一盘棋，纠正运动式"减碳"，做到先立后破；要求调整优化能源结构、产业结构，建立健全绿色低碳循环发展的经济体系，加快形成节约资源和保护环境的产业结构、生产方式、生活方式、空间格局。这些重要论述，深刻阐明了实现碳达峰、碳中和的重大意义、基本思路和实践要求，充分彰显了加快绿色低碳转型的鲜明导向和坚定决心，为推动绿色低碳发展提供了方向指引和实践遵循。立足新发展阶段、贯彻新发展理念、构建新发展格局，实现碳达峰、碳中和将成为引领我国未来高质量发展不可动摇的战略目标，深刻重塑经济结构和能源结构，深刻改变生产方式和生活方式，既带来资源环境刚性约束趋紧、转型发展压力增大等紧迫挑战，又将极大激发和创造新的社会需求，催生一批新技术、新产业、新业态、新模式，蕴含着培育发展新动能的重大机遇。

四川发展不平衡不充分问题仍较突出，完整、准确、全面贯彻新发展理念，加快推动高质量发展，始终是事关发展方向的根本性要求。随着工业化、城镇化进程深入推进，我省未来能源消费需求将持续增长，统筹经济发展、民生改善与实现"双碳"目标的任务十分艰巨。这些都迫切要求做好发展绿色低碳优势产业的"加法"，提高清洁能源供给能力和利用水平，促进清洁能源关联产业发展壮大，更好保障能源安全和支撑未来发展。只有把新的能源和产业"立"起来了，调整能源结构和产业结构才有"破"的基础，经济社会发展才有"稳"的条件和"进"的支撑，确保做到有序降碳、有效降碳、安全降碳。

四川是长江黄河上游重要生态屏障，自然生态本底良好，清洁能源资源富集，正加快建设全国优质清洁能源基地和国家清洁能源示范省，发展绿色低碳优势产业具备得天独厚的优势。从清洁能源优势看，截至2020年年底，四川省水电装机容量达8082万kW、年发电量达3514亿kW·h，分别占全国的21.8%、25.9%；天然气（页岩气）探明储量5.18万亿m^3、年产量达432亿m^3，分别占全国的27.4%、22.9%，相关指标均居全国第一位。同时，风能、太阳能等清洁能源还有很大开发空间，全省技术可开发风能资源超过1800万kW、太阳能资源达到8500万kW，如果实现大规模开发利用，有望再造一个"水电四川"。从产业基础优势看，近年来四川省清洁能源及相关产业加快发展，先后引进一批在全国乃至全球有影响力的头部企业，落地一批具有基础性、支撑性、引领性的重大项目，全球前10强晶硅光伏企业已有5户落户四川，发电设备产量连续多年位居全球第一，全国最大的动力电池产能基地加快建设，产业链条趋于完备，集聚效应逐步显现，形成了蓬勃向上的发展态势。过去，四川依托三线建设国家战略，大力发展电子信息、装备制造、航空航天等重点产业，奠定了四川作为全国经济大省、工业大省的地位。面向未来，在服务国家碳达峰、碳中和战略全局中，四川靠什么来塑造产业发展新优势，其中重要一项就是要培育壮大一批在全国数一数二的绿色低碳优势产业集群，在巩固已有优势的基础上，进一步提升在全国经济版图中的地位和能级。

在"双碳"目标下推动绿色低碳优势产业发展，符合国家政策导向，具有充分的政策依据。中共中央、国务院《关于完整准确全面贯彻新发展理念做好碳达峰碳中和工作的意见》明确要求，大力发展绿色低碳产业，加快构建清洁低碳安全高效能源体系。国务院印发的《2030年前碳达峰行动方案》将能源绿色低碳转型摆在"碳达峰十大行动"之首，要求因地制宜开发水电，全面推进风电、太阳能发电大规模开发和高质量发展。《成渝地区双城经济圈建设规划纲要》对强化能源保障作出重要部署，要求优化区域电力供给，统筹油气资源开发，建设优质清洁能源基地。近年来，国家有关方面还就晶硅光伏、新型储能、新能源汽车、大数据等产业发展，出台了一系列引导支持政策。这些都为发展绿色低碳优势产业提供了鲜明的政策导向和有力的政策支撑。

5.3.2 区域战略

5.3.2.1 西部大开发战略

西部地区拥有全国72%的国土面积、27%的人口，在维护国家生态安全、水安全、能源资源安全、国防边境安全等方面具有重要战略地位。改革开放以来，中国东部沿海地区发展迅速而西部地区相对落后。据统计，全国大约63.34%的贫困县和一半以上的生态脆弱县位于西部地区。积极探索新的发展方式，缩短东、西部地区间的差距是中国尤其是西部地区发展的首要任务。包括四川在内的西部地区是中国主要生态服务功能供给区，同时也是中国生态系统最为脆弱、气候条件最为复杂的区域。尽管国家已采取了一系列的生态环境保护与修复措施，但西部地区生态环境状况没有得到根本性改善，进一步恶化的趋势依然显现。因此，西部地区发展所面临的最大挑战在于如何在确保生态环境服务功能持续不断供给的前提下，防止生态环境恶化。

自1999年西部大开发政策实施以来，我国出台一系列优惠扶持政策，依靠国家对西部地区的转移支付和政策倾斜，利用国内外两个市场、两种资源、两种资本，承接产业转移，推动企业体制改革和机制创新，促进企业技术升级和产业结构的优化调整，形成多层次、宽领域的对外开放格局，西部地区社会经济发展水平得到了空前的提升。统计数据显示，西部12个省份GDP总额已由1999年的4.54万亿元增至2011年的23.20万亿元，增长了4.3倍。然而，这一经济增长成果主要来自外界资本注入，而非本地技术水平提升和区域人力资本积累等内部动力。

到"十三五"时期，我国已具备在更大规模、更多领域内推动西部大开发的实力。2016年国家启动新一轮西部大开发，制定了《西部大开发"十三五"规划》，部署进一步推动新一轮西部大开发工作，强调进一步增加内生动力、继续抓基础设施建设和生态环境建设以及加强特色产业发展等更加综合的措施。为深入实施西部大开发战略，促进区域协调发展，支持"一带一路"建设和长江经济带发展，2016年国家新开工西部大开发重点工程30项，投资总规模为7438亿元，重点投向西部地区铁路、公路、大型水利枢纽和能源等重大基础设施建设领域。

西部大开发作为我国区域发展总体战略的四大板块之一，在提出长江经济带、"一带一路"以后，随着基础设施的不断完善，整个区位条件已经发生了巨大的变化，西部在区位方面的劣势已逐步转变成了优势。因此，在长江经济带、"一带一路"积极推进背景下，以改革开放为切入点，全面提升对内对外开放水平，加快推进沿边开放和内陆开放，使西部由"跟跑"开放成为新的开放前沿；加强基础设施建设和生态环境保护，不仅是未来保证西部大开发实现绿色发展的一个要素，更是一个重要的经济增长点。

四川是支撑"一带一路"建设和长江经济带发展的战略纽带与核心腹地，是长江上游重要生态屏障和水源涵养地，是"稳藏必先安康"的战略要地，是我国经济大省、人口大省、农业大省、资源大省、科教大省。党中央提出，四川是西部地区的重要大省，在全国发展大局中具有重要的地位，做好四川改革发展稳定工作意义重大；要求四川从"努力走在西部全面开发开放前列"到"打造立体全面开放格局、建设内陆开放经济高地"，明确了四川服务国家开放战略的方向和定位，极大拓展了新形势下四川开辟发展新空间的格局和视野。

新一轮西部地区开发开放把四川这样的西部地区、内陆地区推向了开放前沿。这正是四川推进绿色生态转化发展、扩大开放面临的重大机遇。

5.3.2.2 长江经济带发展战略

2016年2月15日，国家发展改革委发文《坚持生态优先绿色发展 扎实推进长江经济带建设》，将着力打造"一道两廊三群"，即大力构建绿色生态廊道、建设综合立体交通走廊和现代产业走廊、发展沿江三大城市群，新开工建设一批重大项目，充分发挥协商合作机制作用，推动长江经济带发展迈上新台阶。长江经济带横跨中国东中西三大区域，是党中央重点实施的"三大战略"之一，是具有全球影响力的内河经济带、东中西互动合作的协调发展带、沿海沿江沿边全面推进的对内对外开放带，也是生态文明建设的先行示范带。

2016年9月，《长江经济带发展规划纲要》正式印发，确立了长江经济带"一轴、两翼、三极、多点"的发展新格局。"一轴"是以长江黄金水道为依托，发挥上海、武汉、重庆的核心作用，推动经济由沿海溯江而上梯度发展；"两翼"指沪瑞和沪蓉南北两大运输通道，这是长江经济带的发展基础；"三极"指长江三角洲城市群、长江中游城市群和成渝城市群，充分发挥中心城市的辐射作用，打造长江经济带的三大增长极；"多点"指发挥三大城市群以外地级城市的支撑作用。

2016年1月，上游重庆；2018年4月，中游武汉；2019年5月，南昌；2020年11月，下游南京，2023年10月，南昌。习近平总书记走遍长江经济带覆盖的11个省（市），一直心系长江经济带发展，亲自谋划、亲自部署、亲自推动，多次深入长江沿线视察工作，多次对长江经济带发展作出重要指示批示，多次主持召开会议并发表重要讲话，站在历史和全局的高度，为推动长江经济带发展掌舵领航、把脉定向。从"推动"到"深入推动"，再到"全面推动"，为长江经济带绿色高质量发展擘画了宏伟蓝图。

2016年1月5日，推动长江经济带发展座谈会深刻论述了推动长江经济带发展的重大意义，强调推动长江经济带发展必须从中华民族长远利益考虑，走生态优先、绿色发展之路，把修复长江生态环境摆在压倒性位置，共抓大保护、不搞大开发。2018年4月26日，深入推动长江经济带发展座谈会指出，新形势下推动长江经济带发展，关键是要正确把握整体推进和重点突破、生态环境保护和经济发展、总体谋划和久久为功、破除旧动能和培育新动能、自身发展和协同发展等"5个关系"，坚持新发展理念，坚持稳中求进工作总基调,坚持共抓大保护、不搞大开发,探索出一条生态优先、绿色发展新路子,使长江经济带成为引领我国经济高质量发展的生力军。

2020年11月14日,全面推动长江经济带发展座谈会指出,要坚定不移贯彻新发展理念,推动长江经济带高质量发展,谱写生态优先绿色发展新篇章,打造区域协调发展新样板,构筑高水平对外开放新高地,塑造创新驱动发展新优势,绘就山水人城和谐相融新画卷,使长江经济带成为我国生态优先绿色发展主战场、畅通国内国际双循环主动脉、引领经济高质量发展主力军。

2023年10月12日,进一步推动长江经济带高质量发展座谈会指出,要完整、准确、全面贯彻新发展理念,坚持共抓大保护、不搞大开发,坚持生态优先、绿色发展,以科技创新为引领,统筹推进生态环境保护和经济社会发展,加强政策协同和工作协同,谋长远之势、行长久之策、建久安之基,进一步推动长江经济带高质量发展,更好支撑和服务中国式现代化。

自古以来,四川在长江经济带中一直扮演着重要的角色,发挥着重要的作用。四川是长江上游生态屏障和经济核心区,是发源地、保护地,直接影响到长江中下游地区生态、社会、经济的发展。根据国家的决策部署,四川确立了"全力打造长江经济带战略腹地和重要增长极"的战略定位,四川省委、省政府认真贯彻落实习近平总书记来川重要讲话精神,坚持以共抓大保护、不搞大开发为导向推动长江经济带发展,把修复长江生态环境摆在压倒性位置,增强大局意识,牢固"上游意识",担起"上游责任",围绕打造长江经济带绿色生态走廊,继续推进重大生态建设工程,建设长江上游生态屏障,确保长江流域生态环境得到不断改善,实现长江流域生态安全与经济社会可持续发展,筑牢长江上游生态屏障,守护好这一江清水。

5.3.2.3 成渝地区双城经济圈发展战略

成渝地区双城经济圈位于"一带一路"和长江经济带交汇处,是西部陆海新通道的起点,具有连接西南西北,沟通东亚与东南亚、南亚的独特优势。区域内生态禀赋优良、能源矿产丰富、城镇密布、风物多样,是我国西部人口最密集、产业基础最雄厚、创新能力最强、市场空间最广阔、开放程度最高的区域,在国家发展大局中具有独特而重要的战略地位。

2020年1月,中央财经委员会第六次会议作出推动成渝地区双城经济圈建设、打造高质量发展重要增长极的重大决策部署,为未来一段时期成渝地区发展提供了根本遵循和重要指引。2021年10月20日,中共中央、国务院印发的《成渝地区双城经济圈建设规划纲要》,是指导当前和今后一个时期成渝地区双城经济圈建设的纲领性文件,是制定相关规划和政策的重要依据。规划纲要明确了成渝地区双城经济圈建设的战略定位,即具有全国影响力的重要经济中心、具有全国影响力的科技创新中心、改革开放新高地、高品质生活宜居地。根据规划纲要,到2025年,成渝地区双城经济圈经济实力、发展活力、国际影响力大幅提升,一体化发展水平明显提高,区域特色进一步彰显,支撑全国高质量发展的作用显著增强；到2035年，建成实力雄厚、特色鲜明的双城经济圈，成为具有国际影响力的活跃增长极和强劲动力源。

推动成渝地区双城经济圈建设，是构建以国内大循环为主体、国内国际双循环相互促进新发展格局的重大举措，对推动高质量发展具有重要意义。推动成渝地区双城经济圈建设，有利于形成优势互补、高质量发展的区域经济布局，拓展市场空间、优化和稳定产业链供应链，是构建以国内大循环为主体、国内国际双循环相互促进的新发展格局的一项重大举措；有利于在西部形成高质量发展的重要增长极，增强人口和经济承载力；有助于打造内陆开放战略高地和参与国际竞争的新基地，助推形成陆海内外联动、东西双向互济的对外开放新格局；有利于吸收生态功能区人口向城市群集中，保护长江上游和西部地区生态环境。

2023年7月，党中央指出，要坚持"川渝一盘棋"，加强成渝区域协同发展，构筑向西开放战略高地和参与国际竞争新基地，尽快成为带动西部高质量发展的重要增长极和新的动力源。推动成渝地区双城经济圈建设，是中央为统筹区域协调发展作出的重大战略决策，不仅为区域发展赋予了全新优势，创造了更为有利的条件，还赋予了新的使命和责任，四川将进一步加强与重庆方面全方位协作，强化双核联动、双圈互动，着力推进交通基础设施、现代产业体系、科技创新资源、城市服务功能和社会公共政策互联互通，在协同共进、互利共赢中唱好"双城记"、建好经济圈。坚定不移地走生态优先、绿色发展之路，扩大优质生态产品供给，推动自然资本增值，将生态资源优势转化为绿色发展势能，在推进长江经济带绿色发展中发挥示范作用，加快打造高品质生活宜居地，推动形成人与自然和谐发展现代化建设新格局，让长江两岸的绿水青山释放出更大的生态效益、经济效益和社会效益，让子孙后代能够继续享受长江带来的福祉。

2023年11月，依据《成渝地区双城经济圈建设规划纲要》《全国重要生态系统保护和修复重大工程总体规划（2021—2035年）》等有关规划，重庆市人民政府办公厅、四川省人民政府办公厅联合发布《成渝地区双城经济圈"六江"生态廊道建设规划（2022—2035年）》，规划区范围主要包括成渝地区双城经济圈内长江干流、嘉陵江干流、乌江干流、岷江干流、涪江干流、沱江干流的沿线乡镇（街道），共涉及四川省13个市53个县（市、区）333个乡镇（街道），重庆市26个区县（自治县）250个乡镇（街道），串联成渝双核及46个重要节点城市，涉及总面积约3.51万km^2。通过科学统筹"六江"生态廊道整体保护、系统修复、综合治理，着眼提升川渝两地跨区域、跨流域协同治理能力，共筑长江上游重要生态屏障，助力成渝地区双城经济圈建设，实现长江经济带绿色发展，将"六江"生态廊道建设成为长江上游重要生态屏障重点保护带、长江上游生态优先绿色发展示范带、巴山蜀水生态人文魅力展示带。

2022年3月，生态环境部联合国家发展改革委、重庆市人民政府、四川省人民政府印发《成渝地区双城经济圈生态环境保护规划》（以下简称《规划》）。《规划》明确了推进绿色低碳转型发展、筑牢长江上游生态屏障、深化环境污染同防共治、严密防控区域环境风险、协同推进环境治理体系现代化等5方面重点任务，提出了9项重大工程，包括区域生态修复重大工程、生物多样性保护重大工程、水生态环境治理重大工程、大气污染治理重大工程、土壤污染风险管控与治理修复重大工程、固体废物综合利用工程、人居环境问题整治工程、区域环境风险防控重大工程、生态环境治理能力建设重大工程等，落实"共抓大保护、不搞大开发"方针，协同实施重要生态系统保护和修复重大工程，深入推进环境污染联防联治，坚持先立后破、有计划分步骤实施碳达峰联合行动，携手筑牢长江上游生态屏障。

可见，四川应抓住"一带一路"建设、长江经济带发展、黄河流域生态保护和高质量发展、新一轮西部开发开放、成渝地区双城经济圈建设以及全面推进乡村振兴等国家战略的重大机遇，实施"一干多支"发展战略，对内形成"一干多支、五区协同"区域协调发展格局，对外形成"四向拓展、全域开放"立体全面开放格局，全面落实新发展理念，把良好的绿色生态优势转化为生态农业、生态工业、生态旅游等产业发展优势，着力加快绿色发展，推进经济发展转型，实现绿色富省、绿色惠民，推动美丽四川高质量发展，构建"山清水秀、城乡共美"的生态支撑体系。

5.4 绿色生态转化优势转化发展面临的挑战

5.4.1 科技支撑挑战

科学技术是第一生产力，是推动人类社会发展的强劲动力。随着科技的进步，人类生产力得到了极大解放和提高，大大加快了人类现代化进程，促进了人类事业的进步。近代以来世界发展历程表明，一个国家和民族的科技创新能力和发展，从根本上影响着这个国家和民族的前途命运。现代经济社会发展的主动权和竞争力就取决于科技创新能力。

当前，生态文明时代的科学技术已呈现出绿色科技文明的色彩。在绿色发展成为21世纪全球主流战略的时代，绿色科技浪潮正扑面而来。实现绿色发展，就要发挥科技的支撑、引领作用，实现绿色生产力的发展，促进绿色生活方式的转变，促进人与自然的和谐共生。

（1）科技创新能力不足，科技转化率不高

近年来，四川省林业科技工作认真贯彻"创新驱动发展战略"，着力推进创新能力提升、创新成果研发及推广应用，创新研发了一大批生态建设和产业发展的技术成果，有效支撑了长江上游生态屏障建设，推动了产业发展和农民增收。与"十二五"期间相比，全省林业科技贡献率由47%提高到57.2%，成果转化率由58%提高到70%。

但与发达省份和省内其他行业相比，林业科技工作仍处于"总体基本跟进、局部领域领先、关键学科落后"的状态，不能满足现代林业建设、支撑林业行业发展的需要，面对新要求，林业产业发展由要素驱动向创新驱动转变任务艰巨。一是创新成果仍显不足。重资源培育、轻加工利用，重引进、轻创新，四川省近几年创新成果数量虽已达到50项，但由于完全自主研发的高水平成果不多，相当一部分成果来源于引进吸收再创新；林业基础研究储备、关键技术研发能力不强，在品种选育、新产品研发、新设备制造和森林集约经营、资源综合利用等方面创新能力明显不足。二是科技创新条件落后。四川省目前尚未建立长期固定的林业大型综合实验基地，林业工程技术中心、生态定位观测站数量稀缺且基础薄弱，林业重点实验室功能单一，人才队伍结构不合理，科技领军人物和优秀拔尖人才匮乏。三是机制体制创新不够。林业科研院所体制机制改革滞后，调动科技人员积极性的激励机制尚未建立。科技创新涉及的部门和环节结合度不高，没有形成有效的合作机制、互补机制和共享机制，科研成果评价机制有待完善。四是创新投入明显不足。目前四川省林业科技投入占林业总产值的比例不足0.1%，远低于全国平均水平。四川省林业科技创新经费主要来源于国家林业和草原局和省科技厅，每年投入约500万元，仅能支撑1~2个国家层面的重大科技攻关技术研究项目和少数小型基础科研项目，区域林业科技创新缺乏经费支持。

（2）面对供给侧改革，科技支撑引领缺乏

从2015年开始，以去产能、去库存、去杠杆、降成本、补短板为重点的供给侧结构性改革，就是用改革的办法推进结构调整，减少无效和低端供给，扩大有效和中高端供给，增强供给结构对需求变化的适应性和灵活性，提高全要素生产率，使供给体系更好适应需求结构变化。

随着城镇化进程加快和人民生活水平日益提高，社会公众对绿色产品、生态产品需求和生态公共服务需求日益旺盛，但目前生态产品、生态服务功能产品供给不足，特色干果、木本油料、森林蔬菜、林药等绿色产品市场需求巨大，供给能力不足，区域不平衡、不协调等供给侧问题突出，绿色生态优势转化为发展能力不足，产业结构亟待优化调整。

长期以来，科技投入不足，重视实物产品生产而不重视生态产品生产，重视生态建设、资源培育而不重视开发利用，一二三产业发展不平衡，科技支撑全要素生产、引领社会经济发展的作用薄弱。2022年，全省科技投入约3.7亿元，占全年总投入的1.57%，其中中央科技资金仅占0.13%。

新技术、新工艺和集成配套技术的推广应用滞后，对传统产业改造、新型产业开发的带动作用不强；企业技术创新和新产品开发能力弱，产品品种单一、档次低、科技含量不高；产业链、价值链长的新产业、新产品、新业态的科技创新严重缺乏，已成为制约全省林业产业发展的短板。

林业人才队伍薄弱，高端人才断档，专业技术人才尤其是基层实用技术人才、产业领军人物培养不够，基层人才流失；高新实用技术成果推广应用不足，林业科技成果转化率、林业科技成果贡献率低于全国平均水平，科技成果转化率不高。目前科技成果中生态建设、资源培育的成果占90%，开发利用的成果不足10%，技术链与产业链脱节，生态产品、服务功能产品等科技研发严重不足，绿色生态优势转化为发展的科技支撑、引领能力亟待加强。

因此，面对供给侧改革新形势，科技创新驱动绿色发展、优化产业结构、推动产业转型升级任重道远。

5.4.2 经济支持挑战

经济支持就是通过资本进行生产要素的市场配置。马克思认为，资本是一定的、社会的、属于一定历史社会形态的生产关系。资本作为人类文明发展的产物，具有提高社会生产力、促进社会经济发展的重要作用。对于仍处在社会主义初级阶段的中国，社会经济发展仍然需要资本。利用资本的生产要素和资源配置功能，促进科技创新、产业创新，为绿色发展提供强大的经济支持。

经济支持主要包括财政扶持、社会资本投入。长期以来，绿色产业发展的一个显著特点就是投资、收益周期长。这些产业依靠政府有限的经济扶持艰难生存，民间资本投入明显较少。林业投入总体不足，2016年以来，每年投入不足300亿元（图5-5），2022年全省完成林业草原投资235.4亿元，林草投资完成额较上年减少61.5亿元，同比减少20.7%。2022年，四川受新冠肺炎疫情和极端高温天气影响，社会资本在林草产品加工制造、营造林、林草服务等领域的投入大幅减少。

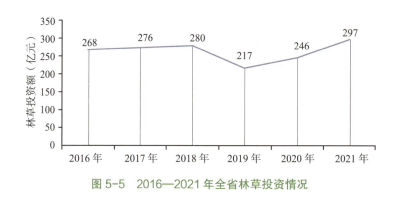

图5-5 2016—2021年全省林草投资情况

从资金来源来看，2022年，中央财政资金56.3亿元，占23.9%；地方财政投资60.5亿元，占25.7%；国内贷款15.9亿元，占6.8%；利用外资2.7亿元，占1.1%；自筹资金28.3亿元，占12%；其他社会投资61.5亿元，占26.1%。中央和省投入数量较大，从构成来看，造林25.7亿元，占总投资的10.9%；森林经营11.7亿元，占比5%；草原保护修复8.2亿元，占比3.5%；林草防火8亿元，占比3.4%；自然保护地管理和监测5.1亿元，占比2.2%；林草有害生物防治投资2.4亿元、湿地保护修复2亿元，分别占总投资的1%、0.8%。但54.47%的资金用于维持基层林业生产单位运转和兑付给林农群众，生态建设与保护、林业产业发展资金投入存在不足，尤其是基础设施投入资金10.4亿元，占总投资的4.4%；由于经济支持不足，绿色产业市场活力不足，造成绿色产业发展缓慢。随着绿色发展理念的提出，人们开始逐渐重视绿色产业，绿色产业的潜在市场已经显现。

（1）社会资本相对不足，产业化程度低

目前，全省涉林龙头加工企业不仅数量少，而且经营规模小、初级产品比重大，缺乏带动能力强、产品具有核心竞争力的大型龙头企业。据调查统计，全省现有年产值5000万元以上的涉林龙头企业40家，其中，以木竹为原料，生产木竹人造板、木竹制品的大中型企业7家。对于林业资源大省来说，大型龙头加工企业依然缺乏。同时，受林业生产周期长，前期投入大、经营费用高的影响，吸引社会资本难度日益加大。

全省多数龙头企业与广大农户缺乏良性互动机制，利益联结不紧密，产业化链条不完整，加工布局与资源供给未形成有效配置。部分地方对自身优势和市场需求分析不够准确，对专业合作经济组织的发展不够重视，对良种、新技术的引进推广和加工、销售缺乏有力的组织与协调，产业发展没有转变为市场经济，产业化程度低。

（2）用增量改革促存量调整，经济支持亟待加强

伴随新一轮世界经济结构的深刻调整和产业的转型升级，国内外与林业有关的新规范、新公约、新标准密集出台，林产品节能、安全、环保要求不断提高。从供给侧结构性改革看，强化经济支持，优化产业结构，推动产业转型升级是新时期推进绿色发展的重要任务。

由于山区交通条件、基础设施落后，比如全省180个国有林场中，需实施内外部连接道路改造的林场127个，占全省林场总数的70.6%；127个林场共需改造道路1642km，占现有道路总长度的45.8%。同时，政府投入不足，绿色生态转化条件差，未来一个时期，林业生产资料价格仍将高位运行，农村劳动力、林地等成本将逐步攀升，全省木竹人造板、木竹家具、竹浆造纸等劳动密集型企业，特别是中小企业生产经营面临的挑战越来越大。近年来，受人造板、板式家具等低端产品需求下降，国外木浆大量涌入的影响，全省一些地方的中纤板、刨花板、竹浆企业出现了产品积压、产能过剩的状况，一些中小企业经营艰难，个别企业成为"僵尸"企业。在生产技术、设备、管理落后，资金、人才匮乏的境况下，推进木竹加工产品供给侧结构性改革、淘汰落后产能、增加有效供给的难度日益凸显。因此，高端林产品加工不足，精深加工落后是全省林业产业的短板。

同时，主要装备数量、质量问题并存。森林火险要素监测站密度较低，森林防火指挥系统互联互通性较差，灭火机具标准低且数量不足，以水灭火和林火视频监控系统建设刚刚起步；林业有害生物自动监测站建设尚未破题，松材线虫病等重大林业有害生物除治专用设备匮乏；林产品初加工设备质量低、数量少，林产品和种苗质检设备配备不足；重大林业科研监测设备更新换代慢，现有设备功能和精度不能满足新领域新研发要求；森林资源监测手段落后，难以有效支撑科学考核评价林业"双增"目标。

利用绿色生态优势，发展新业态，产业结构调整推动新发展。一是林药、林菌、林蔬等林下生态种植业和林禽、林畜、林蜂等林下生态养殖业快速扩展，正成为全省林业经济增长的新渠道；二是新型生态旅游业、生态康养产业等绿色生态功能性服务产业兴起，有望成为全省资源经济发展的新增长点；三是生产性服务业发展潜力巨大。近年，全省生产性服务业产值仅占林业总产值的2%，伴随仓储物流、电子商务、技术服务、信息咨询等业态的发展，全省林业生产性服务业将获得突破性发展。

这些产业创新、业态创新，都需要经济支持，都需要资本的投入和运作。因此，强化经济支持力度，积极引导资本进入绿色产业领域，通过资本激活绿色产业，促进绿色产业的崛起。

（3）区域经济发展不平衡，经济支持差距大

四川作为我国西部经济、人口和资源大省，改革开放以来，经济持续增长，经济总量不断扩大，但也存在增长速度不快和地区差距越来越大的问题。

根据《四川省各市（州）经济发展水平的定量分析解析》，通过GDP、人均GDP综合聚类，可分为4类（图5-6）。

第一类，只有成都市，处于四川盆地成都平原核心区，是全省乃至中国西部的政治、经济、科技、文化中心，综合竞争力强，物产丰富，人均GDP高，经济发达。

第二类，攀枝花市、德阳市2个市。攀枝花市是川西南和滇北的区域中心和交通枢纽，综合竞争力高于德阳市、绵阳市，人均GDP高，经济发展快；德阳市近邻成都市，区位、交通条件良好，经济发展比较迅速。

第三类，达州市、凉山州、广安市、阿坝州、巴中市、广元市、甘孜州和南充市8个市（州），其中，南充市是全省第二大人口城市，发展势头良好，经济水平相对较高；凉山州、阿坝州、甘孜州为少数民族地区，资源丰富，自然条件较差，经济发展水平较低，凉山州交通条件较差，经济发展相对滞后。

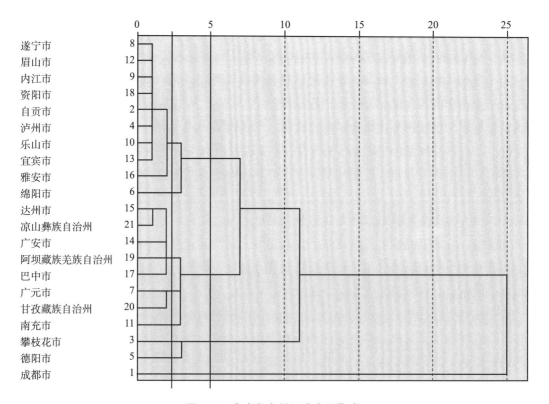

图5-6　全省各市州经济发展聚类

第四类，遂宁市、眉山市、内江市、资阳市、自贡市、泸州市、乐山市、宜宾市、雅安市和绵阳市10个市，其中，绵阳市是国家批准的唯一的科技城，交通条件便利，经济发展水平相对较高，发展势头良好。

可见，区域经济发展不平衡，经济支持能力与绿色生态资源不匹配的问题是制约区域绿色发展的关键，绿色生态优势转化为发展优势面临新挑战。

5.4.3 政策保障挑战

制定科学合理的制度，引导绿色与发展有机结合、人与自然共同发展，是推动绿色发展的根本保障。

（1）制度机制不健全，政策保障作用亟待加强

以林业为例，受条块管理和国家投入不足的制约，目前，林业政策治理体系尚不健全，政府与市场的关系没有真正理顺，该政府办的没有办到位，该市场发展的又没有放给市场，林业自然资源产权、支持保护等制度建设滞后，各项补助标准偏低、投融资机制不活等问题比较突出。

农民直接参与林业建设仍存在政策障碍，林业普惠制政策尚未真正建立。集体林权制度改革还存在经营权落实不到位、处置权设置不完整、财政金融支持政策不完善等问题，林权流转、森林资源资产评估、森林保险等政策不完善；新型林业经营主体发展不足，农村领军人才严重缺乏，集约化、专业化、组织化、社会化程度不高，难以适应规模经营的需要。

国有林区管理体制不顺、民生问题突出、产业转型缓慢，改革发展任务繁重；国有林场林区改革刚刚起步，改革动力不足，顺利推进难度较大。

受林业产业政策不完善的影响，一些地方没有形成上下联动、部门互动机制，一些地方林农、专业合作组织和加工企业的利益联结不紧密，风险防范机制未建立，投资政策特别是金融支持的长效机制不健全，市场主体、要素市场发育迟缓，生态服务功能价值化和生态资源资本化进程滞后，绿色生态资源转化生态产品、生态产品转化为新产业存在政策制度障碍。这些势必影响全省绿色产业的创新发展、可持续发展。

从全省情况看，发展体制不顺、建设机制不活依然是制约绿色生态优势转化为发展的深层次根源。

（2）面对新形势、新要求，以改革促发展亟待加快

中共中央、国务院在《关于加快推进生态文明建设的意见》中指出，发展有机农业、生态农业，以及特色经济林、林下经济、森林旅游等林产业。《四川省国民经济和社会发展第十三个五年规划纲要》提出，优化特色农业区域布局，加快现代林业重点县建设；加快建设特色水果、蔬菜、茶叶、木本油料、食用菌、中药材、烟叶、蚕桑、木竹、花卉等集中发展区，……，建设四大林业产业区。

党的十九大报告指出，建设生态文明是中华民族永续发展的千年大计；统筹山水林田

湖草系统治理，实行最严格的生态环境保护制度，形成绿色发展方式和生活方式，坚定走生产发展、生活富裕、生态良好的文明发展道路。"山水林田湖草是一个生命共同体"的论断表达了一种尊重生命的绿色价值观。同时，随着国家机构体制改革，把森林、湿地、草地等管理划归国家林业和草原局，进一步体现了"山水林田湖草生命共同体"系统治理、绿色生态系统综合管理的特征，为推进绿色发展奠定了体制机制保障基础。

四川省委《关于推进绿色发展建设美丽四川的决定》提出，把良好的生态优势转化为生态农业、生态工业、生态旅游等产业发展优势，……，开展大规模绿化全川行动，实施造林增绿和森林质量提升工程。2018年出台了《中共四川省委关于深入学习贯彻习近平总书记对四川工作系列重要指示精神的决定》《中共四川省委关于全面推动高质量发展的决定》，明确提出新时代治蜀兴川的总体战略要求，要认真落实习近平总书记对四川工作系列重要指示精神，围绕建设经济强省，加快推动质量变革、效率变革、动力变革，建立经济高质量发展新体系；围绕促进区域协调发展，实施"一干多支"发展战略，构建"一干多支、五区协同"区域发展新格局；围绕全方位提升开放型经济水平，推动"四向拓展、全域开放"，形成立体全面开放新态势；围绕激发改革创新动力活力，推动政策环境、市场环境、法治环境、人文环境、生态环境全面优化，打造发展环境新优势。要始终把推动发展的立足点转到提高质量和效益上来，深入推进供给侧结构性改革，着力解决产业体系不优、市场机制不活、协调发展不足、开放程度不深等问题，坚持生态优先、绿色发展，坚持质量第一、效益优先，建设实体经济、科技创新、现代金融、人力资源协同发展的产业体系，形成产业结构优化、创新活力旺盛、区域布局协调、城乡发展融合、生态环境优美、人民生活幸福的发展新格局，全面推动高质量发展。

伴随这些任务、政策、措施的落实，必将为绿色发展拓展新空间，增添新动力。

推进绿色生态转化、生态产品价值实现是践行"两山理论"的关键，是生态文明建设的重要举措。面对新形势、新要求，必须牢牢把握统筹山水林田湖草沙系统治理的新要求，加快改革创新，不断创新绿色生态系统综合管理新机制，创造推进绿色发展的新路径、新模式，进一步释放改革红利，坚持生态优先，以改革促发展，充分发挥四川绿色生态优势，促进绿色发展，建设美丽中国，实现"绿水青山"转化为"金山银山"。

5.5 绿色生态转化优势转化发展的路径

党的十八大以来，以习近平同志为核心的党中央站在中华民族永续发展的战略高度，作出了一系列加强生态文明建设的重大决策部署。生态兴则文明兴，生态衰则文明衰。保护生态环境就是保护自然价值和增值自然资本，就是保护经济社会发展潜力和后劲，使绿水青山持续发挥生态效益和经济社会效益。良好生态环境是最公平的公共产品，是最普惠的民生福祉。绿色生态是最大财富、最大优势、最大品牌，一定要做好治山理水、显山露水的文章，走出一条经济发展和生态文明水平提高相辅相成、相得益彰的路子。……这些决策部署都充分体现了绿色发展的生态价值观的诉求，绿水青山既是自然财富、生态财富，又是社会财富、经济财富。

党的十九大报告把"坚持人与自然和谐共生"作为习近平新时代中国特色社会主义思想的十四个基本方略之一，要求必须树立和践行绿水青山就是金山银山的理念，坚定走生产发展、生活富裕、生态良好的文明发展道路。党的二十大报告指出，必须牢固树立和践行绿水青山就是金山银山的理念，站在人与自然和谐共生的高度谋划发展，协同推进降碳、减污、扩绿、增长，推进生态优先、节约集约、绿色低碳发展，努力建设人与自然和谐共生的美丽中国。二十大报告将"人与自然和谐共生的现代化"上升到"中国式现代化"的内涵之一，再次明确了新时代中国生态文明建设的战略任务，总基调是推动绿色发展，促进人与自然和谐共生。二十大报告就"建立生态产品价值实现机制，完善生态保护补偿制度"作出具体部署，指明了建设人与自然和谐共生的现代化的发展方向和战略路径。

现在，我国生态文明建设进入了实现生态环境改善由量变到质变的关键时期，推进绿色生态转化，绿水青山蕴含的无穷价值将随着我国生态文明建设不断加强而持续释放。

绿色生态产转化相关研究近年来受到广泛关注，主要基于典型案例探讨生态产品实现机制、路径和模式，对生态产品价值实现的理论逻辑揭示仍然较为缺乏，特别是鲜有研究从生产到消费价值链形成过程系统认识生态产品价值实现的内涵及理论机制。

从价值形成来看，根据马克思《资本论》的观点，绿色生态转化强调从生态产品或生态服务的全生命周期认识其价值创造、转移和分配的价值链过程，从价值链这一视角，可充分理解绿色生态资源向资产、资本转化的内在逻辑以及生态产品从生产到消费各环节的内在联系。从绿色生态转化及其价值链形成的全过程来看，生态产品从生产到供给，由供给到消费，经历了两次质的跨越。在生产端，生态系统是生态产品生产的物质载体，其中山水林田湖草沙等自然资源的数量和质量是生态产品价值实现的基础；在供给端，政府和市场通过各类要素的投入及优化配置，不断实现生态产品的价值增值，在要素投入的决策阶段，各供给主体一般通过成本收益权衡决定是否投入以及如何投入（金铂皓等，2021）；在消费需求端，需求量和购买力影响生态产品的潜在消费（杨锐等，2020），进而影响生态产品价值实现程度。

因此，绿色生态转化反映了生态产品的生产、分配、交换、消费等的一系列价值形成及增值过程，不仅是使用价值转化为交换价值的过程，也是生态效益显性化与货币化的过程，还是消费主体与生产供给主体之间利益协调、价值转移的过程，涉及多个主体间利益协调和价值转移。绿色生态转化水平取决于生态产品生产、供给、消费的全过程，其关键涉及生态产品的规划设计、开发整合、运营管理、市场营销等一系列环节，同时产权界定、价值评估、产品认证及相关政策制度支持也是重要保障。生态产品及其价值具有多维属性，不同生态产品价值实现模式反映不同类型生态产品从生产到消费的全过程，其中涉及资本、劳动力、管理等多要素投入以及政府、企业、农户等多主体参与。在推进绿色生态转化、生态产品价值实现的实践中，需兼顾保护与转化的双向逻辑，探索符合区域实际的绿色生态转化路径。生态产业化经营以价值转化为逻辑导向开发运营生态农业、生态旅游及公园等，而生态资源权益交易、生态修复及价值提升、生态保护补偿以资源保护为逻辑导向促进生态产品可持续生产与供给。

从价值链角度，绿色生态转化是绿色生态资源生产（森林"四库"）、生态产品价值实现、绿色生态转化成效（GEP）考核的综合体现，既是贯彻习近平生态文明思想、践行绿水青山就是金山银山理念的重要举措，也是推动经济社会发展全面绿色转型、高质量发展和实现人与自然和谐共生的现代化的必然要求。

5.5.1 森林"四库"建设

践行绿水青山就是金山银山，推进生态系统服务转化，建设森林"四库"是推进绿色生态转化的基础路径。

森林作为陆地生态系统的主体，事关国家生态安全；森林作为绿色生态的主体，是绿色生态转化的主要载体，是最大的绿色经济体。森林生态产品的价值在生态文明建设中具有不可估量的作用。它包括森林物质供给产品、森林生态调节服务产品以及森林文化服务产品。这些产品为人类提供多种服务和效益，如净化空气、涵养水源、保持水土、防风固沙、调节气候、减缓温室效应、保护生物多样性，以及提供森林游憩、保健修养、科学研究和文化教育等。森林生态产品对于维护生态平衡、保护生物多样性、提供就业机会、促进地方经济可持续发展具有重要意义。在合法、可持续和负责任的前提下，开发和利用森林生态产品可以实现经济效益、社会效益和生态效益的有效统一。

森林"四库"是森林生态产品价值的生动诠释，一头连着国家战略，一头连着百姓福祉，是"国之大者"，也是民生关切，更是林草人的责任担当。合理的森林覆盖率、森林植被类型、营造林技术等，是森林四库建设的关键，以科学造林绿化、多功能森林经营为导向，提升森林生态系统服务能力，充分释放森林"四库"的多重功能与效益。

巴山蜀水，自古地理条件优越，生态良好、环境优美。四川具有独特的自然生态之美、多彩人文之韵，地处长江、黄河上游，横跨几大地貌单元，生物资源全国第二，自然保护区全国第一，是全国三大林区、五大牧区之一，又是千河之省，是长江黄河上游重要生态屏障和水源涵养地，在国家生态安全格局中具有突出地位；四川是森林资源大省，丰富的森林资源既是长江上游生态屏障的主体，又为建设森林"四库"提供了坚实的物质基础。新的发展阶段、新的时代使命，将以森林"四库"为林草工作高质量发展的发力点和突破口，不断增加森林面积，提高森林质量，统筹全省山水林田湖草沙系统治理和协调人与自然关系的科学指南与根本遵循，在严格保护的前提下，因地制宜发展特色森林生态产业，能充分发挥森林"四库"的生态效益、经济效益、社会效益，让森林"四库"更高水平发挥效益，更高质量促进发展，更高品质造福人民。

从功能上看，四川作为森林资源大省和全国"增绿"主力军，应充分发挥森林水库、钱库、粮库、碳库的作用，统筹协调"四库"之间的关系，系统推进林业高质量发展，充分发挥森林的"三大效益"。从定位来看，围绕全国、全省发展战略，统筹保护与发展、数量与质量、政府与市场、重点与全面、当前与长远等关系，成为"美丽四川""四川发展新篇章""现代化产业体系""天府粮仓"等重大发展战略的重要组成部分。从建设内容上看，森林"水库"侧重于通过建设、完善水源涵养、水土保持林体系，持续推进森林"水库"扩容增量，实现"蓄水于林"，维护国家生态安；森林"粮库"侧重于依托全省可用林地拓展传统粮食生产空间，持续生产多样化"林粮"，着力增加"林粮"产品总量、提升质量、丰富结构、增强储备，维护国家粮食安全；森林"钱库"侧重于发展林业产业经济，探索生态成品价值转化和生态服务价值实现，实现生态美、产业兴、百姓富；森林"碳库"侧重于推进森林可持续经营，巩固和提升森林固碳增汇能力和碳储量，为应对气候变化和实现"双碳目标"贡献林业力量。从效益来看，"水库"和"碳库"发挥森林的基础性功能，更多体现的是生态效益，对于保障森林生态系统稳定、改善生态环境、涵养水源、保持水土、增加大气环流、吸收二氧化碳、应对全球气候变暖等具有不可替代的作用。"钱库"和"粮库"是森林的拓展性功能，体现的是森林的经济效益和社会效益，合理利用森林资源能够满足人类对物质利益的需求，对于改善人民的生活品质，从更高层次满足人民对美好生活的需要，推动全体人民实现共同富裕具有重要现实意义。

5.5.1.1 森林"水库"建设

四川地处长江黄河上游，水系发达，江河湖泊密布，素有"千河之省"的美誉，作为长江、黄河的重要水源供给源、重点水源涵养区和主要集水区，是中华民族"水塔"水资源保护的核心区域。据统计，全省大小河流8000余条、湖泊400余个，水资源总量2616亿m^3，列全国第2位，占长江流域多年平均水资源总量的26%，输出的水量占三峡库区的80%，不仅维系着全省的水资源安全，而且也维护着长江黄河流域的水安全格局。全省林地面积3.81亿亩，排全国第1位，占全国总量的8.9%；森林面积2.6亿亩（含人工林面积7533万亩），仅次于内蒙古自治区、云南省和黑龙江省，排全国第4位，占全国总量的7.5%；四川丰富的森林资源是长江黄河上游天然的"森林水库"，在涵养水源、保持水土、维持生态平衡等方面有着不可替代的生态安全作用。

建设"森林水库"，就是要围绕国家生态安全战略，树立"上游"意识，充分发挥四川森林生态系统在涵养水源、保持水土、调节径流、削洪抗旱、改善水质等方面的"水库"功能，通过完善建设水源涵养、水土保持林体系，实现"蓄水于林""青山绿水"，持续推进森林"水库"扩容增量，高质量打造长江黄河上游巨大的森林"水库"。

（1）建设内容

①水源涵养林建设。江河上游及其源头是重要的水源涵养区、水源补给区，也是森林资源集中分布区。在江河上游源头区建设水源涵养林，通过天然林保护、森林保育等管理措施，保护和恢复森林生态系统，使其对水资源的保持和调节作用达到最大化，减少地表径流，增加地下水补给，控制河流源头水土流失，调节洪水枯水流量，保证水资源供应和

水环境稳定。重点在江河上游及其源头，建设江河源区水源涵养林、上游水源涵养林、库区和饮用水源地水源涵养林，实现"蓄水于林""细水长流"、林水和谐共生。

一是上游源头区森林保育。对现有森林继续实施天然林保护、封山育林。除饮用水源地水源涵养林外，对其余部分加强抚育管理，适当采取疏伐、卫生伐等措施，提高森林质量，全面保护和培育以水源涵养林为重点的森林生态系统，巩固提升森林水源涵养功能。

二是上游源头区退化林（地）生态修复。对成过熟天然林和退化林地，通过改造、补植、健康管理等生态修复措施，提升森林质量；在海拔适中、立地条件好的地方补植珍贵阔叶树种，形成针阔混交林；增加森林面积、优化林分结构，促进森林提质增效，完善提升森林涵养水源功能。

②水土保持林建设。在江河湖泊（库）两岸以及易发生水土流失的分水岭、坡面、侵蚀沟等区域，实施以调节地表径流、防止土壤侵蚀，减少河流、湖泊泥沙淤积等固土保水功能为主要目的水土保持林建设，有效拦截进入江河湖库的泥沙，巩固提升水土保持功能，守护江河绿水长流，实现"青山绿水""山清水秀"。

一是江河干支流森林保育。对分水岭现有林实施天然林保护、封山育林，加强抚育管理；对坡面现有林实施疏伐、卫生伐等措施，立地条件好的地方补植珍贵阔叶树种，形成混交林；全面保护和培育以水土保持林为重点的森林生态系统，巩固提升固土保水功能。

二是江河干支流退化林（地）生态修复。针对坡面现有退化林，通过改造、补植等措施，营建高效水土保持林；对荒山荒坡，采取人工措施，营建水土保持林；对江河湖泊（库）岸带区，通过造林、补植等措施，建设岸带水土保持林；立地条件好的地方补植珍贵阔叶树种；保护森林生态系统，增加森林面积、优化林分结构，促进森林提质增效，完善提升固土保水能力。

（2）建设分区

基于全国生态安全战略格局，结合国家"双重"规划分区布局和四川生态修复空间布局，天府森林水库建设以长江干支流为脉络，以横断山、秦巴山、大小凉山等重点生态功能区为重要阵地，总体布局为"三区八带"。

①三大森林涵水保土功能区。一是横断山森林水源涵养区。横断山区地处青藏高原东南缘，地跨我国三大地形阶梯中的第一、第二阶梯，是长江上游重要水源地，素有"天府之国水塔"之称。横断山森林水源涵区位于横断山脉中、北段，为高山峡谷地貌，包括阿坝、甘孜、凉山3州26个县（市、区）。现有林地面积15800万亩，森林面积8260万亩，其中公益林面积6800万亩，森林蓄积量9亿m^3。该区域森林资源富集，自然灾害频发，需重点加强现有森林保育，组织实施退化林生态修复。

二是秦巴山森林水源涵养区。地处米仓山、大巴山南麓，以中山和低山地貌为主，是我国南北气候的分界线，包括广元、巴中、达州、绵阳4市（州）11个县（市、区）。现有林地面积3560万亩，森林面积3460万亩，其中公益林面积1600万亩，森林蓄积量1.9亿m^3。该区域植被类型多样，陡坡耕种、滑坡、崩塌及岩溶地面塌陷频发，需加强现有森林保育，组织实施退化林生态修复。

三是大小凉山森林水土保持区。地处川西南山地，地貌以中高山为主，包括雅安、凉山2市（州）12个县（市、区）。现有林地面积2889万亩，森林面积2017万亩，其中公益林面积1540万亩，森林蓄积量1.34亿m^3。该区域森林、旅游、水能、矿产等资源丰富，土地石漠化严重，干旱河谷和坡耕地面积大，水能矿产开发破坏森林植被，需加强现有森林抚育，实施岩溶区石漠化、干旱河谷、退化林等生态修复。

②八大森林水土保持带。

一是长江上游干流（含赤水河）森林水土保持带。包括宜宾、泸州2市（州）14个县（区）。现有林地面积1360万亩，森林面积1460万亩，其中公益林面积537万亩，森林蓄积量4500万m^3。该区域两岸垦殖指数高，土地石漠化严重，陡坡耕种问题突出，森林质量不高，需加强现有森林保育，加强石漠化治理和退化林地生态修复，建设长江两岸基干防护林带。

二是金沙江森林水土保持带。地处金沙江下游，包括凉山、攀枝花、宜宾3市（州）7个县（市、区）。现有林地面积2890万亩，森林面积2010万亩，其中公益林面积1540万亩，森林蓄积量1.34亿m^3。该区域江河沿岸干旱少雨，干湿季分明，植被稀少，暴雨极易引发滑坡、泥石流等地质灾害，需加强现有森林保育，加强干热河谷生态修复，营造护岸护路林。

三是雅砻江森林水土保持带。地处雅砻江下游，包括凉山、攀枝花2市（州）5个县（市、区）。现有林地面积2012万亩，森林面积1847万亩，其中公益林面积1083万亩，森林蓄积量1.24亿m^3。该区域河道下切强烈，沿河岭谷高差悬殊，流域原始森林比重大，水电开发强度大，需加强现有森林保育，加强退化林地、重大建设工程生态治理修复，营造沿江防护林带。

四是岷江-大渡河森林水土保持带。包括成都、眉山、乐山、宜宾、雅安、甘孜6市（州）37个县（市、区），是"引大济岷"工程建设区和影响区。现有林地面积4998万亩，森林面积4293万亩，其中公益林面积2138万亩，森林蓄积量2.74亿m^3。该区域以丘陵和山区为主，涉及部分高山峡谷，森林面积大，森林质量不高，需加强现有森林保育，加强退化林地生态修复，营造沿江防护林带。

五是沱江森林水土保持带。包括德阳、成都、资阳、内江、自贡、泸州6市（州）26个县（市、区）。现有林地面积1009万亩，森林面积1079万亩，其中公益林面积240万亩，森林蓄积量4453万m^3。该区域工业集中，人口密度大，森林覆盖率低，林分结构单一，纯林化严重，需加强现有森林保育，加强退化林地生态修复，营建水系及通道防护林带。

六是涪江森林水土保持带。包括绵阳、遂宁2个市（州）13个县（市、区）。现有林地面积1309万亩，森林面积1149万亩，其中公益林面积325万亩，森林蓄积量5003万m^3。该区域流域人口密度大，垦殖指数高，水土流失严重，森林质量不高，需加强现有森林保育，加强荒坡荒滩、退化林地生态修复，营建水系及通道防护林带。

七是渠江森林水土保持带。包括巴中、达州、广安3市（州）13个县（市、区）。现有林地面积1270万亩，森林面积1308万亩，其中公益林面积449万亩，森林蓄积量5852万m^3。

该区域主要为低山和丘陵地貌，以针叶纯林和次生林为主的林地面积大，保持水土功能不强，需加强现有森林保育，加强石漠化综合治理、退化林生态修复，建设渠江生态廊道。

八是嘉陵江森林水土保持带。包括广元、南充2市（州）11个县（市、区）。现有林地面积675万亩，森林面积658万亩，其中公益林面积261万亩，森林蓄积量2115万m^3。该区域人口密度大，开发利用强度大，水土流失严重，森林生态功能不强，需加强现有森林保育，加强通道绿化、河流岸线造林、退化林生态修复。

5.5.1.2　森林"碳库"

森林是陆地生态系统中最大的碳库。培育森林成为全球公认的最为经济、安全、有效的固碳方式之一，森林"碳库"规模十分可观，在实现碳中和目标中具有显著优势，对于应对气候变化具有重要意义。党中央提出，要提升生态碳汇能力，提升生态系统碳汇增量。建好森林"碳库"，让森林在实现双碳目标中发挥更大作用，必须要解决当前森林固碳能力不高、固碳规模提升面临诸多困难和短板的问题。因此，建设"森林碳库"，就是坚持以习近平生态文明思想为指导，全面贯彻党中央、国务院和省委、省政府关于应对气候变化和林草高质量发展决策部署，巩固和提升森林固碳增汇能力和碳储量，加快构建"天府森林碳库"经营管理体系、技术标准体系和计量监测体系，推动全省森林生态系统碳汇功能和碳储量的可持续增长，助力"碳中和"目标的如期实现。

（1）建设内容

以全省森林生态系统植被为核心，构建固碳能力稳定的基础碳库，提升增汇能力强的潜力碳库，修复净排放的退化碳库，推动"天府森林碳库"固碳增汇能力全面提升。

①稳定森林基础碳库。天府森林基础碳库是指以自然增汇为主形成的面积相对固定、保存时间较长、树种结构相对稳定、储存碳量大的森林地上生物量集合。主要以全省范围内的天然林、公益林和自然保护地内的森林为建设对象，实行分区施策。对重点生态功能区的天然林、公益林和自然保护地核心保护区内的林木，除森林病虫害防治、森林防火和遭受各种自然灾害受害木清理等必要措施外，禁止其他一切生产经营活动，稳定固碳能力；对位于一般控制区的天然林、公益林和自然保护地内的林木，根据生态区位和服务价值需要，适度开展经营和抚育，实现森林固碳能力稳中有升。

②提升森林潜力碳库。天府森林潜力碳库是指以人工增汇措施为主形成的具有一定质量基础、稳定性好和碳汇能力提升潜力大的森林地上生物量集合。主要以全省适宜造林空间以及人工幼、中、近熟林和竹林为建设对象，在以提高林地生产力为导向、以可持续经营为核心、以创新科技手段为支撑的基础上，分类实施森林质量精准提升，充分发掘森林"碳库"增汇潜力。

③修复森林退化碳库。天府森林退化碳库是指因处于成过熟期或森林火灾及病虫害等外部因素导致逆向演替、碳储量减少、转化为碳排放源风险大的森林地上生物量集合。主要以全省退化人工林和退化竹林为建设对象，在科学开展退化林评估的基础上，合理确定

退化改造对象，按退化程度分类实施更替改造、择伐补植、抚育改造等修复措施，保存现有碳储量的同时，促进森林"碳库"空间的有效扩充。

④推动"森林碳库"价值转化。"森林碳库"价值转化是指通过整合优化现有森林资源，形成可交易的林业碳汇产品，将森林"碳库"的生态效益转化为经济效益和社会效益的过程。重点构建林业碳普惠机制，健全林业碳汇项目开发机制、实施机制、利益分配机制，丰富林业碳汇产品类型，拓展减排量消纳渠道，建立企业、公共机构、园区、社区等低碳场景，促进林业碳汇产品价值核算与多元化交易，推动森林"碳库"生态价值的实现。

（2）建设分区

综合四川自然条件、资源禀赋、发展方向、区域连片等因素，"森林碳库"建设总体上分为"一区一带一片"，分区施策，突出重点，实行错位发展、互补发展。

①川西森林固碳增汇重点区。包括攀枝花、阿坝、甘孜、凉山4个市（州）53个县（市、区），面积30.2万km^2。该区域属横断山脉腹心地带，以高山峡谷和高原丘状地貌为主，地形复杂、气候多样，是西南林区的主体，是四川天然林资源最丰富的地区。林地面积2.3亿亩，占该区域面积的50.9%、全省林地总面积的60.5%；森林面积1.3亿亩，乔木林单位面积蓄积量143m^3/hm^2。该区域森林资源总量大，分布相对集中，国有林、天然林占比高，森林生产力较高，生物多样性富集。重点任务是加强天然林和公益林保护，强化森林灾害防控，实施干旱半干旱、石漠化等脆弱地区生态综合治理，在主要稳定现有森林"碳库"的前提下逐步提升森林质量增加碳汇。

②盆周森林固碳增汇发展带。包括泸州、绵阳、广元、乐山、南充、宜宾、广安、达州、雅安、巴中10个市（州）79个县（市、区），面积13.6万km^2。该区域东北缘为大巴山、东缘为米仓山、东南缘为大娄山、西缘为岷山，以低中山地貌为主，河流众多，气候温和湿润，土层瘠薄，水土流失较为严重。林地面积1.3亿亩，占该区域面积的61.8%、全省林地总面积的33.1%；森林面积1.1亿亩，乔木林单位面积蓄积量83m^3/hm^2。该区域森林资源以集体林、人工林为主，森林生产力亟待提高。重点任务是实施新造林、森林与竹林抚育、退化林修复，加大森林经营力度，推进国家储备林建设，精准提升森林质量，持续提高固碳增汇能力。

③川中森林固碳增汇潜力片。包括成都、自贡、德阳、遂宁、内江、眉山、资阳7个市（州）51个县（市、区），面积4.8万km^2。该区域以平原、丘陵地貌为主，气候温和，土壤肥沃，城镇化水平较高，交通、科技、商贸、物流发达，人口稠密。林地面积2439.7万亩，占该区域面积的33.9%、全省林地总面积的6.4%；森林面积1957万亩，乔木林单位面积蓄积量75m^3/hm^2。该区域森林资源总量较小，分布较分散，集体林、人工林占比较高，森林生产力较低，但社会经济发展条件好，区位优势明显。重点任务是开展森林可持续经营，加强森林公园、生态景观带以及城乡绿化美化一体化建设，探索发展城市森林碳汇，积极推进碳汇交易。

5.5.1.3 森林"粮库"

以食为天,粮食安全是"国之大者"。人类从森林中走来,森林历来是人类生产发展稳定的食物来源。按照大食物观和国家关于森林食品的界定,"森林粮食"(简称"林粮")不仅包括传统的粮油蔬菜,还包括果品、肉类、调料饮料甚至森林药材,涵盖居民的"米袋子""菜篮子""油瓶子""果盘子""药铺子"。四川林地面积3.81亿亩,扣除自然条件和管理政策的限制,实际可有效利用林地高达1.74亿亩,是耕地的2.2倍,森林内可供开发食用的植物超过6000种。全省现有经济林面积超过5500万亩、林下种养和采集面积超过1700万亩,森林食品年产量超过1000万t、年产值超过1200亿元,"林粮"生产基础良好、潜力巨大。建设"天府森林粮库",就是依托全省可用林地拓展传统粮食生产空间,持续生产多样化"林粮",着力增加粮食总量、丰富粮食结构、增强粮食储备,从而在更广泛意义上维护粮食安全,让林地与耕地一道共同担负起建设新时代更高水平"天府粮仓"的国家使命。

（1）建设内容

根据直接利用林木产品和依托林下空间生产产品的不同,将"林粮"分为经济林食物、林下食物两大类。

①全面发展经济林食物。突出基础较好、潜力较大、竞争力强的"林粮",全面发展木本粮食、木本油料、森林蔬菜、森林药材、林产调料、林产饮料、森林水果、食药用花卉等8类经济林食物。

②大力发展林下食物。充分利用充足的林地空间和良好的林下生境,采用林下种植、林下养殖、林下采集3种模式大力发展林下食物。

（2）建设分区

综合全省自然条件、发展方向、区域连片等因素,"森林粮库"建设总体分为四大区域,实行重点发展、错位发展、互补发展。

①平原丘陵区。包括成都等17个市（州）72个县（市、区）,面积10万km²。该区域以丘陵平原地貌为主,交通、科技、商贸、物流发达,可利用林地3264.14万亩、占全省的19.0%。重点扩大木本油料、木本粮食、食药用花卉和林下种养规模,提升森林蔬菜、林产调料、林产饮料、森林水果质效。

②盆周山区。包括雅安等11个市（州）37个县（市、区）,面积8.1万km²。该区域以中低山地貌为主,毗邻大中城市,气候温和湿润,可利用林地4602.81万亩、占全省的26.4%。重点扩大木本粮食、木本油料、森林蔬菜、森林药材等现代产业基地,积极发展林下种养和森林水果、林产饮料。

③川西高山峡谷区。包括阿坝等3个市（州）31个县（市、区）,面积24.4万km²。该区域以高山峡谷和高原丘状地貌为主,地形复杂、气候多样,林业资源丰富但生态脆弱,可利用林地6740.12万亩、占全省的38.5%。在坚持生态优先的前提下,重点稳定木本油料、林产调料、森林水果规模,适度扩大林产饮料、林下种养规模,有序开展林下

野生食物采集。

④攀西地区。包括攀枝花等4个市（州）22个县（市、区），面积6.1万km²。该区域以中山宽谷地貌为主，干湿季节明显、日照充足、积温较高、土地丰富，可利用林地2765.90万亩、占全省的16.1%。重点推进木本粮食、木本油料、林下种养提质扩面，稳定林产调料、森林水果种植规模。

5.5.1.4 森林"钱库"

森林是"钱库"，富有经济价值，涵盖着森林可以为人类提供财富，人类又可以通过经营森林创造财富的双重意义。森林能够为人类持续提供木材、能源物质、动植物林副产品、化工医药资源等多种物质产品，也能够依托景观资源为人们带来生态旅游、森林康养生态服务，还能够提供空气调节、土壤保持、生物多样性等生态服务价值，对森林管护和修复的投入，还能够为农民提供就业岗位，增加农民转移性收入，上述的有形和无形产出构成了森林的"绿色GDP"。

森林是"钱库"反映了人与森林的辩证关系。聚财为库，既要合理利用森林又要科学保护和经营森林，这样才能靠山吃山又不会坐吃山空。森林衍生林业一二三产业。林业产业是一个涉及国民经济第一、第二和第三产业多个门类，涵盖范围广、产业链条长、产品种类多的复合产业群体，具有国民经济基础性、产品绿色生态性、产业和产品多样性等独特优势和显著特点，在促进精准脱贫、繁荣区域经济、增进民生福祉等方面发挥着重要作用。

党的十八大以来，我国林业产业进入了历史上发展最快的时期，林业产业总产值年平均增速达12.1%，保持全球林产品生产、贸易第一大国地位。发展林业产业既是实现绿色发展的潜力所在，又是实现协调发展、创新发展、共享发展的重要领域，对加快实现绿水青山就是金山银山的战略构想意义重大。据国家林业和草原局相关信息显示，"十三五"时期，我国林业产业持续提质增效、转型升级，逐步迈入高质量发展阶段。据统计，2020年全国林业产业总产值达7.55万亿元，一产2.36万亿元，二产3.38万亿元，三产1.81万亿元，形成了经济林产品种植与采集、木材加工及木竹制品制造、林业旅游与休闲服务3个年产值超过万亿元的支柱产业。产品供给能力持续提升，产出了与人们衣食住行密切相关的10万多种产品。林产品进出口贸易额达1600亿美元，带动3400多万人就业。

因此，建设森林"钱库"，就是在严格保护的前提下，增加森林物质产品和生态产品产出，推动森林资源变资本，价值变产值，推动绿水青山转化为金山银山，让森林真正成为老百姓手中的"摇钱树"、国家和人民的"钱库"。

（1）建设内容

保护和发展森林资源，充分发挥森林"粮库"经济价值和森林"水库""碳库"生态价值，推进森林的生态产品和服务价值持续转化为经济价值，创新建立"绿水青山"和"金山银山"的价值转换通道，巩固林区脱贫攻坚成果，助力乡村振兴，实现生态美、产业兴、百姓富。

①推动森林物质产品产业化。森林是"钱库"体现在森林资源蕴含了巨大物质财富，具有极其显著的经济效益。大力发展林业产业是践行"两山"理念的重要途径，亦是森林钱库的直接体现。一是建设现代林业产业基地，着力提高亩均产量和产值，扩大高质量森林物质产品有效供给，建设好"森林粮库"，推进国家储备林建设。二是做强竹木产业、做大木本粮油产业、做优林下经济，壮大龙头企业，升级林产工业。三是发展生物质能源产业，创新开发生物质气体燃料、生物质发电、生物质液体燃料、固体成型燃料、生物基材料和化学品等主要产品。四是精心培育林下经济，开展科学经营，合理选配品种，立体开发，绿色生产，协调发展林下、林中和林上产业。五是培育特色品牌，推动生产供应链、精深加工链、品牌价值链同构。打造现代林业产业营销平台，构建数字化贸易流通体系，加快物流体系建设。六是着力优化营商环境，发展林业会展经济，培育区域性产业集聚中心、交易中心和信息发布中心。

②推进森林生态服务价值转化。森林是"钱库"体现在森林生态服务功能上，具有巨大生态服务价值。随着社会文明程度的提高和人们生态环境意识的增强，走进大自然、到大森林中观光游憩成为越来越多人的愿望与需求。森林生态服务价值也就随着森林旅游、森林康养、自然教育、森林文化等新业态的产生，转化成为巨大的商业价值。充分发挥森林生态服务功能，不断满足人民群众对高品质美好生活追求，是践行"两山"理念、实现"森林钱库"价值的具体体现。一是发展"森林+"旅游新业态，加快基础设施建设，打造精品线路和新兴品牌地，不断开发森林文旅产品。二是培育一批特色鲜明的森林康养基地，建设集疗养、养生、养老、休闲、运动于一体的森林康养综合体，发展迎合健康需求的森林休闲康养产业。三是加快建设自然教育基地，创新开发教学课程，打造优质自然教育品牌，搭建区域性自然教育合作交流平台。四是开发自然探险、户外运动、森林露营等新业态，拓展新市场。五是推进森林"水库""碳库"生态服务价值转化，释放生态红利，加强森林生态产品价值计量和核算，构建生态系统生产总值（GEP）核算体系，有序推进GEP在相关政策奖补、资源要素配置、政府绩效考核等方面的多元应用，使森林水土保持、固碳增汇等功能的价值得到货币化的体现。

③完善森林保护修复生态补偿。森林是"钱库"体现在助推山区人民脱贫和巩固脱贫成果的实效上，通过参加林业建设，人们可以获得收入、创造美好生活。一是统筹生态与生计、增绿与增收，持续推进天然保护和退耕还林工程，增加农民从生态保护中获得的转移性收入。二是加强森林生态保护和修复，支持鼓励建立以农民为主体的造林专业合作社，增加农民参与国土绿化的工资性收入。三是稳定护林员等生态公益性岗位，鼓励农民积极参与林业生态保护和建设。四是推动乡村全面振兴，鼓励和引导林农以林地或林木量化折股参与公司（合作社）、基地建设发展，拓宽增收渠道。五是完善多元化生态补偿制度，逐步建立公益林补偿标准与经济发展水平相适应的增长机制。

（2）建设分区

参考"四区八带""一轴五屏""五区协同、集群发展"格局，结合全省林业产业发展基础与远景规划等现实因素，构建"森林钱库"四区格局。

①平原丘陵区。包括成都等16个市（州）91个县（市、区），面积10万km^2，以丘陵平原地貌为主，交通、科技、商贸、物流发达，人口稠密。该区域主要着力培育现代林业产业基地，集聚发展木材培育、林板家具生产、竹和木本油料等林产品加工业，打造高质量、智能化、数字化、全链条的现代林业产业体系；依托成渝双城经济圈战略大局，大力发展乡村旅游、康养度假为主的生态旅游、森林康养业态，建立成渝地区森林康养联盟，建设成渝毗邻地区森林康养示范带。

②盆周山区。包括绵阳等11个市（州）37个县（市、区），面积8.1万km^2，以低中山地貌为主，毗邻大中城市，气候温和湿润，发展条件优越。该区域主要实施森林质量精准提升、储备林和木本粮油、木、竹等现代林业产业基地建设；着力引进和培育优势林产加工企业，加快林产品就地加工转化；依托大熊猫国家公园生态旅游资源，促进区域联动，丰富旅游产品供给；加快发展赏叶赏花、观赏野生动物、夏季避暑等生态旅游、森林教育、森林康养产业。

③川西高山峡谷区。包括甘孜、阿坝、凉山3个市（州）31个县（市、区），面积24.4万km^2，以高山峡谷和高原丘状地貌为主，地形复杂、气候多样。该区域主要依托天然林资源富集的优势开展生态产品价值实现机制试点；稳定特色经果林规模，适度扩大林下种养规模，提高单位面积产值；依托川西生态旅游产业集群，发展"森林+生态露营地"、"森林+徒步道""森林+网红打卡点""森林+民宿"等生态旅游新业态，打造森林文化和少数民族特色文化相融合的生态旅游精品线路。

④攀西地区。包括凉山、攀枝花等个4市（州）24个县（市、区），面积6.1万km^2，以中山宽谷地貌为主，干湿季节明显、日照充足、积温较高、土地丰富。该区域主要发展木本油料等现代林业产业基地，加强加工转化利用；建立木材储备林基地，发展木材精深加工；着力培育特色经果林，推动建设区域性花卉物流集散中心；重点打造森林康养品牌，形成夏季消夏、冬季越冬的森林康养新业态。

5.5.2 生态产品价值实现

践行绿水青山就是金山银山，探索实现生态产品价值转换是推进绿色生态转化的根本路径。

5.5.2.1 生态产品价值实现的国内外实践模式

生态产品价值实现的实质就是生态产品的使用价值转化为交换价值的过程。虽然生态产品基础理论尚未成体系，但国内外已经在生态产品价值实现方面开展了丰富多彩的实践活动，形成了一些有特色、可借鉴的实践和模式。从生态产品使用价值的交换主体、交换载体、交换机制等角度，归纳形成8大类和22小类生态产品价值实现的实践模式或路径，包括生态保护补偿、生态权益交易、资源产权流转、资源配额交易、生态载体溢价、生态产业开发、区域协同开发和生态资本收益等（张林波等，2021）。

（1）实践模式一：生态保护补偿

生态保护补偿狭义上是指政府或相关组织机构从社会公共利益出发向生产供给公共性生态产品的区域或生态资源产权人支付的生态保护劳动价值或限制发展机会成本的行为，是公共性生态产品最基本、最基础的经济价值实现手段。生态保护补偿可以分为4种方式，包括以上级政府财政转移支付为主要方式的纵向生态补偿、流域上下游跨区域的横向生态补偿、中央财政资金支持的各类生态建设工程、对农牧民生态保护进行的个人补贴补助。我国重点生态功能区、巴西依据生态环境保护成效的财政转移支付是典型的纵向生态补偿。新安江以跨省断面水质达标情况"对赌"形式决定补偿资金的模式是国内横向生态补偿的标杆之一。纽约饮用水源地保护是国外流域上下游开展的跨区域横向生态补偿的典型案例。美国耕地休耕保护项目是美国版的"退耕还林"计划，芬兰、瑞典森林生态补偿是欧洲版的"天然林保护工程"，他们所采取的反向竞标和绩效支付的市场化方法非常值得学习借鉴。个人补助补贴是对农牧民个人生态保护进行的补偿，如我国开展的草原奖补、公益林补助、生态保护公益岗位等补偿方式。

（2）实践模式二：生态权益交易

生态权益交易是指生产消费关系较为明确的生态系统服务权益、污染排放权益和资源开发权益的产权人和受益人之间直接通过一定程度的市场化机制实现生态产品价值的模式，是公共性生态产品在满足特定条件成为生态商品后直接通过市场化机制方式实现价值的唯一模式，是相对完善成熟的公共性生态产品直接市场交易机制，相当于传统的环境权益交易和国外生态系统服务付费实践的合集。生态权益交易可以分为正向权益的生态服务付费和减负权益的污染排放权益和资源开发权益三类。为了与其他模式区分，本文将由受益者付费的生态服务付费归为生态权益交易，如法国毕雷矿泉水公司为保持水质向上游水源涵养区农牧民支付生态保护费用。哥斯达黎加EG水公司为保证发电所需水量、减少泥沙淤积购买上游生态系统服务。污染排放交易主要包括排污权和碳排放权，如美国水污染排污权交易。资源开发权益主要包括水权、用能权等。浙江东阳、义乌两市水权交易虽在法律上还存在一些产权困境和问题，但为准公共生态产品的权益交易提供了有价值的参考借鉴。

（3）实践模式三：资源产权流转

资源产权流转模式是指具有明确产权的生态资源通过所有权、使用权、经营权、收益权等产权流转实现生态产品价值增值的过程，实现价值的生态产品既可以是公共性生态产品，也可以是经营性生态产品。资源产权流转可以按生态资源的类型分为耕地产权流转、林地产权流转、生态修复产权流转和保护地役权4种模式。重庆地票交易是耕地产权流转模式，将耕地的生态产品生产功能附载到了地票上。福建南平顺昌森林生态银行借鉴商业银行模式，通过林权赎买、股份合作、林地租赁和林木托管等林权流转方式，将生态资源转换成了权属清晰、可交易的生态资产。江苏徐州市贾汪区允许采煤塌陷地复垦后土地使用权可以依法流转，吸引开发企业参与矿区国土综合整治，大力发展生态修复+产业，优质生态产品供给增加带动区域土地升值，是生态修复产权流转、生态载体溢价和生态产业开发三位一体的生态产品价值实现的典型案例。起源于美国的保护地役权制度通过支付费用或税费减免方式限制土地利用方式，在不改变土地权属的情况下以低成本实现保护生态环境的目标。美国农业部自然资源保护局通过购买耕地保护地役权，运用灵活的经济手段保护耕地免受开发占用。

（4）实践模式四：资源配额交易

资源配额交易是指为了满足政府制定的生态资源数量的管控要求而产生的资源配额指标交易，是不涉及资源产权的、纯粹的资源配额指标交易模式。这种模式实施的前提是政府通过管制使生态资源具有稀缺性，促使生态资源匮乏的经济发达地区或需要开发占用生态资源的企业个人付费达到国家管制要求，有条件或基础好的地区、企业或个人通过保护、恢复生态资源获得经济收益。资源配额交易模式又可以分为总量配额交易和开发配额交易二类。重庆江北区和酉阳县之间开展的森林覆盖率指标交易和地票交易虽然表面上看起来类似，但其实质上是一种在区域生态资源总量控制制度下政府之间开展的以森林覆盖率指标为交易对象的总量配额指标交易。我国的耕地增减挂钩和占补平衡以及美国湿地缓解银行是开发配额交易模式典型的案例。美国湿地缓解银行并不是经营存贷款业务的金融机构，可以更准确地翻译表达为"湿地开发配额交易"。

（5）实践模式五：生态载体溢价

生态载体溢价是指将无法直接进行交易的生态产品的价值附加在工业、农业或服务业产品上通过市场溢价销售实现价值的模式，是一种重要的生态产品价值市场化实现的方式。生态载体溢价模式又可以分为直接载体溢价和间接载体溢价两种模式。通过改善区域生态环境增加生态产品供给能力，带动区域土地房产增值是典型的生态产品直接载体溢价模式，如福建厦门五缘湾实施生态修复与综合开发工程，为市民提供优美生态环境的同时使参与投资的企业得到收益。间接溢价模式中购买者在消费载体产品的同时并没有消费所附着的生态产品，如法国国家公园使国家公园公共性生态产品价值附着在国家公园品牌产品上实现载体溢价。利用良好生态环境吸引企业投资、刺激产业发展也是间接载体溢价模式，如贵州因其独特的地形地貌等自然生态环境发展了大数据产业，浙江龙泉利用良好的生态环境吸引国镜药业在当地投资生产。

（6）实践模式六：生态产业开发

生态产业开发是经营性生态产品通过市场机制实现交换价值的模式，是生态资源作为生产要素投入经济生产活动的生态产业化过程，是市场化程度最高的生态产品价值实现方式。生态产业开发的关键是如何认识和发现生态资源的独特经济价值，如何开发经营品牌提高产品的"生态"溢价率和附加值。生态产业开发模式可以根据经营性生态产品的类别相应地分为物质原料开发和精神文化产品两类。瑞典森林经理计划在保证采伐量低于生长量的前提下开展经营，德国"村庄更新"计划依托生物资源发展农村产业链，浙江丽水打造覆盖全区域、全品类、全产业链的公用农业品牌"丽水山耕"，丽水还将随处可见不起眼的苔藓开发成一个产业等，均是物质原料产品开发的典型案例。湖南十八洞村是精准扶贫的首提地，充分开发利用当地的林农资源和景观资源开发精神文化服务，走出了一条可复制、可推广的精准扶贫道路。武汉"花博汇"种植花卉等高附加值农产品来打造优美生态环境，延伸发展精神文化服务，将原本破败的村湾改造成城市市民向往的旅游小镇。

（7）实践模式七：区域协同发展

区域协同发展是指公共性生态产品的受益区域与供给区域之间通过经济、社会或科技等方面合作实现生态产品价值的模式，是有效实现重点生态功能区主体功能定位的重要模式，是发挥中国特色社会主义制度优势的发力点。区域协同发展可以分为在生态产品受益区域合作开发的异地协同开发和在生态产品供给地区合作开发的本地协同开发两种模式。浙江金华-磐安共建产业园、四川成都-阿坝协作共建工业园均是在水资源生态产品的下游受益区建立共享产业园，这种异地协同发展模式不仅保障了上游水资源生态产品的持续供给，同时为上游地区提供了资金和财政收入，有效地减少了上游地区土地开发强度和人口规模，实现了上游重点生态功能区定位。本地协同发展模式实施的前提是生态产品供给地区具有开发的基础和条件，并且所发展的经济产业对生态环境影响非常小，如厦门-龙岩山海协作经济区，厦门通过提供资金、技术和项目扶持上游地区发展的同时，解决自己建设用地指标紧张的难题。与异地协同开发相比，本地协同开发方式只适用于国土面积较大、人口众多且生态敏感性不强的上游地区。

（8）实践模式八：生态资本收益

生态资本收益模式是指生态资源资产通过金融方式融入社会资金，盘活生态资源实现存量资本经济收益的模式。生态资本收益模式可以划分为绿色金融扶持、资源产权融资和补偿收益融资三类。我国国家储备林建设以及福建、浙江、内蒙古等地的一些做法为解决绿色金融扶持促进生态产品的制约难点提供了一些借鉴和经验。国家林业和草原局开展的国家储备林建设通过精确测算储备林建设未来可能获取的经济收益，解决了多元融资还款的来源。福建三明创新推出"福林贷"金融产品，通过组织成立林业专业合作社以林权内部流转解决了贷款抵押难题。福建顺昌依托县国有林场成立"顺昌县林木收储中心"为林农林权抵押贷款提供兜底担保。浙江丽水"林权IC卡"采用"信用+林权抵押"的模式实现了以林权为抵押物的突破。

5.5.2.2 从需求侧发力深入推进生态产品价值实现

近年来，各地结合工作实际，在探索生态产品价值实现方面取得了积极进展和一定成效，但从生态产品的需求供给来看，我国当前同时面临生态产品转化不足和市场需求无法满足的困境。当前，生态产品"买方市场"特征显著，生态产品供需关系中买方处于主动地位。生态产品市场需求建立的机制性、体制性、技术性问题是制约生态产品供给和价值实现的关键，应从需求侧入手建立、完善生态产品的市场机制，从需求侧入手带动生态产品供给持续增长，深入推进生态产品价值实现。

生态产品价值实现是绿水青山就是金山银山理念的实践抓手和物质载体，是贯彻落实习近平生态文明思想的重要举措。我国实施生态产品价值实现的战略意图是将生态产品转化为经济产品融入市场经济体系，充分调动起社会各方资本参与投资生态环境保护修复，利用市场手段推动生态产品的供给由政府补贴向市场配置转变，大幅度提高优质生态产品的供给能力。我国当前同时面临生态产品供给不足和市场需求无法满足的困境，关键是从需求侧入手建立生态产品的市场机制，利用需求侧带动供给侧的持续发展，深入推进生态产品价值实现。

（1）生态产品供给侧与需求侧的概念内涵

生态产品是指生态系统生物生产和人类社会生产共同作用提供给人类社会使用和消费的终端产品或服务，是与农产品和工业产品并列的、满足人类美好生活需求的生活必需品，是良好生态环境为人类提供多样福祉的统称。生态产品是生态系统服务的中国化升级版，在反映人与自然关系的同时，也更明确地反映了人与人之间的供给消费关系，是生态产品价值实现的经济学理论基础，我国政府用"生态产品"代替"生态系统服务"，就是把生态环境转化为可交换消费的生态产品，使生态产品转化为生产力要素融入市场经济体系，让市场手段在生态环境资源配置中发挥决定性作用。生态产品作为一种"产品"，意味着要通过市场交换变成商品，同一般经济产品相同，具备在市场中流通、交易与消费的基础，同样具有自己的供给侧和需求侧。

生态产品供给侧通常是指通过生态环境保护修复治理，促进生态环境合理优化配置，提升优质生态产品的供给能力。通常包括划定生态红线等空间管控边界、重点生态功能区等生态产品主产区，开展防治攻坚战、重要生态系统保护和修复工程等改善生态环境资源的存量和质量，持续不断提供清新空气、洁净水源、安全土壤和清洁海洋等优质的生态产品。

生态产品需求侧通常是指通过机制体制创新，建立可将生态产品变为消费产品的卖方市场，吸引社会的消费投资，通过卖方市场促进生态产品的持续供给。通常包括激发生态产品消费意愿，培育生态产品需求体系、扩大生态产品需求总量、优化生态产品消费结构等政策激励措施，来优化完善需求侧机制体制，建立起成熟的市场化交易机制，增加生态产品的供需对接，进而有效引导生态产品消费，形成生态产品需求与供给的良性互动机制。与一般产品生产供给侧不同，生态产品的投资建设属于生态产品的供给侧。

（2）生态产品供给侧与需求侧的现状与问题

从生态产品的需求供给来看，当前生态产品"买方市场"特征显著，生态产品供给不足、市场消费需求更不足，在生态产品供需关系中买方处于主动地位。生态产品需求潜力释放的结构性、体制性问题是制约当前供给侧生态产品无法持续供给的重要原因，导致无法通过市场经济的方式充分调动起社会资本参与生态环境保护与修复，使得政府生态补偿式的生态产品供给压力持续增大。

一是优质生态产品供给能力仍相对不足。党的十八大以来，党和国家持续加大生态环境保护与建设力度，生态环境质量持续好转。但是与国际先进水平相比，我国在生态状况、环境质量等方面还有一定差距。生态环境保护结构性、根源性、趋势性压力总体上尚未根本缓解，局部区域大气和水环境问题仍较突出，生态保护与经济发展的矛盾依然突出，生态环境质量与美丽中国建设目标要求还有不小差距。生态系统和环境质量仍然较低，低质量生态系统分布广，森林、灌丛、草地生态系统质量为低差等级的面积比例仍然较高；许多地区环境空气质量仍未达标，水体质量仍处于Ⅲ类水质以下。

二是生态产品的市场有效需求明显不足。成熟的生态产品市场化机制尚不健全：生态产品具有非排他性和非竞争性等公共性特点，使其供给需求特征与一般经济产品略有不同，其公共性特征与市场性的矛盾，以及政策机制体制的不健全，使得生态产品市场化机制尚未充分建立，生态产品很难进入市场经济体系以产品的形式进行交易。惠益互利的区域协同机制亟待加强：生态产品的供给区和受益区之间存在空间差异，供给区放弃发展机会，加大生态保护和环境修复投入，为受益区提供了优质生态产品，其价值需要受益区共担生态保护成本、共谋经济社会发展，供给区的生态产品价值实现也应纳入受益区考核，然而供给区通常是经济相对落后、话语权弱的地区，自身难以协调通常经济发达、话语权强的受益地区，生态产品供给方与需求方的高效对接机制尚未建立。

三是生态产品价值实现的政策保障不足。生态产权制度尚处在探索实践阶段：如何落实集体所有权、稳定承包权、放活经营权，现行法律法规尚没有作出规定；生态产权交易的立法进程仍然严重落后于交易实践，节能量、碳排放权、排污权和水权四大权属交易缺乏足够的政策保障，交易主体参与程度和交易量偏小；仅在部分地方开展了生态资源总量配额跨区域交易，市场化程度有待继续探索。生态产品价值实现的机制体制有待优化：资源环境税费保障生态产品供给需要调整现有相关的法律条文，环境税、水资源费等现有资源环境税费不能用于增加社会主体的生态产品市场交易积极性；环境权益交易需要政府加大管制力度，社会资本参与生态修复需要创新土地流转机制，加大绿色金融扶持需要破解资源流转难题。技术上缺乏可应用的计量技术体系：生态产品的价值实现需要相应的计量工具，但是生态产品计量因数据来源不一、核算方法多样、核算参数难于获取、缺少标准度量单位，导致生态产品计量结果的不可复制、不可重复、不可比较，核算结果仍然缺乏社会公认度和市场认可度，影响生态产品在市场中的合理优化配置。

（3）从需求侧发力深入推进生态产品价值实现

深入推进生态产品价值实现，需要在持续提升生态产品供给能力的同时，紧紧抓住需求侧发力这条主线，加快培育生态产品消费体系，建立健全生态产品价值市场化实现机制，打通生态产品价值实现的需求、市场和政策堵点，有效释放生态产品需求潜力，增强生态产品产业发展的内生动力，通过需求侧的生态产品消费吸引社会资本投资反哺拉动保证优质生态产品的持续不断供给。

一是加强重点生态功能区的生态与产业建设。重点生态功能区是生态产品的主产区，通过加强基础设施建设，为需求侧的消费提供基础支撑，进而靠市场吸引资本投入重点生态功能区的生态与产业化建设。加大基础设施建设力度：加强公共文化服务体系建设，做好传统村落等优质生态文化资源的保护工作，合理规划生态产品主产区交通路网建设，继续加强学校、医院、活动场所以及污水和固废处理等基础设施建设，为重点生态功能区生态产品价值实现提供基础设施建设支撑。扶持地方特色经济产业：在综合考虑生态功能定位基础上明确主产区生态产品经营发展方向，在特色小镇、田园综合体、山水林田湖草修复等政策上给予倾斜支持，吸引资本进行投资，增加特色生态产品的市场需求，形成当地特色的生态产业。建立生态产品标签认证体系：对生态产品主产区的优质生态产品给予生态产品标签认证，培育生态标签产品消费市场，对生态标签产品生产给予财政和税收扶持，让当地的优质生态产品能卖上好价钱，变资源优势为经济优势。

二是建立生态产品市场化供需对接机制。建立成熟的市场交易机制，增加生态产品供需对接，通过需求侧生态产品的持续消费拉动生态产品的持续供给。建立生态产品惠益互利的区域协同机制：以共同保护、共同受益的原则，建立使用付费、保护受益的协同机制，发展飞地经济的特色模式，实现供给区和消费区协同共赢发展，将生态产品价值实现成效列入受益区绩效，取消供给区的经济发展类指标考核，对消费区实行经济发展和生态产品价值实现的双考核。推进生态产品交易中心建设：成立生态产品交易中心，定期组织开展生态产品供给方与需求方的高效对接；加大优质生态产品的宣传力度，提升生态产品的品牌关注度；加强和规范多种生态产品交易平台和渠道的管理。

三是扩大政府管制的生态权益指标交易。在政府管制产生稀缺性的条件下，交易主体之间就会形成市场交易需求，公共性生态产品就转变为可交易的生态商品。加大生态权益市场交易：生态权益存在明确的生产与消费的利益关系，生态权益产品在一定政策条件下满足产权明晰、市场稀缺、可精确定量3个条件，就具备了一定程度竞争性或排他性，就可以通过市场机制实现交易，生态权益就转变为生态商品。健全碳排放权、排污权交易机制，探索在长江、黄河等重点流域创新完善水权交易机制，探索碳汇权益交易试点。探索建立生态资源总量配额交易制度：鼓励通过政府管控或设定限额，探索基于数量、质量、生物量的森林、草地、湿地等生态要素的绿化、清水增量责任交易机制，并搭建生态资源总量配额跨省交易平台，实现流域生态资源有效配置。

四是加强生态产品价值实现的支撑保障。生态产品价值实现的关键在于生态产品价值实现的制度供给，给政策比给资金、工程更重要。做好资源产权管理的大文章：生态产品多依附于土地资源，充分依托土地资源产权改革，通过制度建设使生态资源票据化，将生态资源的生态产品生产功能依附于票据上，出台相应市场交易、收益分配机制等方面的规划性文件，为票据成为可以市场交易和抵押贷款的凭证提供信用背书。出台绿色金融与财税政策制度：发挥财税政策引导作用，完善生态补偿机制，加大财税对生态产品生产产业支撑力度，制定有区别的财税政策；通过产权抵押和产权交易获取信贷资金，创新开展自然资源集体产权抵押、排污权等企业的收费权质押融资业务；在我国绿色金融实践的基础上，将公共性生态产品纳入绿色金融扶持的范围，因地制宜挖掘地方特色的生态产品类型，开发与其价值实现相匹配的绿色金融手段。建立可复制可推广的计量核算方法：将生态产品价值纳入国民经济统计体系的前提是核算结果可重复、可比较，技术体系可在不同地区推广移植。研究建立生态产品价值统计方法，形成依托行业部门监测调查数据的生态产品价值统计核算体系，确保计量方法可以在行业部门应用。

5.5.2.3 生态产品价值实现的风险防范和存在问题

（1）生态产品价值实现过程中的风险防范

现阶段部分地区仍对生态产品公共属性认识不足，过度强调货币化实现形式，增大生态环境损害的潜在风险。为此，各地区在建立健全生态产品价值实现机制过程中应关注以下3个方面。

一是坚持强可持续理念，摒弃弱可持续认知。强可持续性理念强调自然资本和人造资本之间有限的可替代性，部分关键自然资本不能通过人造资本累积来替代其损失。弱可持续理念强调自然资本和人造资本一般可替代，自然资本的损失可以通过人造资本的累积进行弥补，只要保持自然资本和人造资本的总和不变即可。强可持续性发展理念与生态优先、绿色发展的理念一致，强调"生态合理性优先"原则，即人类经济活动的生态合理性优先于经济与技术的合理性。如果过度强调生态产业化，而实践中缺乏监管，容易导致变相鼓励资源开发、突破生态红线、不顾及生态系统的承载力和平衡。可见，只有坚持强可持续理念，以保障自然生态系统休养生息为基础，增值自然资本，厚植生态产品价值，才能不断提升地区生态产品供给能力。

二是坚持公益价值实现为主，辅以货币价值实现作为适当激励。从各地的实践来看，部分地区把生态系统生产总值（GEP）核算作为工作重点，认为"价值实现"就是提高GEP向GDP的转化率。实际上，GEP核算的出发点是加强自然资本保护，而不是自然资本的价值转化。生态产品价值实现重点在于体制机制创新方面，GEP核算是生态产品价值实现的一个方面，不宜夸大其作用。良好生态本身蕴含着经济社会价值，应通过生态环境保护修复，不断释放生态产品的公益价值，满足人民日益增长的优美生态环境需要。在确保生态产品公益价值可持续供给的前提下，通过构建生态产品市场，使得生态产品货币价值实现成为可能，增强多元主体参与生态产品价值实现内生动力。

三是坚持政府主导地位，有序引导多元主体参与。生态产品价值实现强调从生产端调节而提升供给能力，满足民众对良好生产生活条件的需求，而非从消费端矫正需求，实现短暂的市场供需平衡，具有较强公共物品属性。尤其是生态产品价值实现关系到生态安全，生态本底的保护尤为关键。因此，只有坚持政府主导地位，对社会资本介入生态产品价值实现市场设置"红绿灯"，完善生态产品货币价值分享机制，保障生态环境保护参与者权益，充分打通"绿水青山"与"金山银山"相互转化通道，使得生态产品货币价值在生态产业内循环，实现其对生态环境保护的充分激励。

（2）生态产品市场化存在的问题

从当前生态产品价值实现机制试点的浙江省丽水市和江西省抚州市以及全国各地生态产品市场化的经验来看，相较于美国、欧盟等做法，我们认为以下几方面有待加强。

一是政府购买生态产品的力度有待加强。以浙江省为例，自从2017年浙江探索实施绿色发展财政奖补机制以来，共兑现奖补资金359亿元，取得了较好的政治效益、社会效益、经济效益和生态效益。2020年浙江省又出台了新一轮的绿色奖补政策，包括出境水水质、森林质量、空气质量财政奖惩以及湿地生态补偿试点等11项，我们可以把这些生态补偿看作政府购买生态产品的行为。2018年，浙江省景宁畲族自治县政府支付大均乡"两山"公司的188万资金实际上就是一种政府购买行为。但这与GEP之间存在很大差距，政府购买的空间还有待进一步拓展。

二是生态产品的交易范围少。现有生态产品的交易几乎还停留在农村产权交易的范围。以丽水市为例，生态产品交易平台开展土地承包经营权、水域养殖、农村房屋所有权、林权、宅基地使用权、农村集体物业租赁、水电股权等项目，截至2020年年底累计开展生态产权交易5155宗，达到8.60亿元。根据中国科学院生态环境研究中心公布的《丽水市2018年生态产品总值（GEP）核算报告》显示，2018年丽水市GEP总值达到5024.46亿元，其中生态系统调节服务产品总价值最高，为3659.42亿元，文化服务产品总价值为1202.18亿元，物质产品总价值为162.86亿元。可见生态产品交易平台的交易标的和交易量都没有能够较好地反映丽水市生态产品的真正价值。

三是社会和企业参与度不高。在社会参与方面，民众对生态产品的购买主要有两类，一类是物质产品，另一类是文化服务产品，这两类产品由于具有一般商品的基本属性，所以参与度较高。但调节服务产品没有一般商品的属性，并且它一直以来都以公共产品的形式出现，其价值虽然得到大家的认可，但却无法实现其价值。在企业参与方面，如对水电企业来说，库区周边的生态环境对水源涵养、防风固沙有非常重要的作用，但由于资本的逐利性促使这些企业更多的是追求短期利益，放弃长期利益。

四是生态产品价值评估市场有待建立。要推进生态产品市场化，就必须要对生态产品交易的标的进行评估。从2010年起，浙江省就在全省各市（区）、县（市、区）编制了碳排放清单，为碳排放交易打下了良好基础，因此生态产品交易的市场化也必须在明确市场交易主体和市场交易清单的基础上，评估各交易主体的生态产品价值。当前，中国科学院生态环境研究中心、中国（丽水）两山研究院等对全国多个地区做了GEP核算，为生态产品的市场化交易打下了一定的基础，但要在某个省或某个地区开展生态产品市场化交易，还需要培育和完善生态产品价值评估市场。

5.5.2.4 加快构建绿色生态转化的生态产品价值实现路径

绿色生态转化需要一个价值发现、价值认同和价值回归的过程，按照"生态资源—生态资产—生态资本"的演化路径，探索建立山水林田湖草沙一体化的生态产品交易市场，推进生态产品市场化，促进生态补偿多元化，实现生态产业化、产业生态化。

一是要充分认识绿色生态资本、人造资本、人力资本三种要素的结合对于生态产品价值实现的重要性，重视人造资本和人力资本投入。经济发展不应是对资源和生态环境的竭泽而渔，生态环境保护也不应是舍弃经济发展的缘木求鱼，而是要坚持在发展中保护、在保护中发展。有的地方过度强调原生态的自然资本，轻视生态产品经营所需的公共基础设施建设，导致生态优势转化为经济优势的努力事倍功半。

二是要充分认识生态产品经营的不可分割性和规模门槛，加强生态产品经营的整体规划和统筹协调。有的地方把生态产品经营完全交给零散的市场主体，难以产生生态产品经营的整体效益。对于生态产品价值实现而言，地方政府的整体规划和统筹协调往往是必不可少的，一方面可以保持和提升生态产品的质量，另一方面能够改进生态产品经营的整体性，增强对人造资本的吸引力。

三是要充分认识生态产品价值取决于生态产品质量的特性，做到以质取胜，下大力气改善生态产品质量，提升消费者满意度。

四是要充分认识生态产品的公共属性，合理制定生态产品价值实现的投入机制，并根据投入机制制定相应的报酬分配机制。比如，公共基础设施建设和自然资本维护往往难以依赖个体经营者的投入，需要依靠地方政府投入，或通过PPP（公私合营模式）等方式吸纳社会资本进入。再比如，有的地方把生态产品经营的投入和报酬分配与扶贫开发等目标结合起来，在报酬分配上让利于民，可以收到在开发中实现保护、通过生态产品经营帮助脱贫等多重效应，是一种值得鼓励的积极尝试。

四川是全国的绿色生态资源大省，绿色生态资源（包括森林、湿地、草原等）被誉为长江、黄河上游重要的绿色生态屏障，作为全国生态文明建设优先区，四川最大的优势是绿色生态，最大的资源也是绿色生态。绿色生态资源是维护生态系统安全、提供生态服务功能、保障生态宜居的基础要素。因此，加快构建生态产品价值实现路径，牢固树立保护生态环境就是保护生产力、改善生态环境就是发展生产力的理念，把生态文明建设放在更加突出的位置，正确处理加快发展与生态保护的关系，在保护中发展、在发展中保护，大力释放绿色生态"红利"，提升绿色生态"福利"，把绿色生态优势转化为发展优势，实现四川高质量发展，对推动人与自然和谐共生的中国式现代化建设具有重要意义。

①摸清绿色生态资源家底，重构产品价值分类体系。生态产品具有公共物品的属性，一般将其价值划分为市场价值与非市场价值，市场价值是生态资源的直接使用价值，主要为社会提供食物、工业原料等；非市场价值是生态资源的间接使用价值、选择价值和存在价值，提供非市场产品及服务，如气候调节、生物多样性保护、碳汇、景观游憩等。坚持山水林田湖草沙生命共同体理念，按照"连续、稳定、转换、创新"的要求，摸清森林、草原、湿地等绿色生态资源的种类、数量、质量、布局及其演变特征，构建准确全面、实时更新的生态产品基础数据库，满足科学管理的需要。按照突出生产、安全、生态和景观等功能类别，重构市场价值与非市场价值分类体系，并将生态资源分类与其价值分类统一起来，建立两者之间衔接关系，为实现生态产品价值转换提供基础。

②明确生态资源权利主体，厘定产品价值受益对象。理清生态资源与产权人、产权类别的权属对应关系。全面推动森林、草原、湿地等资源的确权登记与发证工作，明确生态资源所有权、使用权、承包经营权及他项权利主体，确保生态资源的所有权归国家或集体所有，承包权归村民所有，鼓励企业、个人等社会资本作为经营权主体。持续推动国家或集体所有的森林、草原、湿地等资源有偿使用制度改革，提高生态资源利用效率，保障权利人合法权益，确保生态资源权利主体与生态产品受益主体相一致。支持国家、村集体和村民等所有权或使用权人通过出售农业、生态产品获取直接价值，鼓励投入社会资本的经

营权人通过合理开发田园综合体、生态景观项目等获取经济收益。此外,由于生态产品具有外部性特征,应进一步完善生态补偿机制,制定生态补偿标准,保障生态保护主体的合法利益。

③建立生态产品价值核算标准,总结推广典型案例模式。从生态资源的实物资产和无形资产两方面构建科学的生态产品价值核算标准,实现不同类别生态资源价值的可比性,提高生态产品价值核算标准的科学性和实用性。总结提炼生态产品价值实现的典型模式,挖掘不同价值转化路径模式下经济发展的内在动力,带动"生态高地、经济洼地"向"生态高地、经济高地"转变。积极推广以"生态+"多业态融合为主体的"复合业态"模式,因地制宜发展"生态+旅游""绿色+红色"等生态产业,实现"绿水青山"和"金山银山"的有机统一。推动以生态产品交易为核心的"市场驱动"模式,推广生态积分或指数化的"森林生态银行"或"地票制度"等模式,探索多元化产品价值转化和实现路径。

④推动有为政府和有效市场更好结合,优化生态产品交易环境。充分发挥"看得见的手"和"看不见的手"的合力作用。一方面,坚持有为政府主导作用,正确认识生态产品的巨大价值,明确生态产品价值实现的重要性和紧迫性,不断完善生态产品价值实现的顶层制度设计,积极总结试点工作的成功经验和教训,探索区域特色实现路径,将生态产品价值核算纳入考核制度框架中,保障生态产品的保值增值及高效转换。另一方面,激发有效市场在经营性生态产品价值实现过程中的作用,明确市场准入条件、完善价格评估机制、规范产品质量标准和公开透明交易制度,精准对接供求双方,注重生态资源利用与社会经济发展的协调统一,实现生态产品价值的安全转换,并作为对政府政策的有力补充。

⑤完善价值实现保障机制,增进人民群众福祉水平。逐步完善生态产品价值实现的立法、行政、金融、科教及社会保障体系。加快生态产品价值实现的相关立法工作,完善生态修复、生态保护红线管控制度,建立生态产品调查、登记、评价、融资和交易的全链条法律保障体系。加强多部门协同,畅通生态产品入市审批通道,简化审批流程,创新生态资源资产化管理,权衡生态产品开发和保护间矛盾。引导多元化资金投入,加大绿色金融支持,拓宽融资渠道,鼓励社会资本规范有序进入市场,降低企业和社会组织融资成本。加强与高校、科研院所的交流合作,培养专业化的资源管理科研团队和人才,为生态产品价值核算和价值转换提供智力支撑。积极推行"碳普惠"政策,提高公众参与度,推行"互联网+""生态+"等多元增值模式,将生态产品价值实现的经济效益落实到千家万户,促进区域经济发展和人民福祉提升。

5.5.3 推进绿色生态转化成效考核

践行绿水青山就是金山银山,开展绿色GDP和生态产品总值(GEP)核算,实行绿色生态转化成效考核是推进绿色生态转化的政策路径。

践行"两山"理念,坚持节约资源和保护环境的基本国策,推进绿色生态转化,促进人与自然和谐共生,实现经济发展和生态保护协调共进,是党中央、国务院关于生态文明建设的一系列重要战略部署。把绿色生态转化成效考核纳入政府目标考核，牢固树立国民经济绿色发展政绩观，推动绿色转型发展，建立考核办法，构建以高质量发展为新导向的新发展格局。

目前，绿色生态转化成效主要体现在绿色GDP和生态产品总值（GEP）核算两个方面。

绿色生态转化成效考核，既意味着全新的发展观，又意味着全新的政绩观，不仅只关注经济发展的数量、规模和发展速度，而且更加关注发展的质量、效益和可持续性，把绿色生态转化成效考核纳入考核体系会直接影响到官员的考核任免。政绩是领导干部从政、干事、作为，进而取得实实在在业绩的直接体现。

5.5.3.1 绿色GDP核算

绿色GDP是综合环境经济核算体系中的核心指标，在现在的GDP基础上融入资源和环境的因素。具体而言，改革现行的国民经济核算体系，对环境资源进行核算，绿色GDP是从GDP中扣除由于环境污染、自然资源退化、教育低下、人口数量失控、管理不善等因素引起的经济损失成本后的生产总值。绿色GDP实质上从减少国民经济增长的负面效应影响来核算GDP。

绿色GDP（可持续收入）的基本思想是由希克斯在其1946年的著作中提出的。这个概念的基础是：只有当全部的资本存量随时间保持不变或增长时，这种发展途径才是可持续的。可持续收入定义为不会减少总资本水平所必须保证的收入水平。对可持续收入的衡量要求对环境资本所提供的各种服务的流动进行价值评估。可持续收入数量上等于传统意义的GNP减去人造资本、自然资本、人力资本和社会资本等各种资本的折旧。衡量可持续收入意味着要调整国民经济核算体系。

绿色GDP能够反映经济增长水平，体现经济增长与自然环境和谐统一的程度，实质上代表了国民经济增长的净正效应。绿色GDP占GDP比重越高，表明国民经济增长对自然的负面效应越低，经济增长与自然环境和谐度越高。实施绿色GDP核算，将经济增长导致的环境污染损失和资源耗减价值从GDP中扣除，是统筹"人与自然和谐发展"的直接体现，是对"统筹区域发展""统筹国内发展和对外开放"的有力推动。同时，绿色GDP核算有利于真实衡量和评价经济增长活动的现实效果，克服片面追求经济增长速度的倾向和促进经济增长方式的转变，从根本上改变GDP唯上的政绩观，增强公众的环境资源保护意识。

目前为止，绿色GDP核算只涉及自然意义上的可持续发展，包括环境损害成本、自然资源的净消耗量。这只是狭义的绿色GDP，应该把与社会意义上的可持续发展有关的指标纳入GDP核算体系。因此，在GDP的核算中，必须扣除安全生产事故造成的GDP损失，以及处理这些事故的支出；扣除社会上各种突发事件造成的GDP损失，以及处理这些事件的支出；扣除为了防范和处理市场不公正、腐败造成的损失。

从20世纪70年代开始，联合国和世界银行等国际组织在绿色GDP的研究和推广方面做了大量工作。围绕着构建以"绿色GDP"为核心的国民经济核算体系，联合国、世界各国政府、著名国际研究机构和著名科学家从20世纪70年代开始，一直在进行着艰辛的理论探索。最具标志意义的是20世纪90年代，联合国在其《System of Integrated Environmental and Economic Acounting》及《System of National Economic Acouns》中提出了生态国内生产总值（EDP）这一概念。加拿大、澳大利亚、墨西哥、德国、美国、韩国等国家和地区，以及世界银行等国际组织都纷纷投入大量精力，试图完成修正GDP，建立绿色GDP核算体系的历史任务。20世纪90年代以来，世界各国各地区对绿色GDP核算的理论和实践探索，使人们都深刻体会到仅仅以GDP来指引经济社会发展已经暴露了种种弊端，修正以GDP为核心的经济社会评价体系的历史车轮已经不可阻挡，历史实践呼唤绿色GDP来指引经济社会发展。然而，目前在世界各国各地区都还仅仅只是将绿色GDP的研究视野停留在国民经济核算的范围内，最终还陷入了种种测算模型、资源定价等细节问题的纠缠中。从宏观、系统的视角来审视绿色GDP就会发现，在影响绿色GDP测算结果方面，有些因素是主要因素、关键因素，而有些因素对某地区绿色GDP的测算并不产生较大影响，甚至可以忽略这些因素。

国际上已有国家和地区近一个世纪以来建立的GDP核算体系为我们提供了重要的理论基础和经验借鉴。我国改革开放以来，经济增长中的生态环境破坏问题开始显现。有学者借鉴他国做法，也开始尝试在GDP核算中计入经济增长中的污染损失。20世纪90年代，我国开始与国际同步开展绿色GDP核算研究。2004年以来，我国也在积极开展绿色GDP核算的研究。2004年，国家统计局、国家环境保护总局正式联合开展了中国环境与经济核算绿色GDP研究工作，启动"综合环境与经济核算（绿色GDP）研究"项目，形成了《中国环境经济核算体系框架》等成果，并于2005年开始在10余个省份开始绿色GDP试点工作。与此同时，国家统计局等机构也与加拿大、挪威等国家合作，开展森林资源、水资源等核算工作。2006年，国家环境保护总局和国家统计局发布了《中国绿色GDP核算报告》。随后，我国绿色GDP理论与实践探索一度陷入低潮。最近几年，中国与世界上其他国家、地区的相关机构，逐步深入，核算日趋完备。经济学领域的已有绿色GDP理论与实践探索，为开展绿色GDP绩效评估提供了坚实的理论准备和丰富的研究资料。

2014年，华中科技大学国家治理研究院提出与各级地方政府一道探索绿色发展的新模式，将绿色GDP引入国家治理现代化研究视域，开展旨在实现绿色发展的绿色GDP绩效评估研究，并正式成立华中科技大学国家治理研究院绿色GDP绩效评估课题组。2016年，提交了《关于在湖北开展绿色GDP绩效评估的建议》，并明确提出将绿色GDP与地方政府政绩考核挂钩，对全省各地的绿色GDP情况进行排名，用数据指引地方政府落实好党中央的绿色发展理念。并在第三届国家治理体系和治理能力建设高峰论坛上发布了《中国绿色GDP绩效评估报告·湖北卷（2016）》。这个报告发布后，受到了国内外专家学者、地方政府的高度好评和赞赏。报告主要基于经济学、管理学、政治学、生态学等跨学科的研究视野，采用大数据挖掘等方法，根据最为严格意义的"绿色GDP"内涵和核算方法，结合我国相关统计学、能源学、生态学等学科的研究成果对自然资源的分类办法，以及我国长期形成的、可供采用的统计学实践数据，构建了基础数据统计与评价指标体系以及绿色GDP绩效评估所需的3个一级指标、11个二级指标、52个三级指标构成的统计与评价指标体系；构建了GDP增长中各种损耗的45个分行业统计与评价指标体系，然后对GDP增长中的各种损耗进行分行业的统计与评价，从而构建出新的"矩阵型"二维指标体系，充分改进了以往绿色GDP算法中资源耗减和生态损耗的指向性，并在此基础上采集到了湖北省17个地区2008—2014年间42个不同行业的能源消耗、环境损失、生态损耗等共计418710个有效数据。为保证大量数据处理的科学性，课题组专门研发了"绿色发展科研平台"用于处理这些数据，最终形成该报告。但这个研究报告还只是一个阶段性成果。

绿色既是生命的颜色，更是人类社会得以永恒发展的真正底色，它也应当成为人类文明发展的主色调，引领经济政治社会文化和科技发展的方向。绿色GDP研究，几乎是当今世界各国政府、科学家都在投入大量精力展开研究的世界性课题。而我国在此领域却一直进展缓慢，既有投入不够的原因，也有地方政府观念转变的原因等。

因此，在长期以来的绿色GDP核算研究和试点工作基础上，尽快完成国民经济核算体系改革，建立新时代绿色GDP核算与考核体系，是一项艰巨的任务，也是推动实现人与自然和谐共生的中国式现代化的迫切需要。

5.5.3.2 生态产品总值（GEP）核算

生态产品价值具有多维度、多层次以及综合性。根据生态产品不同分类而产生的价值，可分为生态服务价值（土壤保持价值和水源涵养价值等在内的多种价值）和社会文化价值（文化陶冶价值和美学景观价值等），还可以分为需要补偿的生态价值（生态伦理价值和生态功能价值等）和可供交易的经济价值（直接经济价值和间接经济价值）。根据价值的多维性，生态产品价值又可分为与实际使用相关联的使用价值和生态产品所特有的并独立于人类对生态产品使用而产生的非使用价值，其中使用价值包括直接使用价值和间接使用价值；非使用价值又被称为"内在或存在价值"，主要包含选择、遗产和存在价值。

生态产品价值核算是生态产品价值实现的先决条件，也是评价生态系统保护成效的重要手段。生态产品价值核算是对生态系统为人类提供的最终产品与服务价值总和的评估。欧阳志云等（2013）提出了以生态系统生产总值（Gross Ecosystem Product，GEP）为核心的生态产品价值评估核算体系。Hao等（2022）认为目前已形成了直接市场法、替代市场法与意愿调查法3种主要的生态产品价值核算方法。靳诚等（2021）指出可以通过当量因子法、功能价格法以及"生态元"法测算生态产品价值。

生态产品总值（GEP），是指森林、草地和湿地等生态系统产生的直接、间接或潜在的经济效益，反映的是生态系统提供的最终生态产品和服务价值量化的总和，是对区域生态系统生态价值的量化。简单理解，就是为绿水青山"定价"。主要包括生态系统提供的物质产品、调节服务和文化服务的价值。

GEP核算实质上是从国民经济增长的正面效应影响进行核算，是对GDP贡献的增加项。GEP核算及其价值实现是"两山"理论的核心基石，为"两山"理论提供了实践抓手和价值载体。

2013年，中国科学院生态环境研究中心欧阳志云研究员和世界自然保护联盟（IUCN）中国代表处原驻华代表朱春全博士在全球首次提出生态系统生产总值（Gross Ecosystem Product，GEP）的概念，对核算的指标体系、技术方法做了说明，以贵州省为例，其2010年全省生态系统生产总价值为20013.46亿元，人均GEP是57526元，是当年该省国民生产总值和人均GDP的4.3倍。

2016年9月"生态系统生产总值：将生态系统服务纳入国家决策和核算体系"研讨会在IUCN世界自然保护大会上举办。研讨会由IUCN中国代表处、中国科学院生态环境研究中心、中国生物多样性保护与绿色发展基金会以及国家林业局主办。

2020年，欧阳志云研究员团队首次在国际上介绍GEP的概念、核算框架、指标体系和技术方法，并以青海省为案例开展了实证研究，发展了刻画生态系统服务流的评估方法，发现了青海省产生的生态系统产品和服务中，将近80%惠益的受益者是青海省外的其他省份。并据此研究提出建立"水基金"等政策建议，协调区域发展，探索让生态产品与服务供给者受益、让生态产品消费者付费新机制，促进优质生态产品的可持续供给。

2020年深圳上线我国第一个GEP自动化核算平台以来，中国科学院生态环境研究中心已在全国30余地区完成该软件的部署，先后支撑了全国首个（深圳）、江西省首个（南昌）、四川省首个（巴中）、陕西省首个（安康）生态产品价值核算制度体系建设。

2021年3月，GEP被纳入联合国发布的最新国际统计标准——SEEA-EA。框架第九章"生态系统服务价值量核算"详细介绍了GEP的概念——生态系统为人类福祉和经济社会可持续发展提供的最终产品与服务价值的总和，框架第十四章"指标和综合性报告"将GEP列为生态系统服务和生态资产价值核算指标、联合国可持续发展2050目标的衡量指标以及从原始数据到决策支撑的基本指标。

2021年4月，中办、国办印发的《关于建立健全生态产品价值实现机制的意见》，进一步从制度层面，对我国开展GEP核算和价值实现提出目标和要求，也促使我国GEP核算从理论研究走向实践应用。

目前，我国正在多个层面探索开展GEP核算实践和应用。在国家层面，国家发展改革委和国家统计局联合发布《生态产品价值核算规范（试行）》。生态环境部环境规划院自2004年开展绿色GDP研究以来，持续实施从绿色GDP到GEP和经济生态生产总值（GEEP）核算体系的探索构建。在地方层面，浙江省、贵州省、福建省、江西省、北京市等已发布了各自的GEP核算技术规范。青海省、山西省、海南省、内蒙古自治区、深圳市、丽水市、福州市、厦门市、兴安盟、承德市、南平市、武夷山市、将乐县、崇义县等100多个省、市、县进行了GEP核算试点示范。在GEP核算基础上，浙江省、贵州省、山西省及深圳市都在积极探索GEP核算"进规划、进考核、进项目"的政策应用。

由于我国各地区社会经济发展状况、自然禀赋和生态系统主体功能的不同，以及生态产品价值核算过程中核算方法、核算范围、核算指标以及数据来源等技术要素的选取不同，使得核算结果存在较大差异（表5-2），核算结果存在可比性低、可复制性弱以及可推广性不足等缺陷。

表 5-2 不同地区生态产品价值核算（张百婷等，2024）

核算地区	核算项目	核算指标	价值核算方法或规范	生态系统产品价值（亿元）
云南省抚仙湖流域	物质产品价值	农、林、牧、渔产品和水电	市场价值法和替代工程法	27.51
	调节服务价值	水源涵养、土壤保持、固碳释氧、气候调节、洪水调蓄和水质净化	替代成本法、工业制氧法造林成本法、影子工程法和防治费用法	6.28
	文化服务价值	景观游憩	旅行费用法	17.59
湖南省洞庭湖	物质产品价值	淡水产品、原材料生产、内陆航运和水资源供给	市场价值法	216.19
	调节服务价值	调蓄洪水、水质净化、气候调节、固碳量和释放氧气量	替代工程法和工业制氧成本法	182.91
	文化服务价值	休闲旅游	旅行费用法	12.00
内蒙古自治区阿尔山市	物质产品价值	农业产品、林业产品、畜牧业产品、渔业产品和水资源	市场价值法	15.29
	调节服务价值	土壤保持、水源涵养、防风固沙、洪水调蓄、空气（大气）净化、固碳释氧、气候调节和病虫害控制	替代成本法、影子工程法、恢复成本法、固碳成本法和制氧成本法	477.49
	文化服务价值	景观游憩	旅行费用法	47.1
浙江省丽水市	物质产品价值	农林牧渔产品、生态能源和其他产品	GEP 核算方法：GEP=EMV+ERV+ECV。式中 EMV——物质产品价值总量；ERV——调节服务价值总量；ECV——文化服务价值总量	162.86
	调节服务价值	水源涵养、土壤保持、洪水调蓄、土壤保持、空气净化、水质净化、固碳释氧、气候调节和病虫害控制		3659.42
	文化服务价值	休闲旅游		1202.18
北京市 J 林场	物质产品价值	产品供给	《生态系统评估：生态系统生产总值（GEP）核算技术规范（征求意见稿）》《森林生态系统服务功能评估规范》（GB/T 38582-2020）、《自然资源（森林）资产评估技术规范》（LY/T 2735-2016）	1213
	调节服务价值	涵养水源、净化水质、固碳释氧、吸收二氧化硫（氯化物、氮氧化物）、增湿降温、防风固沙、净化大气和减少泥沙淤积		2577.9
	文化服务价值	文化教育		252.08
贵州省习水县	物质产品价值	农林牧渔产品、水资源和生态能源	市场价值法	170.18
	调节服务价值	水源涵养、保土减淤、保土减少面源污染、湖泊调蓄、水库调蓄、大气净化、水质净化、固碳释氧、气温调节和病虫害控制	影子价格法、影子工程法、机会成本法造林成本法、替代本法和工业制氧成本法	33.37
	文化服务价值	景观游憩	旅行费用法	19.8

续表

核算地区	核算项目	核算指标	价值核算方法或规范	生态系统产品价值（亿元）
甘孜藏族自治州	物质产品价值	农业产品、林业产品、畜牧业产品、渔业产品、水资源和水电	市场价值法	632.24
	调节服务价值	水源涵养、土壤保持、防风固沙、洪水调蓄、大气净化、水质净化、固碳释氧、气候调节和病虫害控制	影子工程法、替代成本法、防治费用法、造林成本法和工业制氧法	6842.28
	文化服务价值	景观游憩	旅行费用法	70.67
海南省	物质产品价值	农业产品和森林木材	市场价值法	254.06
	调节服务价值	土壤保持、涵养水分、固定二氧化碳、营养循环和防风固沙	影子价格法、机会成本法、造林成本法、替代工程法和碳税法	2094.64
青海省三江源	物质产品价值	物质产品价值 农业产品、畜牧业产品、林业产品和渔业产品	市场价值法	327.5
	调节服务价值	干净水源和清新空气	替代市场法	1658.93
长江上游地区	调节服务价值	水源涵养	影子工程法和替代工程法	1606.179
江西省针叶林	调节服务价值	调节水量、固土保肥、固碳制氧、林木营养积累、释放负氧离子、吸收二氧化硫（氟化物、氮氧化物、滞尘）和生物多样性保育	市场价值法、影子价格法、机会成本法、造林成本法、替代工程法和碳税法	3770
青海省	调节服务价值	水源涵养、洪水调蓄、土壤保持、水质净化、空气净化和防风固沙	市场价值法和替代成本法	464.16
青藏高原	调节服务价值	水源涵养	水量平衡法、能量平衡法、影子工程法、替代工程法、GIS空间分析和IDL程序	2310

注：资料来源于张百婷等（2024）"我国生态产品价值实现的研究进展与典型案例剖析"。

随着GEP核算的深入探索，由于尚未完成常态化、规范化、区域化的GEP核算体系构建，GEP核算仍没有纳入主流化综合决策程序，我国GEP核算的政策应用仍面临"度量难、交易难、抵押难、变现难"等问题。

(1) GEP核算的目的

2015年，中共中央、国务院印发《生态文明体制改革总体方案》明确要求："根据不同区域主体功能定位，实行差异化绩效评价考核。对限制开发区域和生态脆弱的国家扶贫开发工作重点县取消地区生产总值考核。"以重点生态功能区定位为依据，以提升重点生态功能区的生态资产、增强其生态产品与服务的供给能力为目标，国家发展改革委致力于探索以GEP为核心，构建面向重点生态区县的生态保护成效评估指标与方法，探讨基于生态资产与GEP核算的重点生态功能区评估指标与考核机制。

GEP的出现，填补了评估生态系统为人类福祉和经济社会提供的总价值的空白。当然，这也不是说GDP没有用了，GDP仍然是衡量和比较各地经济发展水平的重要指标。只有经济基础牢了，才有条件追求更高质量的发展。

可以说，以GEP核算为"指挥棒""保险栓"，有利于推动GDP、GEP双增长，并促进GEP向GDP有效转化。这正是绿水青山就是金山银山理念的题中应有之义，同时，对各地因地制宜推进生态经济化、经济生态化也具有积极的示范意义和引导作用。

GEP核算的思路是源于生态系统服务功能及其生态经济价值评估与国内生产总值核算。根据生态系统服务功能评估的方法，生态系统生产总值可以从功能量和价值量两个角度核算。功能量可以用生态系统功能表现的生态系统产品产量与生态系统服务量表达，如粮食产量、水资源提供量、洪水调蓄量、污染净化量、土壤保持量、固碳量、自然景观吸引的旅游人数等，其优点是直观，可以给人明确具体的印象，但由于计量单位的不同，不同生态系统产品产量和服务量难以加总。

因此，仅仅依靠功能量指标，难以获得一个地区以及一个国家在一段时间的生态系统产品与服务产出总量。为了获得生态系统生产总值，就需要借助价格，将不同生态系统产品产量与服务量转化为货币单位表示产出，然后加总为生态系统生产总值。

实现GDP与GEP双增长是由我国发展阶段决定的。我国经济发展与生态环境的关系随着发展阶段的演进不断改变。党的十九大以来，我国已经发展到为人民提供更多优质生态产品以满足人民日益增长的优美生态环境需要的新阶段，发展理念从"增长优先"转向"保护优先"。因此，在新发展阶段下，如何实现GDP和GEP双增长、相互促进成为时代所需。

GEP核算的根本目的在于实现生物多样性保护与人类可持续发展的目标，也是对各地进行考核的重要的生态文明指标，主要包括5个方面。

一是描绘生态系统运行的总体状况。生态系统为维持自身结构与功能过程中，向人类提供了多种多样的产品和服务。以生态系统提供产品和服务的功能量与价值量为基础，通过核算生态系统生产总值，借助生态系统生产总值大小及其变化趋势可以定量刻画生态系统运行的总体状况。

二是评估生态保护成效。生态系统服务的损害和削弱导致了水土流失、沙尘暴、洪涝灾害和生物多样性丧失等一系列生态问题，生态保护与建设的主要目标就是维持和改善区域生态系统服务，增强区域可持续发展能力。生态系统生产总值核算就是以生态系统提供的产品和服务评估为基础，是定量评估生态保护成效的有效途径。

三是评估生态系统对人类福祉的贡献。生态系统服务与人类福祉的关系是国际生态学研究难点和前沿，其焦点是如何刻画人类对生态系统的依赖作用以及生态系统对人类福祉的贡献。通过对生态系统产品和服务的定量评估，生态系统生产总值核算将生态系统与人类福祉联系起来，可以评估生态系统对人类福祉的贡献。

四是评估生态系统对经济社会发展支撑作用。生态系统服务是经济社会可持续发展的基础，它既提供了经济社会发展的所需的物质产品，也维护了经济社会发展所需的环境条件。生态系统生产总值核算可以明确生态系统所提供的产品和服务在经济社会发展中的支撑作用。

五是认识区域之间的生态关联。定量描述区域之间的生态依赖性或生态支撑作用。生态系统服务的产生和传递涉及生态系统服务的提供者和受益者，有效关联生态系统服务的提供者和受益者是加强生态保护、科学合理决策的重要依据。考虑生态系统服务的提供者与受益者的生态系统生产总值核算，可以认识区域之间的生态关联，为通过关联不同利益相关者、增强区域尺度生态系统服务提供重要途径。

（2）GEP实现路径

生态产品具有公共性、准公共性和经营性多重属性，需要从宏观决策、政策支撑、绩效考核、产业发展多个角度进行体系设计，激发全社会参与生态保护的积极性，促进GEP从潜在的、名义的生态价值向实际的、真正的经济福祉转变。

作为全国首个国家生态文明试验区，福建省选取武夷山市等地作为山区样本，开展生态系统服务价值核算试点。2018年10月28日，武夷山市生态系统服务价值核算项目成果在北京通过专家验收。根据山区生态系统特点，武夷山制定了一套完善的核算方法，从生物多样性、物种保育服务、文化旅游服务、气候调节服务等7个方面，重点对森林、湿地和农田三类生态系统价值进行核算"量化"。经初步核算，2015年GEP约2219.9亿元，是同年GDP的16倍；单位面积生态系统服务价值近0.79亿元/km^2。2018年GEP为2562亿元，比2015年增长300多亿元，生态产品价值溢出逐年增加，GEP呈现加速发展趋势。由此，武夷山不仅摸清了整体生态系统的家底，还摸清了不同生态系统、不同区域的家底（在森林、湿地、农田三大生态系统中，森林生态系统服务价值最高，占97.6%）。

GEP价值核算，将无形的生态算出有形的价值，为生态保护与绿色发展提供可评价、可考核的量化依据，也为当地实现经济与生态协调发展提供了决策工具。生态环境"高颜值"，促进了经济发展"高素质"。2019年，在福建省"武夷山市GEP核算信息平台"上，只要输入行政区划、生态系统、指标名称等"变量"，即可显示出当地特定区域内生态资源的"价格"，为名闻天下的武夷山贴上"价值标签"。

福建GEP核算改革试点取得成果，在全省各地引起热烈反响，各地纷纷立足自身实际，围绕"两山"发展理念，展开一系列富有成效的探索实践，不但将绿水青山贴上"价签"，更让绿水青山"变现"，努力实现百姓富、生态美的有机统一。

作为全国、全省试点，永泰县创新推出重点生态区位商品林赎买改革。以赎买林权入股，与福州市绿色金融投资管理有限公司联合成立绿金（永泰）乡村产业发展投资有限公司，共同开发林下种养、林业碳汇、森林旅游等项目，为赎买林地注入造血功能。打通了"两山"转化通道，永泰这个省会福州的"后花园"，好山好水吸引了八方来客。近3年来，全县旅游人数和旅游综合收入年均增速均超20%以上，2019年旅游人次突破1200万，在省内仅次于武夷山市。同年，永泰还荣获全国首批"全域旅游创建示范区"。

……

丽水地处浙江省西南部,是国家重点生态功能区,是全国重点革命老区之一浙西南革命老区所在地、全国20个革命老区重点城市之一。2018年4月,深入推动长江经济带发展座谈会提出102字"丽水之赞",充分肯定丽水率先推进绿色发展、生态富民的实践和成果。

近年来,丽水认真贯彻落实习近平生态文明思想,以GEP核算为切入点,系统推进生态文明建设各项改革任务,不断开辟绿水青山就是金山银山新境界。

①率先建立GEP核算评估应用机制,实现生态产品"可度量"。为破解量化生态资源价值的难题,丽水以GEP核算为切入点,让"无形"的绿水青山能被"有价"衡量。2019年丽水科学编制了生态产品价值总值核算指标体系,出台全国首个山区市生态产品价值核算技术办法,发布全国首份《生态产品价值核算指南》地方标准,构建了市县乡村四级GEP核算体系。在全国率先制定《关于促进GEP核算成果应用的实施意见》,推进GEP"进规划、进决策、进项目、进交易、进监测、进考核"。为了加快GEP核算,创新"数字化"实现手段,绘制全市"生态价值地图";依托卫星遥感、物联网等技术手段建设"天眼+地眼+人眼"的立体化、数字化生态环境监测网络,构建"空、天、地"一体化的生态产品空间信息数据资源库;依托"花园云"生态环境智慧监管平台,实现涉水涉气污染源、秸秆焚烧等生态环境损害行为的智能监管与实时预警;依托"天眼守望"卫星遥感数字化服务平台,实现对GEP构成因子的全方位监测、GEP变化的动态展示;创新建设"天眼守望"助力"两山"转化综合智治平台,搭建生态产品信息数据资源库,上线GEP核算、GEP考核评价、绿色奖补等应用场景。

②培育生态产品市场交易体系,实现生态产品"可交易"。围绕"绿水青山"这一最大优势,丽水将各种要素、资源、技术有机嫁接,探索出政府主导、企业主体、社会参与、市场化运作的生态产品价值实现路径。一是实现乡镇"两山公司"(生态强村公司)全覆盖。截至2020年年底,丽水所有乡镇均组建了"两山公司",负责生态环境保护与修复、自然资源管理与开发等,成为公共生态产品的供给主体和市场化交易主体,破解公共生态产品"主体缺失、供给不足"的双重难题。公司初始资金由国资注入、村集体认筹。政府建立了基于GEP核算的生态产品购买机制,综合考虑政府财力、GEP年度总量或增量等因素,按一定比例向"两山公司"等市场主体购买调节服务类生态产品。二是全面推进"两山银行"建设。在市、县层面组建"两山银行"服务平台,负责将碎片化的生态资源进行规模化的收储、专业化的整合、市场化的运作,把生态资源转化为优质的资产包,完成市场供需对接,解决碎片化自然资源入市壁垒、"生态占补平衡"问题。制定出台基于GEP核算的生态产品市场交易制度,创造生态产品的市场需求,引导和激励企业和社会各界参与,构建多元主体、多个层次的市场交易体系。建设全域统一的生态产品交易中心,搭建浙丽收储、浙丽交易、浙丽招商、浙丽服务"四统一"的交易平台,平台自2022年12月上线运营以来,已完成交易63宗、成交金额3.83亿元,其中林业碳汇交易26笔、成交金额122.2万元。

③创新绿色金融体系，实现生态产品"可抵押"。丽水市从三方面大胆进行金融创新。一是健全"生态信用"评价管理制度。建立涵盖个人、企业、行政村三个主体的生态信用制度体系，在全国率先建立农户信用信息数据库，开展个人生态信用积分基础评定，并基于个人生态信用积分推出了"信易行""信易游""信易购"等十大类53项激励应用场景，探索生态守信激励机制。二是创新推出"生态贷""两山贷"等模式。紧密对接生态产品价值实现的关键环节和重点领域，创新林权、农房、土地流转经营权、村集体经济组织股权、水利工程产权等抵押贷款，实现GEP可质押、可融资。探索"生态资产权益抵押+项目贷"模式，支持生态环境提升及绿色产业发展。2020年丽水市"生态贷""两山贷"贷款余额超190亿元。三是协同推进其他生态金融产品。推进山海协作"两山"转化基金运营，重点支持生态产业培育、生态强村公司发展和生态产品价值实现重大项目建设。与宁波市政府合作设立"生态基金"（两山转化产业投资基金），重点投资生态产业培育等重大项目建设，首期规模8亿元。为增强生态物质产品抵御自然灾害防范能力，创新推出食用菌种植、雪梨花期气象指数等"生态保险"产品，2020年实现保额1.1亿元。

④推动生态产业化，实现生态产品"可转化"。全面拓宽"产业化"实现通道，充分发挥好山好水好空气的生态优势，深入开展"生态经济化、经济生态化"变革性实践。在生态经济化上，重点培育品质农业、文化产业、旅游产业、林业产业、水经济等五大产业；率先探索以政府打造"丽水山耕""丽水山泉"等"山"字系区域公用品牌牵引生态产业发展的创新路径。其中，全国首个覆盖全区域、全品类、全产业的农业区域公用品牌"丽水山耕"，2020年销售额突破108亿元，平均溢价率30%，连续3年居中国区域农业形象品牌排行榜首位。在经济生态化上，积极构建"生态+""文化+""数字+"相互促进的生态产业体系。在严格保护生态环境前提下，积极引进新业态，推动形成生态产业化、产业生态化。加快打通"市场化"实现路径，依托国企构建市、县两级"1+9""两山合作社"，在173个乡镇组建"生态强村公司"，负责生态产品收储、开发及运营。

⑤注重引领创新，实现生态转化"可持续"。一是构建协同化一体推进机制。建立市本级加9个县（市、区）、丽水经济技术开发区的"1+10"试点推进机制，形成市、县、乡、村一体化的工作推进机制。二是强化督查考核。出台GEP综合考评办法，建立GDP和GEP双考核机制，以绩效考核推动生态环境保护工作刚性落地。组织编制自然资源资产负债表，实施领导干部自然资源资产离任审计和生态环境保护责任终身追究制度，强化领导干部生态环境和资源保护职责。丽水市已将生态产品价值实现工作纳入干部离任审计内容，把GEP增长、GDP增长、GEP向GDP转化率、GDP向GEP转化率4个方面30项指标列入市委对各县（市、区）年度综合考核指标体系，为生态产品价值实现提供制度保障。三是健全生态产品质量认证体系。加快生态产品生产、营销、溯源全链条标准化升级。完善产地准出、市场准入衔接机制，争取更多农产品列入中欧地理标志互认互保清单。松阳县以"茶叶溯源卡"和"茶青溯源卡"为核心的"双卡溯源"数字化系统助力茶产业高质量发展走在全国前列。四是健全生态产品保护补偿机制。丽水积极推进瓯江流域上下游横向生态补偿机制落地落实，年横向生态补偿资金达3500万元。建立生态环境损害赔偿制度。

建立饮用水售水价格构成机制，从水价中提取保护补偿资金，向供水区财政转移支付，通过饮用水资源与资金的价值转化，进一步推进供水区严格落实水源地保护责任。五是首创"生态信用"体系。从"生态保护、生态经营、绿色生活、生态文化、社会责任"5个维度，编制生态信用行为正负面清单，设置13类53项守信激励应用场景，构建形成全民参与的生态环境保护体系。不断完善碳达峰碳中和政策和工作体系，明确全力做好生态固碳、生产降碳、生活低碳三篇文章。

……

2021年5月20日，《中共中央、国务院关于支持浙江高质量发展建设共同富裕示范区的意见》正式发布。其中提出，践行绿水青山就是金山银山理念，全面推进生产生活方式绿色转型，拓宽绿水青山就是金山银山转化通道，建立健全生态产品价值实现机制，探索完善具有浙江特点的生态系统生产总值（GEP）核算应用体系。

2021年9月26日，海南热带雨林国家公园体制试点区生态系统生产总值（GEP）核算成果在海南省新闻发布厅发布，国家公园提供的生态产品贴上了"价格标签"。经核算，海南热带雨林国家公园体制试点区2019年度生态系统生产总值为2045.13亿元，单位面积GEP为0.46亿元/km^2。其中，物质产品价值为48.50亿元，占国家公园GEP总量的2.37%；生态系统调节服务价值为1688.91亿元，占82.58%，调节服务以涵养水源、生物多样性、固碳释氧、洪水调蓄和空气净化等价值为主；生态系统文化服务价值为307.72亿元，占15.05%，文化服务以休闲旅游和景观价值为主。

2021年，全国首个绿色经济试验示范区普洱市将GEP核算结果应用于绿色经济考评体系的建立，搭建绿色经济考评与GEP自动核算平台，全面探索推行GEP和GDP"双核算、双运行、双提升"，淡化传统GDP考核管理。

……

近年来，各地力求实现经济社会与生态环境协同发展的探索和实践。推动经济和生态协同发展，需要一手抓GDP，一手抓GEP，逐步推动GEP进规划、进项目。一是在规划层面，要研究建立综合生态环境与经济核算统计体系，将衡量经济发展和生态保护的综合性指标、重要生态系统类型的数量和质量指标、生态环境保护建设成效指标，作为约束性强制指标分别纳入国民经济和社会发展规划、国土空间规划和生态环境保护规划中，发挥核算工作对于社会经济可持续发展的引领作用。二是在生态补偿政策方面，完善生态环境保护者受益、使用者付费、破坏者赔偿的利益导向机制，构建基于GEP核算的生态补偿标准，建立差异化、多元化生态补偿机制。三是产业发展政策方面，构建生态产品品牌培育体系，建立健全生态产品交易体系，加强生态产品产业融合力度，延长产业发展链条，培育生态农业、生态旅游、生物医药和大健康产业，完善经营性生态产品质量认证制度，推动生态产品消费需求形成，探索建立基于生态产品的"占补平衡"机制，借助生态指标或生态信用推动公共生态产品的市场交易，推动生态产品第四产业发展。四是绿色金融政策方面，拓宽生态产品融资渠道，建立绿色信贷重点项目库目录等措施，扩大绿色产业信贷政策覆盖范围，创新生态环境导向的经济开发模式，引导社会资本流向生态产品的开发经营，加大对生态产业发展的支持力度。

GEP核算是第一步，如何变现更是关键。要探索总结具有中国特色的GEP实现模式，在实现机制上迈出新步伐、取得新突破，推进生态产业化和产业生态化，促进经济社会发展全面绿色转型，为全国生态文明建设提供有益借鉴，为建设美丽中国提供示范。

第一，创新科学评价方法，规范和明确生态资源产权及价值。健全生态产品的调查监测机制，大力推进自然资源确权登记，开展生态产品信息普查，摸清各类生态产品数量、质量等底数，形成生态产品目录清单；建立生态产品动态监测制度，及时跟踪掌握生态产品数量分布、质量等级、功能特点、权益归属、保护和开发利用情况等信息，建立开放共享的生态产品信息云平台。制定生态产品价值核算规范，编制省、市、县自然资源资产负债表，建立生态产品价值核算结果定期发布制度，推动生态产品价值核算结果应用。

第二，建立健全生态产品市场化交易体系，推动"绿水青山"转化为"金山银山"。谋划推进生态产品市场化交易体系建设。建设生态产品交易中心，高效对接线上线下、国内国际两大市场的生态产品交易。根据不同区域和不同时期与时俱进制定交易内容，制定生态产品交易清单，按照GEP核算，健全碳排放权交易机制和排污权有偿使用制度，探索建立用能权交易机制，推动生态资源权益交易。鼓励各地依托良好的生态，因地制宜发展"生态+""文化+""数字+"等绿色产业，助推产业转型升级。健全"生态信用"评价管理制度，鼓励企业和个人依法依规开展水权和林权等使用权抵押、产品订单抵押等绿色信贷业务，探索"生态资产权益抵押+项目贷"模式，加大绿色金融支持力度。鼓励各地打造特色鲜明的生态产品区域公用品牌，建立生态产品认证体系和生态产品质量追溯机制，促进生态产品价值增值。大力培育生态产品市场开发经营主体，对开展生态环境综合整治的社会主体，在保障生态效益和依法依规前提下，允许利用一定比例的土地发展生态农业、生态旅游获取收益。

第三，坚持生态惠民，推动城乡协调发展，实现共同富裕。坚持良好生态环境是最普惠民生福祉的观念，积极回应人民群众所想、所盼、所急，重点解决损害群众健康的突出环境问题，提供更多优质生态产品，不断满足人民日益增长的优美生态环境需要。制定流域内生态补偿的标准体系，健全生态环境损害赔偿制度，构建"生态环境保护者受益、使用者付费、破坏者赔偿"的利益导向机制。生态产品产生的收益应返还当地，改善当地基础设施、提升群众生活水平。深化产权制度改革，建立健全生态资产产权制度和监管制度，完善生态资产有偿使用制度，激励与约束并重，对农村生态资源进行资本化改造，激活农村生态资产。鼓励实行农民入股分红模式，保障参与生态产品经营开发的村民利益。积极引导、规范社会工商资本投入乡村振兴，建立科学合理的利益分配机制，完善风险防控措施，实现收益共享、风险共担。

第四，完善考核评价体系，推动形成良性发展。加快数字化手段在GEP核算中的应用，及时动态反映各地GEP的变化。出台GEP综合考评办法，建立健全GDP和GEP双考核机制，将考评结果作为党政领导班子和领导干部综合评价、干部奖惩任免的重要参考。

5.6 绿色生态转化优势转化发展的对策建议

绿色生态是构成陆地自然生态系统的主体，是人类生存与社会经济发展的基础。党中央多次强调，绿色生态是最大财富、最大优势、最大品牌，一定要做好治山理水、显山露水的文章，走出一条经济发展和生态文明水平提高相辅相成、相得益彰的路子。

四川地处长江上游重要的水源涵养地、黄河上游重要的水源补给区，是全国生态资源大省，全省绿色生态空间为3724.97万hm^2，在全国排名第5位，在西部排名第4位；生态空间国土密度为0.7664，比全国（0.64）高19.8%；绿色生态是四川发展的最大本钱，是高质量发展的底色，四川绿色生态转化发展具有得天独厚的基础优势。

全省绿色生态空间人口密度为0.4576，低于全国的0.471，绿色生态空间经济密度为0.1162，远远低于全国的4.336，表明四川的绿色生态空间的供给、需求能力不足，绿色生态转化发展的潜力巨大。

通过全省21个市（州）绿色生态空间、绿水青山指数评价分析，全省绿色生态空间不均衡，绿色生态供给、需求能力区域差异大，存在绿色生态转化不足和市场需求无法满足的困境。

通过国内外100多案例分析，当前我国绿色生态转化实践探索仍然面临着一些困难和问题，主要表现为优质生态产品供给能力仍相对不足，生态产品市场、消费不畅通，生态产品价值实现的机制体制创新亟待加强，绿色生态转化实践创新需要顶层设计。

绿水青山就是金山银山的重要论断被提出以来，两山理论已成为新时代生态文明建设的理论基石与价值指南。绿色生态转化作为两山转化的理论表达，为贯彻落实习近平生态文明思想提供了实践抓手。《关于建立健全生态产品价值实现机制的意见》明确提出要及时总结推广地方典型经验做法，着力构建绿水青山转化为金山银山的政策体系。因此，结合四川绿色生态转化现状，强化顶层设计，加快推进四川绿色生态优势转化发展优势，提出如下建议。

①从供给端出发，推进绿色生态资源提质增效，以建设森林"四库"为突破口，夯实绿色生态转化的供应基础，解决绿色生态空间不均衡、优质生态产品的供给能力不充分的问题。

森林是陆地生态系统的主体，是最大的绿色经济体，是集水库、粮库、钱库、碳库于一身的大宝库。四川森林资源丰富，全省林地面积3.81亿亩，排全国第1位，占全国总量的8.9%；森林面积2.65亿亩，排全国第4位，占全国总量的7.5%；森林蓄积量18.95亿m^3，排全国第4位，占全国总量的9.7%。全省森林覆盖率35.72%，高于全国森林覆盖率11.7个百分点。2023年四川在全国率先开展"天府森林粮库"建设。这些资源基础、工作基础为森林"四库"建设提供良好的条件。

以建设森林"四库"为突破口，充分发挥四川森林资源优势，进一步彰显森林生态效益、维护国家生态安全,进一步彰显森林经济效益、促进乡村发展振兴,进一步彰显森林社会效益、满足多元文化需求,探索绿色生态转化、生态产品价值实现路径,在全国率先建设"天府森林粮库"的基础上,统筹谋划,科学布局,开展"森林水库、碳库、钱库"建设,打造高质量"天府森林四库",保障优质生态产品有效供给。

一是着力建设"天府森林水库"夯实生态安全根基。根据区域生态条件、功能区划,在横断山、秦巴山、大小凉山等重点生态功能区的江河上游及其源头区域,建设以提升涵养水源、调节径流等功能的水源涵养林,在长江干支流的两岸以及易发生水土流失的分水岭、坡面、侵蚀沟等区域,建设以提升固土防蚀、减少河流、湖泊泥沙淤积等功能的水土保持林,实施森林保育,开展退化林生态修复,完善建设水源涵养、水土保持林体系,实现"蓄水于山""细水长流",高质量打造长江、黄河上游天然"绿色水塔"。

二是着力建设"天府森林碳库"服务碳达峰碳中和目标。根据区域自然条件、资源禀赋、发展方向,在川西天然林区构建森林固碳能力稳定的基础碳库,在盆周山地人工林区修复森林碳汇功能低的退化碳库,在川中城乡绿化区提升森林扩大增汇能力的潜力碳库,实施森林保育、精准经营,开展干旱半干旱、石漠化等脆弱地区生态治理、退化林生态修复,推动森林固碳增汇能力全面提升,高质量建设"天府森林碳库"。

三是着力建设"天府森林钱库"助推"两山"转化。根据区域自然地理、发展基础、产业潜力,在平原丘陵区,重点培育现代林业产业基地、文旅康养基地,集聚发展林板家具、木本油料等林产品精深加工业。在盆周山区,重点提升木本粮油、木竹原料基地质量,做强做大现代竹产业,壮大以大熊猫为主的特色文旅康养业。在川西峡谷区,重点发展特色经果林,有序开展林下采集,大力发展"森林+"新业态。在攀西地区,重点发展木本粮油产业,建设区域性花卉集散中心,打造生态旅游康养基地和品牌。有效增加森林生态产品产出,加快培育新产业、新业态、新模式,搭建新场景、新赛道,提升生态价值实现能力,推动森林产品变商品、资源变资本、价值变产值,高质量打造"天府森林钱库"。

根据全省绿色生态空间格局,围绕森林水库建设,制定和实施区域差异化绿色发展战略,构建区域差异化绿色发展新格局。

一是川西高山高原绿色生态区。该区是全省绿色生态富集区,绿色生态优势转化发展的供给潜力最大,应立足民族地区生态环境优良、绿色生态空间富集的特点,以"提升绿色生态质量,发展高山高原特色生态经济"为基本思路,突出地域特色、生态品牌,重点实施"旅游+"绿色产业发展战略,以全域旅游为统筹,推动旅游业由单一型观光旅游向复合型生态旅游发展,打造生态旅游业的支柱地位,带动发展高山高原特色现代农牧业、特色林产业、特色中藏医药产业等绿色产业。依托森林风景、草地、湿地景观等生态资源,积极开发高山观赏植物和发展林药、林菌等林下经济,有序发展雪域俄色茶、核桃、花椒等特色经济林果。严格生态红线管控,保护好发展的生态空间。大力开展沙化土地治理、湿地保护与恢复,增加高原林草植被盖度,遏制土地沙化趋势;加强天然林资源保护、干旱半干旱区生态综合治理和生态修复成果巩固,加强自然保护区建设,积极探索建立特殊生态类型国家公园，保护好生物多样性。

二是川西南山地绿色生态区。该区绿色生态丰富，绿色生态优势转化发展的供给潜力较大，应以"扩大绿色生态空间，发展特色生态产业"为基本思路，突出"青山、绿水、阳光"特色，重点实施"康养+"绿色发展战略，打造国际阳光康养休闲度假旅游目的地。重点集约培育木本油料、特色干果、亚热带水果等名优经济林以及珍贵树种、大径级用材林，科学发展林下食用菌和中药材，推动特色干果、南亚热带水果等名优经济林果产业发展。有序利用生态景观资源，着力构建冬春森林康养基地和生态旅游目的地，发展壮大生态旅游产业。深入实施天然林资源保护和退耕还林工程，大力开展干旱半干旱土地、石漠化土地和工矿废弃地植被恢复、湿地修复，推进生态治理与产业开发相结合。

三是盆周山地绿色生态区。该区绿色生态相对丰富，具有绿色生态优势转化发展的供给多样化优势，应以"推进绿色生态提质增效、产业转型升级"为基本思路，突出资源利用的优势，重点实施"绿色品牌"战略，做大"大熊猫"特色品牌，打造林产品精深加工产品的知名品牌，培育壮大一批生态原产地产品、绿色食品、森林食品等区域性优势品牌。大力实施木竹原料林、特色经果林基地扩面增量和提质增效，着力引进和培育优势加工企业，加快绿色产业转型升级。着力发展绿色食品以及森林康养产业，发展壮大生态旅游业，探索建立大熊猫等野生动物类型国家公园，做大大熊猫等林业生态旅游品牌。推进绿色特色产业规模化发展，提升区域内绿色产业集群发展水平。

四是盆地平原丘陵绿色生态区。该区绿色生态较为丰富，具有绿色生态优势转化发展的区位优势和消费潜力，应以"推进绿色生态多效利用、绿色业态创新"为基本思路，突出地理区位、城乡一体的优势，重点实施"业态创新"发展战略，打造"基地+""互联网+""行业+"等"三产"融合、多行业联动的新型业态，推动城乡新型绿色产业发展。着力培育现代林业产业基地，推进集约化、标准化和多功能经营。着力开展城市湿地公园建设和城乡绿化，大力推进森林城市群建设。着力承接产业转移，发展高端产业、高端产品。着力推进绿色生态多效利用，推进"三产"融合，创新发展新业态，探索发展"互联网+""行业+"等物联物流服务业、城乡新型绿色产业。

②从需求端发力，加快培育绿色生态转化的生产、市场、消费体系，打通绿色生态转化发展的市场、消费的供需堵点，有效释放生态产品需求潜力，解决绿色生态转化不足和市场需求无法满足的困境。

绿色生态转化的主要途径是通过生态产品价值实现，促进社会经济发展。近年来，按照《关于建立健全生态产品价值实现机制的意见》要求，全国各地积极开展生态产品价值实现探索，浙江、福建、江西等省份结合自身实际情况形成了一批绿水青山转化为金山银山的实践经验，注重增加生态产品生产和供给，探索建立以产业生态化和生态产业化为主体的生态经济体系，但市场需求、消费需求的瓶颈堵点依然存在，缺乏现代服务业推动市场、拉动消费。因此，参考其他省份服务业发展经验，加快发展现代服务业，着力培育、壮大生产性服务业、生活性服务业，加快培育形成多样化市场体系、消费体系，更好满足人民的美好生活需要，为推进绿色生态转化发展提供动力引擎。

加快培育绿色生态转化的市场、消费体系，加快对接生产性服务业、生活性服务业，在"双循环"新发展格局中率先突破，创新开拓生态产品市场化运作、多样化市场体系和多元化消费体系，形成服务扩大内需、畅通循环的适配能力，为绿色生态转化发展赋能。

一是构建生态产品市场化运作体系。针对绿生态转化的多层次性、复合性、多样性、动态性、动态性、空间差异性，明确生态产品开发利用的功能定位，优化传统生态生产方式加稀缺定价的市场模式，建立对可供交易的物质产品市场化机制，对不能直接变现的生态调节、服务类产品，借鉴国内外经验，探索绿色生态价值评价、生态账户、生态信用、绿色金融等新途径；以市场需求为导向，打造生态特色品牌，建立和规范绿色生态价值核算、生态产品认证、质量、标识等标准体系和市场准入制度，发挥政府对市场的激励与约束作用；创新畅通市场化生态产品价值实现路径，大力推进实物形态向价值形态转变、推进沉睡状态向活跃状态转变、推进内在属性向货币属性转变、推进分散模式向聚集模式转变，构建政府为主导的生态补偿和多元主体参与、绿色金融支撑的生态产品市场化运作体系。

二是加快对接生产性服务业。针对生态产品的特殊性，围绕绿色生态产业链上下游、左右岸协作配套，突出以生态产品为牵引，推动生态价值评估、生态产品包装、研发设计、信息咨询、财税、金融、物流、商务等生产性服务业向专业化和价值链高端延伸，着力开拓市场化生态产品，强化生产性服务业与产业链、供应链融合发展，放大资源集聚、商业交互、价值创造网络协同效应，激发服务业市场主体活力，优化服务业营商环境，拓展市场化推广、应用场景和赛道，打通市场供需堵点，培育形成布局合理、功能完备、优质高效的多样化市场体系。

三是加快对接生活性服务业。顺应生活方式转变和消费升级趋势，围绕消费市场引领、消费认可，突出以园区、基地为载体，推动文化、旅游、康养、商贸、餐饮等生活性服务业向高品质和多样化发展，着力以政策支持引导拓展绿色消费，强化生活性服务业与产业链、价值链互动发展，多方发力提升绿色消费供给能力，多措并举释放绿色消费潜力，挖掘市场绿色消费的新增长点，培育消费新业态、新模式、新场景，促进消费向绿色、健康、安全发展，打通消费供需堵点，培育更能适应人民美好生活需要的生态产品多元化消费体系。

围绕培育绿色生态转化的生产、市场、消费体系，拓宽农民增收的新兴路径，着力壮大生产性、生活性服务业，不断满足人们对休闲、观光、度假和康养的需要。

一是加快发展电子商务。推进云计算、物联网、大数据、移动互联网等新一代信息技术与林业、牧业的融合，加快形成集信息、市场、技术、人才、资金、物流、法规和服务为一体的互联互通网络。完善绿色生态产品溯源、质量监控和诚信经营制度，推进县级电商服务中心和电子仓储物流配送中心、乡村电商服务站（点）建设，着力构建以O2O（线上到线下）为基础、C2B（消费者到企业）为目标的电商模式，着力构建集产品研发、生产、储运、配送为一体的绿色生态产业链。

二是壮大生态旅游业。充分挖掘森林、湿地、草原的景观和旅游文化资源，大力开展以森林公园、自然保护区、产业园区为载体的生态旅游活动，构建以大熊猫、原始森林、天然湿地、草原为主旅游精品圈和精品区，培育形成各景点相互衔接、相互补充、相互带动的特色生态旅游精品线和川西生态旅游集群。挖掘山水文化、森林文化、湿地文化、花文化、竹文化等林业文化产品，大力打造寻根祭祖、生态健身、访古探幽、民俗风情等4条森林生态旅游精品线路；积极建设森林旅游小镇、森林体验基地、森林人家等标志性森林生态文化设施，构建森林生态旅游新平台；制定乡村生态旅游星级评定标准，开展乡村生态旅游示范创建活动；坚持"引进来"和"走出去"相结合，规范中国四川大熊猫、四川红叶节、四川花卉（果类）节、竹文化节等节会活动，打造生态旅游精品品牌，提高生态旅游知名度和品牌效益。

三是培育生态康养产业。出台生态康养扶持政策，按市场机制引导社会资本参与康养林培育、建设康养基地、完善生态康养服务设施。鼓励支持生态康养市场主体依托康养基地的生态优势、医疗服务、保健养生、休闲运动等资源，加快推出一批以疗养、健身、休闲为主题的生态康养产品和特色品牌，打造环成都平原、秦巴山区、攀西地区生态康养集聚区。

四是发展生态碳汇产业。完善森林、草原碳汇交易制度，积极搭建碳汇交易平台，引导支持适宜地区培育碳汇林，推进林草产品"碳标签"认证，探索森林碳储存（储备）交易市场；面向国际国内市场开展碳汇交易，促进资源持续转化。

③从体制机制上着力，在政策层面上加快建立健全生态产品价值实现的政策机制，完善财税金融支持政策，强化绿色生态转化成效考核，完善建立政策保障机制，推进建立GEP考核制度，解决政策制度保障的制约问题。

一是加快建立健全生态产品价值实现的政策机制，着力建立健全生态产品确权、核算、评估、交易、保障等政策体系，从生态资源到生态资产、资本和资金转化环节，建立统一、完善的绿色生态价值形成、转化政策机制体系。健全生态环境保护修复机制，创新"天府森林四库"建设政策机制，稳"存量"促"增量"，促进生态产品优质供给。健全生态产品调查监测机制和价值评价机制，创新科学评价方法和监测手段，建立生态资源资产动态监测制度，搭建开放共享的生态产品信息云平台，实现生态资源资产化、信息化管理。创新建立科学合理的生态资产开发经营、生态产品品牌认证机制和质量溯源机制，健全产权流转和权益交易、生态补偿机制，创新生态溢价、价值链延伸的资本化运作机制，建立生态产品市场交易平台和规范化、法治化生态资产资本化运营监督制度，促进生态资产资本化、资本资金化管理。健全绿生态转化保障机制，完善政府主导、金融助推、企业和社会各界参与、市场化运作等模式、机制，建立绿色生产和绿色消费的法律规章制度，优化绿色消费激励约束政策，探索实行绿色采购、绿色消费积分制，创新强化政策、财税、金融、要素保障，积极培育生态功能性新产业、多行业融合新业态、新模式、新场景，提升绿色生态转化的全要素生产率，推进形成新质生产力。

围绕生态产品建立以产业生态化和生态产业化为主体的生态经济体系，完善政府主导、企业和社会各界参与、市场化运作、可持续的生态产品价值实现路径，既保障优质生态产品供给，又合理开发利用生态产品。推动绿色生态转化、生态产品价值实现主要从前端到后端依次是生态环境保护修复机制、生态产品调查监测和价值评价机制，生态保护补偿机制和生态产品经营开发机制以及保障机制。其中建立健全生态环境保护修复机制是保证优质生态产品供给的重要基础和前提。建立生态产品调查监测和生态产品价值评价机制是基础性机制，其主要作用是摸清生态资产和生态产品的种类、数量、质量等底数，为生态产品价值转化、变现提供可度量的指标和数据支撑。健全生态保护补偿机制和生态产品经营开发机制是促进生态产品交易的关键步骤，生态保护补偿机制是由政府主导推动生态产品价值实现，而生态产品经营开发机制则主要是让市场发挥作用推动生态产品价值实现。推动绿色生态转化需要强有力的保障机制。对于领导干部，要建立基于生态产品价值的绿色考核机制。发挥好评价考核机制"指挥棒"作用，细化绿色发展考核指标体系，根据主体功能定位实行差别化考核制度，推动落实在以提供生态产品为主的生态功能区，取消经济发展类指标考核，重点考核生态产品供给能力、环境质量提升、生态保护成效等方面指标，适时对其他主体功能区实行经济发展和生态产品价值"双考核"。推动将生态产品价值核算结果作为领导干部自然资源资产离任审计的重要参考，对任期内造成生态产品总值严重下降的，依规依纪依法追究有关党政领导干部责任。树立正向激励和反向约束并重的"绿色政绩"考核导向。对于普通民众，要建立生态环境保护利益导向机制。探索构建覆盖企业、社会组织和个人的生态信用积分体系，依据生态环境保护贡献赋予相应积分，并根据积分情况提供生态产品优惠服务和金融服务。引导各地建立多元化资金投入机制，鼓励社会组织建立生态公益基金，合力推进生态产品价值实现。严格执行《中华人民共和国环境保护税法》，推进资源税改革。在符合相关法律法规基础上探索规范用地供给，服务于生态产品可持续经营开发。

二是完善财税金融支持政策，推进资源资产化、资产资本化、资本资金化、资金股金化。绿色生态转化需要一个价值发现、价值认同和价值回归的过程，按照"生态资源—生态资产—生态资本"的演化路径，调整财政资金支持方式，加快推进税制改革，加大金融政策支持力度，从生态资源、资产、资本、资金和股金等要素的角度，构建资源资产化、资产资本化、资本资金化、资金股金化等"四化"技术经济政策体系，协同推进生态产品价值实现，打通"绿水青山"到"金山银山"间的梗阻。

——推进实物形态向价值形态转变，促进生态资源资产化。生态资源资产化是指在不损害生态资源所有者权益的情况下，通过对生态资源进行有效的管理与保护，将其转化为生态资产的过程。科学清晰的生态资源资产产权制度能激发市场活力，进一步明确和界定生态资源资产产权主体。同时，多方位创新生态资源资产产权实现机制，多路径探索推动生态资源资产所有权与使用权分离机制，适度扩大生态资源资产使用权的出让、出租、抵押等权能。着力完善生态资源资产"共治共管共享"机制，建立生态源头区保护补偿、生态污染付费等制度，加快开展不同区域间的生态补偿行动，创新推动生态修复，提高生态效益和经济效益。着力构建生态资源资产产权交易市场，合理确定生态资源资产的公允价值，保证生态资产供求双方的合法权益和次级产权收益。

——推进沉睡状态向活跃状态转变，促进生态资产资本化。生态资产资本化是政府、企业、个人在生态资产产权清晰的前提下，通过构建资本化运作方案，进行适宜的资本化运营，实现生态资本价值及其增值的过程。首先，着力构建生态资产资本化运作模式，通过生态产品深度开发，实现生产增值；通过生态资产优化配置；实现共生增值，通过生态资产权属交易，实现盘活增值；通过生态服务交易，实现服务增值；通过生态产业化，实现创收增值。其次，着力健全生态资产资本化、市场化运营机制，科学界定运营主体间的权利、责任和利益关系，确定经营性生态资产的开发利用方式、范围、程度和原则以及管理制度；完善中央政府和地方政府对生态资产资本化、市场化运营的制度保障机制，充分调动社会公众持续开发利用生态资产的积极性、创造性；着力建立规范化、法治化生态资产资本化运营监督制度，推动生态资产的所有权、使用权分离，明确权属关系（占有、使用、收益等），适度扩大使用权权能（出让、出租、抵押、存储等），从法律层面对社会公众在运营、管理和监督行为等方面进行赋权，拓展社会公众参与途径；多维度共同促进生态资产资本化。

——推进内在属性向货币属性转变，促进生态资本资金化。生态资本资金化是指生态资本通过市场交易转化为资金，这是生态产品价值实现过程中最重要的一步。生态资产资本化仅是针对生态资产开发再利用的过程，而生态资本资金化则是将生态产品进行变现的过程。着力建立生态产品市场交易机制，利用市场化交易将分散的生态产品集中化，利用专业的运营模式实现规模经济效益；制定生态产品价值评估技术规范标准，健全生态产品评估方法和指标体系；针对生态资本的私人属性、准公共属性、公共属性和"俱乐部"属性等不同的内在属性，多方位完善生态产品价值实现机制。着力创新生态资本价值实现机制，按照"谁修复，谁受益"原则，建立市场化的生态修复机制；依据当地实际情况，设置生态产品供给目标和生态环境质量指标，建立生态产品目标交易机制；通过考核生态资本持有主体的持有情况，建立生态资本考核奖惩制度，并完善综合性生态补偿机制。

——推进分散模式向聚集模式转变，促进资金股金化。资金股金化是把各类分散资金量化为投资主体的股金，通过集中投入到经营项目中，使得投资主体享有股份权利。资金股金化的主要流程有确定入股资金、选择投资项目、明确股权比例、制订投资方案、签订合作协议、做好利益分配等程序。着力完善生态项目建设资金整合机制，将政府财政资金、社会资金、公益资金等各项资金整合投入生态建设项目中，并量化为各投资主体的股金，按照投资比例进行分红。着力建立生态建设项目股份合作机制，创新形式多样的股份合作模式，探索推行政府、社会团体、公益组织、个人"四位一体"发展，建立"利益共沾、风险共摊"的利益联结机制。着力健全资金股金化监督管理机制，坚持政府宏观引导和市场微观运作，坚持采取风险管控和利益共享，坚持按照法律法规进行规范化操作，保障投资主体获取稳定收益。

三是强化绿色生态转化成效考核机制建立，构建推进长效发展的政府管理机制。以加快转变政府职能为核心，深化行政管理体制改革，确保政府、市场能够各就其位、各司其职，抓住产权制度、考核体系等多个关键领域，重点推进。参考全国GEP（生态产品总值)核算试点实践,推进建立 GEP 考核制度,健全支撑GEP应用的监测机制和统计数据的质量控制机制,将GEP纳入统计年鉴发布,探索推进"绿水青山"指数应用,强化绿色生态转化数量、质量并重,实施领导干部任期绿色发展责任制;加快建立纵横联动的部门协调机制,不断提升运用法律、市场、经济等手段的能力,既让政府在绿色生态转化发展中更好地发挥作用,又让市场在资源配置中起决定性作用,实现"有效市场"与"有为政府"有机统一。

——以加快转变政府职能为核心,深化行政管理体制改革,确保政府、市场能够各就其位、各司其职。全面清理现行地方性法规和政府规章中与推进绿色发展不相适应的内容,制定实施绿色发展政策措施,完善有利于绿色生态转化为发展的制度机制,引导、规范和约束各类开发、利用、保护自然资源的行为。在从整体上谋划体制机制改革的同时,抓住产权制度、考核体系等多个关键领域,重点推进。一方面,为政府"松绑",取消GDP的考核,促进生态保护与经济增长相互协调,为绿色生态转化提供更多的发展空间。另一方面,为政府"加压",建立"绿色GDP"考核制度,实施领导干部任期绿色发展责任制,承受更多生态保护的责任。加强政府监管能力建设,强化政府的指导、监督、引导作用,着力提升常态化监管能力。加快建立纵横联动的部门协调机制,不断提升运用法律、市场、经济等手段的能力,既让政府在绿色发展中更好地发挥作用,又让市场在资源配置中起决定性作用,实现"有效市场"与"有为政府"有机统一。

——建立健全生态产品价值实现机制是专业性很强的政治任务,也是一项政治性很强的专业任务,需要强大的"财力"和"才力"作为保障支撑。一方面要建立绿色金融产品开发机制,加强资金支持。要依法依规创新绿色金融产品,开辟绿色金融新领域,探索生态资产的证券化路径和模式,助推生态产品价值实现。另一方面要建立人才培养机制,强化智力支撑。依托高校和科研机构,加强对生态产品价值实现机制改革创新的研究,强化相关专业建设和人才培养,以"交叉学科"门类建设为契机,通过培育跨领域跨学科的高端智库,组织召开国际研讨会、经验交流论坛,开展生态产品价值实现国际合作,强化专业交流和人才培养。

④从社会管理角度,积极推进绿色消费共享机制,提升绿色发展品质,满足人民日益增长的优美生态环境需要。

随着我国经济的快速发展,人民生活水平不断改善,社会对绿色生态的多样化需求日益增长,为绿色产业的发展开辟了广阔的市场前景。审视当下四川的民生诉求不难看出,老百姓已从以前的"求生存"转变到现在的"求生态"。党的二十大报告指出,倡导绿色消费,推动形成绿色低碳的生产方式和生活方式。培育绿色理念,促进绿色消费,是推动经济高质量发展的内在要求。深入贯彻落实国家发展改革委等7部门联合印发《促进绿色消费实施方案(2022)》,倡导绿色消费,推进生产和生活方式转变,提升绿色发展品质,关系全川人民生态福祉,有利于促进绿色生态化发展的共建共享。

一是树立绿色理念,推动生活方式绿色化。强化全社会绿色发展意识,切实转变观念,加快绿色发展需要全社会每一个人的绿色生活和绿色消费。强化宣传教育,推进绿色消费宣传教育进机关、进学校、进企业、进社区、进农村、进家庭，加大绿色消费公益宣传；充分发挥新闻媒介的舆论导向作用，积极宣传环境保护和绿色消费知识，在全社会深入开展多层次、多形式的绿色生活和绿色消费宣传教育活动，倡导尊重自然、顺应自然、保护自然的生态文明理念，树立绿色理念，形成推进绿色发展、促进绿色消费环境和氛围，引导广大人民群众积极选择绿色产品，促进公民自觉形成绿色消费习惯。广大民众生活和消费方式绿色化，会对生产方式形成倒逼机制，逐步发挥其巨大的推动作用。

二是推进绿色消费，倒逼生产方式绿色转型。绿色消费是生活方式绿色化的重要标志。消费不仅是生产的终点，更是生产的起点；消费端和需求侧的变革将带动生产方式转变、供给侧结构改革，促进产业绿色化转型升级，丰富绿色产品的供给结构，形成新的经济增长点。完善生产者责任延伸制度，结合互联网+行动计划实施，推行绿色供应链管理，把绿色标准贯穿于整个生产经营活动中（包括采购、设计、生产、制造、工艺、运输、销售等），突出绿色产品的文化特点、品牌标志，不断满足消费者的心理和行为需要。积极运用财政和金融杠杆的调节作用，缩小绿色产品与普通产品间的价格差，引导消费者转向绿色消费。完善绿色标志制度，健全绿色产品认证和市场准入制度，促进消费者坚持绿色消费，推进产业转型升级、绿色生态转化发展、培育绿色生态产品的供给能力。

三是完善法规标准政策体系，为生活方式绿色化提供支撑。生活方式绿色化需要法律、经济、科技等手段共同发力。首先，积极推进绿色发展相关法律法规制修订，进一步完善产品质量法、消费者权益保护法，用法律手段调控和引导绿色消费；制定"绿色消费促进法"，将生活方式绿色化要求在法律中固定下来。其次，推行绿色信贷、绿色税收等经济政策，加大对绿色产品开发研发、绿色技术推广支持力度，加快制定修订绿色产品、绿色基地等标准，完善并强化绿色低碳产品和服务标准、认证、标识体系，加强与国际标准衔接，大力提升绿色标识产品和绿色服务市场认可度和质量效益。再次建立绿色消费信息平台，搭建专门的绿色消费指导机构，统筹指导并定期发布绿色低碳产品清单和购买指南，提高绿色低碳产品生产和消费透明度。加强绿色产品生产、物流、品牌等信息的数字化建设，使消费者方便查看消费绿色产品的全面信息、链条信息，调动绿色消费积极性，刺激绿色消费需求。从次，完善绿色消费激励政策。探索实施绿色消费积分制度，以兑换商品、折扣优惠等方式鼓励绿色消费。各类销售平台通过发放绿色消费券、绿色积分、直接补贴、降价降息等方式激励绿色消费。要实施绿色智能家电、绿色建材等绿色生产企业适度补贴或贷款贴息等支持政策，鼓励企业扩大绿色生产，不断提供品种丰富、品质优良的绿色产品。同时，要创建综合性绿色商场以及设置绿色柜台等，为消费者提供方便的绿色消费场景。最后，加大政府采购绿色标志产品力度，提升绿色发展品质。

让绿色消费成为人们共同的选择，需要多方合力共同推动，既需要一系列政策导向，也需要企业家积极承担环境责任，更有赖于消费者的主动行动。只有全社会共同行动起来，才能充分发挥绿色消费的正能量。

参考文献

白玛卓嘎,肖燚,欧阳志云,等,2017.甘孜藏族自治州生态系统生产总值核算研究[J].生态学报,37（19）：6302-6312.

白玛卓嘎,肖燚,欧阳志云,等,2020.基于生态系统生产总值核算的习水县生态保护成效评估[J].生态学报,40（2）：499-509.

毕美家,2021.发展区域公用品牌是"两山"理念的重要实践[J].中国农民合作社（6）：38-39.

曹祺文,顾朝林,管卫华,2021.基于土地利用的中国城镇化SD模型与模拟[J].自然资源学报（4）：1062-1084.

昌龙然,2013.重庆两江新区生态涵养区生态资本运营研究[D].重庆：西南大学.

陈辞,2014.生态产品的供给机制与制度创新研究[J].生态经济（8）：76-79.

陈敬东,潘燕飞,刘奕翠,2020.生态产品价值实现研究——基于浙江丽水的样木实践与理论创新[J].丽水学院学报,42（1）：1-9.

陈梅,纪荣婷,刘溪,等,2021."两山"基地生态系统生产总值核算与"两山"转化分析——以浙江省宁海县为例[J].生态学报,41（14）：5899-5907.

陈明衡,殷斯霞,2021.金融支持生态产品价值实现[J].中国金融,2021（12）：52-53.

陈佩佩,张晓玲,2020.生态产品价值实现机制探析[J].中国土地（2）：12-14.

陈清,张文明,2020.生态产品价值实现路径与对策研究[J].宏观经济研究（12）：133-141.

陈雅如,刘阳,张多,等,2019.国家公园特许经营制度在生态产品价值 实现路径中的探索与实践[J].环境保护,47（21）：57-60.

程文杰,孔凡斌,徐彩瑶,2022.国家试点区森林调节类生态产品价值转化效率初探[J].林业经济问题,42（4）：354-362.

戴芳,冯晓明,宋雪霏,2013.森林生态产品供给的博弈分析[J].世界林业研究（4）：93-96.

邓坤枚,石培礼,谢高地,2002.长江上游森林生态系统水源涵养量与价值的研究[J].资源科学（6）：68-73.

丁宪浩.论生态生产的效益和组织及其生态产品的价值和交换[J].农业现代化研究,2010（6）：692-696.

董高洁,梁彦庆,胡少雄,等,2023."三生空间"视角下城市人居环境质量时空演变及障碍因子诊断——以河北省为例[J].资源开发与市场,39（5）：547-555+579.

董禾,肖洋,张路,等,2019.鄂尔多斯市生态系统格局和质量变化及驱动力[J].生态学报,39（2）：660-671.

杜建宾,张志强,姜志德,2012.退耕还林：公共生态产品的私人提供[J].林业经济问题（1）：36-41.

杜林远,2022.湘江流域生态产品价值实现的国际经验与路径启示[J].海峡科技与产业,35（10）：33-36.

杜雪莲,常滨丽,彭伟辉,2023.中国生态产品价值实现的实践、问题及建议[J].价格月刊（10）：21-29.

樊辉,赵敏娟,2013.自然资源非市场价值评估的选择实验法：原理及应用分析[J].资源科学（7）：1347-1354.

樊继达,2012.提供生态型公共产品：政府转型的新旨向[J].国家行政学院学报（6）：41-45.

范振林,2020.生态产品价值实现的机制与模式[J].中国土地（3）：35-38.

冯俊,崔益斌,2022.长江经济带探索生态产品价值实现的思考[J].环境保护,50（Z2）：56-59.

傅志寰,宋忠奎,陈小寰,等,2015.我国工业绿色发展战略研究[J].中国工程科学,17（8）：16-22.

高丹桂,2014.公共生态产品探究——从内在规定性和经济特性的视角[J].重庆第二师范学院学报（2）：

31-33.

高建中, 唐根侠, 2007. 论森林生态产品的外在性[J]. 生态经济（2）: 109-112.

高晓龙, 程会强, 郑华, 等, 2019. 生态产品价值实现的政策工具探究[J]. 生态学报, 39（23）: 8746-8754.

高晓龙, 林亦晴, 徐卫华, 等, 2020. 生态产品价值实现研究进展[J]. 生态学报, 40（1）: 24-33.

高晓龙, 张英魁, 马东春, 等, 2022. 生态产品价值实现关键问题解决路径[J]. 生态学报, 42（20）: 8184-8192.

高晓龙, 郑华, 欧阳志云, 2023. 生态产品价值实现愿景、目标及路径研究[J]. 中国国土资源经济, 36（5）: 50-55.

高艳妮, 王世曦, 杨春艳, 等, 2022. 基于矿山生态修复的生态产品价值实现主要模式与路径[J]. 环境科学研究, 35（12）: 2777-2784.

谷莉莉, 2013. 发挥市场机制对生态产品供求的引导作用[J]. 科技创新导报（29）: 251.

郭晗, 任保平, 2020. 黄河流域高质量发展的空间治理: 机理诠释与现实策略[J]. 改革（4）: 74-85.

韩宇, 刘焱序, 刘鑫, 2023. 面向生态产品价值实现的生态修复市场化投入研究进展[J]. 生态学报, 43（1）: 176-188.

郝超志, 虞慧怡, 张林波, 等, 2022. 生态产品价值实现理念发展的时间脉络[EB/OL].（05-04）[2024-04-15]. http://stjz.qd.sdu.edu.cn/info/1060/1220.htm

贺卫华, 张光辉, 2021. 黄河流域生态协同治理长效机制构建策略研究[J]. 中共郑州市委党校学报（6）: 40-45.

黄铎, 黎斯斯, 韦慧杰, 等, 2022. 国土空间生态产品价值定义与实现模式研究[J]. 城市发展研究（5）: 029.

黄如良, 2015. 生态产品价值评估问题探讨[J]. 中国人口·资源与环境（3）: 26-33.

黄祖辉, 姜霞, 2017. 以"两山"重要思想引领丘陵山区减贫与发展[J]. 农业经济问题, 38（8）: 4-10+110.

蒋凡, 秦涛, 田治威, 2021. "水银行"交易机制实现三江源水生态产品价值研究[J]. 青海社会科学（2）: 54-59.

蒋金荷, 马露露, 张建红, 2021. 我国生态产品价值实现路径的选择[J]. 价格理论与实践（7）: 24-27.

金铂皓, 冯建美, 黄锐, 等, 2021. 生态产品价值实现: 内涵、路径和现实困境[J]. 中国国土资源经济, 34（3）: 11-16+62.

靳诚, 陆玉麒, 2021. 我国生态产品价值实现研究的回顾与展望[J]. 经济地理, 41（10）: 207-213.

靳乐山, 朱凯宁, 2020. 从生态环境损害赔偿到生态补偿再到生态产品价值实现[J]. 环境保护, 48（17）: 15-18.

雷硕, 孟晓杰, 侯春飞, 等, 2022. 长江流域生态产品价值实现机制与成效评价[J]. 环境工程技术学报, 12（2）: 399-407.

李繁荣, 戎爱萍, 2016. 生态产品供给的PPP模式研究[J]. 经济问题（12）: 11-16.

李芬, 张林波, 舒俭民, 等, 2017. 三江源区生态产品价值核算[J]. 科技导报, 35（6）: 120-124.

李宏伟, 薄凡, 崔莉, 2020. 生态产品价值实现机制的理论创新与实践探索[J]. 治理研究, 36（4）: 34-42.

李京梅, 王娜, 2022. 海洋生态产品价值内涵解析及其实现途径研究[J]. 太平洋学报, 30（5）: 94-104.

李娜, 潘文, 2010. 用旅行费用区间分析法评估神农架自然保护区游憩价值[J]. 生态经济（1）: 35-37+41.

李珀松, 冯昱, 王天天, 2014. 中国低碳产业园区的实践与发展模式选择[J]. 生态经济, 30（2）: 143-146+169.

李庆, 2018. 增加生态产品供给, 培育绿色发展新动能[J]. 生态经济（8）: 209-211+225.

李燕, 程胜龙, 黄静, 等, 2021. 生态产品价值实现研究现状与展望——基于文献计量分析[J]. 林业经济, 43（9）: 75-85.

李宇亮, 陈克亮, 2021. 生态产品价值形成过程和分类实现途径探析[J]. 生态经济, 37（8）: 157-162.

李振民, 石磊, 张冲昊, 2022. 社会——生态视角下县域乡村地域系统脆弱性评价与差异化应对策略[J]. 经济地理（5）: 175-184.

李忠, 2021. 践行"两山"理论 建设美丽健康中国[M]. 北京: 中国市场出版社.
梁玉莲, 黄燕娟, 韩明臣, 等, 2023. 生态产品价值核算研究综述与实践探索[J]. 中国国土资源经济, 36（12）: 18-24.
林黎, 2016. 我国生态产品供给主体的博弈研究——基于多中心治理结构[J]. 生态经济（7）: 96-99.
林亦晴, 徐卫华, 李璞, 等, 2023. 生态产品价值实现率评价方法——以丽水市为例[J]. 生态学报, 43（1）: 189-197.
刘伯恩, 2020. 生态产品价值实现机制的内涵、分类与制度框架[J]. 环境保护, 48（13）: 49-52.
刘怀德, 2020. 推动产业链现代化 闯出高质量发展新路子[J]. 湖南社会科学（6）: 9-15.
刘江宜, 牟德刚, 2020. 生态产品价值及实现机制研究进展[J]. 生态经济, 36（10）: 207-212.
刘杰, 2023. 北京生态产品价值转化效果评价及实现机制研究[D]. 北京: 北京建筑大学.
刘珉, 胡鞍钢, 2012. 中国绿色生态空间研究[J]. 中国人口·资源与环境（7）: 53-59.
刘瑞清, 潮洛濛, 樊齐, 2016. 资源型城市人口与经济系统的协调性分析——以鄂尔多斯市为例[J]. 地域研究与开发, 35（3）: 69-74.
刘勇, 2022. 生态产品价值实现的地方探索与扩散路径研究——以江西省为例[J]. 价格月刊（11）: 38-44.
刘峥延, 李忠, 张庆杰, 2019. 三江源国家公园生态产品价值的实现与启示[J]. 宏观经济管理（2）: 68-72.
罗雪, 周旭, 杨江州, 等, 2021. 基于不同发展情景的黔中经济区国土空间开发建设适宜性评价[J]. 生态科学, 40（3）: 211-221.
罗胤晨, 李颖丽, 文传浩, 2021. 构建现代生态产业体系: 内涵厘定、逻辑框架与推进理路[J]. 南通大学学报（社会科学版）, 37（3）: 130-140.
吕军, 2021. 生态文明建设的"篁岭模式"[N]. 中国经济时报, 03-03（4）.
马东春, 董正举, WONG C, 等, 2017. 基于永定河生态修复工程的河流生态服务价值增量评估[J]. 生态经济（11）: 153-157.
毛德华, 吴峰, 李景保, 等, 2007. 洞庭湖湿地生态系统服务价值评估与生态恢复对策[J]. 湿地科学（1）: 39-44.
蒙吉军, 赵春红, 刘明达, 2011. 基于土地利用变化的区域生态安全评价——以鄂尔多斯市为例[J]. 自然资源学报, 26（4）: 578-590.
聂宾汗, 靳利飞, 2019. 关于我国生态产品价值实现路径的思考[J]. 中国国土资源经济, 32（7）: 34-37, 57.
聂忆黄, 龚斌, 衣学文, 2009. 青藏高原水源涵养能力评估[J]. 水土保持研究, 16（5）: 210-212+281.
牛远, 胡小贞, 王琳杰, 等, 2019. 抚仙湖流域山水林田湖草生态保护修复思路与实践[J]. 环境工程技术学报, 9（5）: 482-490.
欧阳志云, 林亦晴, 宋昌素, 2020. 生态系统生产总值（GEP）核算研究——以浙江省丽水市为例[J]. 环境与可持续发展, 45（6）: 80-85.
欧阳志云, 王如松, 赵景柱, 1999. 生态系统服务功能及其生态经济价值评价[J]. 应用生态学报（5）: 635-640.
欧阳志云, 赵同谦, 赵景柱, 等, 2004. 海南岛生态系统生态调节功能及其生态经济价值研究[J]. 应用生态学报（8）: 1395-1402.
欧阳志云, 朱春全, 杨广斌, 等, 2013. 生态系统生产总值核算: 概念、核算方法与案例研究[J]. 生态学报, 33（21）: 6747-6761.
丘水林, 靳乐山, 2019. 生态产品价值实现的政策缺陷及国际经验启示[J]. 经济体制改革（3）: 157-162.
丘水林, 庞洁, 靳乐山, 2021. 自然资源生态产品价值实现机制: 一个机制复合体的分析框架[J]. 中国土地科学, 35（1）: 10-17+25.
邱凌, 罗丹琦, 朱文霞, 等, 2023. 基于GEP核算的四川省生态产品价值实现模式研究[J]. 生态经济, 39（7）: 216-221.
任丽雯, 王兴涛, 胡正华, 等, 2023. 石羊河流域植被生态质量时空变化动态监测[J]. 中国农业气象, 44

（3）：193-205.

沈春竹，谭琦川，王丹阳，等，2019. 基于资源环境承载力与开发建设适宜性的国土开发强度研究——以江苏省为例[J]. 长江流域资源与环境（6）：1276-1286..

沈辉，李宁，2021. 生态产品的内涵阐释及其价值实现[J]. 改革（9）：145-155.

沈满洪，谢慧明，2020. 跨界流域生态补偿的"新安江模式"及可持续制度安排[J]. 中国人口·资源与环境，30（9）：156-163.

石龙宇，冯运双，高莉洁，2020. 长三角县域国土空间开发适宜性评价方法研究——以长兴县为例[J]. 生态学报，40（18）：6495-6504.

石敏俊，2021. 生态产品价值的实现路径与机制设计[J]. 环境经济研究，6（2）：1-6.

史恒通，赵敏娟，2015. 基于选择试验模型的生态系统服务支付意愿差异及全价值评估——以渭河流域为例[J]. 资源科学（2）：351-359.

束邱恺，高永年，刘友兆，等，2016. 江苏沿海地区土地利用生态价值测算评估[J]. 地球信息科学学报（6）：787-796.

宋昌素，欧阳志云，2020. 面向生态效益评估的生态系统生产总值GEP核算研究——以青海省为例[J]. 生态学报，40（10）：3207-3217.

孙爱真，刘卫华，袁芬，2015. 西南地区公共生态产品生产现状[J]. 黑龙江史志（13）：365-366.

孙博文，2022. 建立健全生态产品价值实现机制的瓶颈制约与策略选择[J]. 改革（5）：34-51.

孙博文，彭绪庶，2021. 生态产品价值实现模式、关键问题及制度保障体系[J]. 生态经济，37（6）：13-19.

孙宏亮，巨文慧，杨文杰，等，2020. 中国跨省界流域生态补偿实践进展与思考[J]. 中国环境管理，12（4）：83-88.

孙庆刚，郭菊娥，安尼瓦尔·阿木提，2015. 生态产品供求机理一般性分析——兼论生态涵养区"富绿"同步的路径[J]. 中国人口·资源与环境（3）：19-25.

谭荣，2021. 生态产品的价值实现与治理机制创新[J]. 中国土地（1）：4-11.

谭荣，2023. 自然资源资产的价值和价格[J]. 中国土地科学，37（5）：1-9.

唐建，沈田华，彭珏，2013. 基于双边界二分式CVM法的耕地生态价值评价——以重庆市为例[J]. 资源科学（1）：207-215.

唐明，朱磊，邹显春，2016. 基于Word2Vec的一种文档向量表示[J]. 计算机科学，43（6）：214-217+269.

唐潜宁，2017. 生态产品供给制度研究[D]. 重庆：西南政法大学.

汪冰，孙懿慧，李培，2012. 农用地转用生态价值评估体系[J]. 湖北农业科学（14）：2979-2982.

王瑷玲，刘文鹏，纪广韦，等，2013. 山东低山丘陵土地整治区耕地生态价值评价[J]. 农业工程学报（S1）：244-250.

王宾，2022. 共同富裕视角下乡村生态产品价值实现：基本逻辑与路径选择[J]. 中国农村经济（6）：129-143.

王恒，顾城天，刘冬梅，2021. 四川省探索"两山"生态产品价值实现路径研究[J]. 节能与环保（5）：70-71.

王会，姜雪梅，陈建成，等，2017. "绿水青山"与"金山银山"关系的经济理论解析[J]. 中国农村经济（4）：2-12.

王金南，王志凯，刘桂环，等，2021. 生态产品第四产业理论与发展框架研究[J]. 中国环境管理，13（4）：5-13.

王莉雁，肖燚，欧阳志云，等，2017. 国家级重点生态功能区县生态系统生产总值核算研究——以阿尔山市为例[J]. 中国人口·资源与环境，27（3）：146-154.

王夏晖，朱媛媛，文一惠，等，2020. 生态产品价值实现的基本模式与创新路径[J]. 环境保护，48（14）：14-17.

王夏晖，朱媛媛，文一惠，等，2020. 生态产品价值实现的基本模式与创新路径[J]. 环境保护，48（14）：14-17.

王晓欣，张倩霓，钱贵霞，等，2023. 生态产品价值实现成效评价[J]. 干旱区资源与环境，37（1）：9-15.

王兴华，2014. 西南地区发展生态产品存在的问题与对策研究[J]. 生态经济，30（4）：110-114.
王瑛，姜芸芸，2017. 基于改进CRITIC赋权法和模糊优选法的大气质量评价[J]. 统计与决策（17）：83-87.
王颖，2022. 数字技术在生态产品价值实现中的应用研究[J]. 现代工业经济和信息化，12（5）：9-11+16.
王跃，2021. 集体林权制度改革 促进乡村经济振兴——评《全国林下经济实践百例》[J]. 林业经济，43（8）：97.
王志芳，高世昌，苗利梅，等，2020. 国土空间生态保护修复范式研究[J]. 中国土地科学（3）：1-8.
吴承坤，2022. 突破"四难"贵州率先推动生态产品价值实现[N]. 中国经济导报，01-06（1）．
吴联杯，许丁，刘秉瑞，等，2024. 森林生态产品及其价值核算——以北京市J林场为例[J]. 干旱区资源与环境，38（4）：181-190.
吴绍华，侯宪瑞，彭敏学，等，2021. 生态调节服务产品价值实现的适宜性评价及模式分区——以浙江省丽水市为例[J]. 中国土地科学，35（4）：81-89.
吴翔宇，李新，2023. "生态银行"赋能生态产品价值实现的创新机制[J]. 世界林业研究，36（3）：128-134.
肖建红，于庆东，陈东景，等，2011. 舟山普陀旅游金三角游憩价值评估[J]. 长江流域资源与环境（11）：1327-1333.
肖南云，2018. 黑龙江省森林生态产品开发问题研究[D]. 哈尔滨：东北农业大学.
肖雪琳，顾城天，2021. "两山"转化十种模式，四川如何适用？——四川省"两山"转化路径与典型模式探究[J]. 中国生态文明（5）：51-53.
谢高地，张彩霞，张雷明，等，2015. 基于单位面积价值当量因子的生态系统服务价值化方法改进[J]. 自然资源学报，30（8）：1243-1254.
谢高地，甄霖，鲁春霞，等，2008. 一个基于专家知识的生态系统服务价值化方法[J]. 自然资源学报（5）：911-919.
谢花林，陈倩茹，2022. 生态产品价值实现的内涵、目标与模式[J]. 经济地理（9）：147-154.
谢贤胜，陈绍志，赵荣，2023. 生态产品价值实现的实践逻辑——基于自然资源领域87个典型案例的扎根理论研究[J]. 自然资源学报，38（10）：2504-2522.
谢贤政，马中，2006. 应用旅行费用法评估黄山风景区游憩价值[J]. 资源科学（3）：128-136.
熊曦，刘欣婷，段佳龙，等，2023. 我国生态产品价值实现政策的配置与优化——基于政策文本分析[J]. 生态学报，43（17）：7012-7022.
徐世龙，郑周胜，2021. 黄河流域生态保护与高质量发展研究*——兼论生态脆弱地区绿色金融支持机制构建[J]. 金融发展评论（3）：52-60.
许英明，党和苹，2006. 西部生态公共产品供给机制探讨[J]. 西南金融（9）：13-14.
闫德仁，2023. 生态环境指数在防沙治沙成效评价中的应用探讨[J]. 防护林科技（1）：75-77+83.
杨超，张露露，程宝栋，2020. 中国林业70年变迁及其驱动机制研究——以木材生产为基本视角[J]. 农业经济问题（6）：30-42.
杨庆育，2014. 论生态产品[J]. 探索（3）：54-60.
杨世成，吴永常，2022. 乡村生态产品价值实现：定位、困境与路径研究[J]. 中国国土资源经济，35(11)：48-55+65.
杨艳，李维明，谷树忠，等，2020. 当前我国生态产品价值实现面临的突出问题与挑战[J]. 发展研究（3）：54-59.
杨玉文，李严，李梓铭，2022. 东北边疆地区生态产品兴边富民实现路径研究[J]. 黑龙江民族丛刊（2）：66-73.
叶芳，殷以宁，2022. 海洋生态产品价值实现的理论基础、路径探索与机制建构[J]. 海洋开发与管理，39（6）：67-73.
于丽瑶，石田，郭静静，2019. 森林生态产品价值实现机制构建[J]. 林业资源管理（6）：28-31，61.

榆林市林业和草原局, 2020. 赵国平: 生态空间治理几个科学问题[EB/OL]. (11-28) [2024--04-15]. https://www.sohu.com/a/434834223_781497.

虞慧怡, 张林波, 李岱青, 等, 2020. 生态产品价值实现的国内外实践经验与启示[J]. 环境科学研究, 33 (3): 685-690.

虞慧怡, 张林波, 李岱青, 等, 2022. 生态产品价值实现的国内外实践经验与启示[J]. 环境科学研究, 33 (3): 685-690.

袁巍, 2011. 流域生态补偿与黄河流域保护[J]. 环境保护 (8): 27-29.

臧振华, 徐卫华, 欧阳志云, 2021. 国家公园体制试点区生态产品价值实现探索[J]. 生物多样性, 29 (3): 275-277.

臧振华, 徐卫华, 欧阳志云, 2021. 国家公园体制试点区生态产品价值实现探索[J]. 生物多样性, 29 (3): 275-277.

曾伟, 熊彩云, 肖复明, 等, 2012. 江西省针叶林生态系统服务功能价值动态分析[J]. 生态学杂志, 31 (11): 2907-2913.

曾贤刚, 2020. 生态产品价值实现机制[J]. 环境与可持续发展, 45 (6): 89-93.

曾贤刚, 虞慧怡, 谢芳, 2014. 生态产品的概念、分类及其市场化供给机制[J]. 中国人口·资源与环境 (7): 12-17.

詹琼璐, 杨建州, 2022. 生态产品价值及实现路径的经济学思考[J]. 经济问题 (7): 19-26.

詹小丽, 沈志勤, 邓劲松, 2021. 浙江省国土空间生态修复的生态产品价值实现初探[J]. 浙江国土资源 (9): 34-36.

张百婷, 冯起, 李宗省, 等, 2024. 我国生态产品价值实现的研究进展与典型案例剖析[J]. 地球科学进展, 39 (3): 304-316.

张二进, 2023. 回顾与展望: 我国生态产品价值实现研究综述[J]. 中国国土资源经济, 36 (4): 51-58.

张俊飚, 何可, 2022. "双碳"目标下的农业低碳发展研究: 现状、误区与前瞻[J]. 农业经济问题 (9): 35-46.

张丽佳, 周妍, 苏香燕, 2021. 生态修复助推生态产品价值实现的机制与路径[J]. 中国土地 (7): 4-8.

张丽佳, 周妍, 苏香燕, 2021. 生态修复助推生态产品价值实现的机制与路径[J]. 中国土地 (7): 4-8.

张林波, 虞慧怡, 郝超志, 等, 2021. 国内外生态产品价值实现的实践模式与路径[J]. 环境科学研究, 34 (6): 1407-1416.

张林波, 虞慧怡, 郝超志, 等, 2021. 生态产品概念再定义及其内涵辨析[J]. 环境科学研究, 34 (3): 655-660.

张林波, 虞慧怡, 李岱青, 等, 2019. 生态产品内涵与其价值实现途径[J]. 农业机械学报, 50 (6): 173-183.

张明晶, 2021. 甘肃康县生态产品价值实现典型案例研究[J]. 现代商贸工业, 42 (15): 34-36.

张文明, 2020. 完善生态产品价值实现机制——基于福建森林生态银行的调研[J]. 宏观经济管理 (3): 73-79.

张瑶, 2013. 生态产品概念、功能和意义及其生产能力增强途径[J]. 沈阳农业大学学报 (社会科学版) (6): 741-744.

张英, 成杰民, 王晓凤, 等, 2016. 生态产品市场化实现路径及二元价格体系[J]. 中国人口·资源与环境, 26 (3): 171-176.

赵景柱, 徐亚骏, 肖寒, 等, 2003. 基于可持续发展综合国力的生态系统服务评价研究——13个国家生态系统服务价值的测算[J]. 系统工程理论与实践 (1): 121-127.

赵晓迪, 赵一如, 窦亚权, 2022. 生态产品价值实现: 国内实践[J]. 世界林业研究, 35 (3): 124-129.

赵筱青, 苗培培, 普军伟, 等, 2020. 抚仙湖流域土地利用变化及其生态系统生产总值影响[J]. 水土保持研究, 27 (2): 291-299.

赵毅, 周秦, 袁新国, 等, 2022. 国土空间规划引领生态产品价值的实现路径[J]. 城市规划学刊, 271 (5): 59-66.

赵毅，周秦，周文，等，2023. 生态产品开发利用适宜性评价方法及引导策略——以江苏省盐城市为例[J]. 规划师，39（8）：32-39.

钟大能，2008. 生态产品经营效益的财政补偿机制研究——以西部民族地区生态环境建设为例[J]. 西南民族大学学报（人文社科版）（9）：233-238.

周素，刘国华，周维，等，2023. 红河哈尼梯田遗产区生态系统服务价值外溢研究[J]. 生态学报，43（7）：11.

周伟，沈镭，钟帅，等，2021. 生态产品价值实现的系统边界及路径研究[J]. 资源与产业，23（4）：94-104.

朱颖，张滨，倪红伟，等，2018. 基于公共产品供给理论的森林生态产品产出效率比较分析[J]. 林业经济问题（2）：25-32+102.

祝永志，荆静，2019. 基于Python语言的中文分词技术的研究[J]. 通信技术，52（7）：1612-1619.

Agaton C B, Collera A A, 2022. Now or later? Optimal timing of mangrove rehabilitation under climate change uncertainty[J]. Forest Ecology and Management（503）：119739.

Alistair M V, Lorna C, Anita W, et al., 2018. Ecosystem-based solutions for disaster risk reduction: Lessons from European applications of ecosystem-based adaptation measures[J]. International Journal of Disaster Risk Reduction（32）：42-54.

Aschonitis V G, Gaglio M, Castaldelli G, et al., 2016. Criticism on elasticity-sensitivity coefficient for assessing the robustness and sensitivity of ecosystem services values[J]. Ecosystem Services（20）：66-68.

Barbier E B, 2019. The concept of natural capital[J]. Oxford Review of Economic Policy, 35（1）：14-36.

Costanza R, Folke C. The value of the world's ecosystem services and natural capital[J]. Nature, 1997, 387: 49-70.

Chu L K, Doğan B, Dung H P, et al., 2023. A step towards ecological sustainability: How do productive capacity, green financial policy, and uncertainty matter? Focusing on different income level countries[J]. Journal of Cleaner Production, 426（10）：13846.

Daily G C, Söderqvist T, Aniyar S, et al., 2000. The value of nature and the nature of value. [J]. Science（New York, N.Y.）, Ecology（289）：395-396.

Donald L, Marc M, Brent H, 2001. Ecology, Conservation, and Public Policy[J]. Annual Review of Ecology and Systematics（32）：481-517.

Du W P, Yan H M, Feng Z M, et al., 2022. The external dependence of ecological products: Spatial-temporal features and future predictions[J]. Journal of Environmental Management（304）：114190.

Hafo W, Jing L, Tian L L, et al., 2023. "Realization–Feedback" Path of ecological product value in Rural areas from the perspective of capital recycling theory: A case study of Zhengjiabang village in Changyang county, China[J]. Sustainability, 15（18）：13905.

Hao C Z, Wu S Y, Zhang W T, et al., 2022. A critical review of Gross ecosystem product accounting in China: Status quo, problems and future directions. [J]. Journal of environmental management（322）：115995.

Hongbin C, Yuyu C, Qing G, 2016. Polluting thy neighbor: Unintended consequences of China's pollution reduction mandates[J]. Journal of Environmental Economics and Management（76）：86-104.

Linda L, Andre E, Paul M, et al., 2020. The land resource circle: supporting land-use decision making with an ecosystem-service-based framework of soil functions[J]. Environmental Science. Geoderma（363）：114-134.

Ma G X, Wang J N, Ning J, et al., 2020. Framework construction and application of China's Gross Economic-Ecological Product accounting[J]. Journal of Environmental Management（264）：109852.

Ouyang Z Y, Zheng H, Xiao Y, et al., 2016. Improvements in ecosystem services from investments in natural capital[J]. Daily. Science, 352（6292）：14559.

Polasky S, Kling C L, Levin S A, et al., 2019. Role of economics in analyzing the environment and sustainable development. [J]. Proceedings of the National Academy of Sciences of the United States of America, 116（12）：

5233-5238.

Rao C J, Yan B J, 2020. Study on the interactive influence between economic growth and environmental pollution. [J]. Environmental science and pollution research international（27）: 39442-39465.

Robert C, Ralph A, Rudolf G, et al., 1997. The value of the world's ecosystem services and natural capital[J]. Nature: International weekly journal of science（387）: 253-260.

Urs P K, Heather G H, Marty D M, et al., 2001. Change in ecosystem service values in the San Antonio area, Texas[J]. Ecological Economics, 39（3）: 333-346.

Yang Y, Xiong K N, Huang H Q, et al., 2023. A commented review of eco-product value realization and ecological industry and its enlightenment for agroforestry ecosystem services in the Karst ecological restoration[J]. Forests, 14（3）. DOI: 10.3390/f14030448.

Yang Y, Xiong K, Huang H Q, et al., 2023. A Commented Review of eco-product value realization and ecological industry and its enlightenment for agroforestry ecosystem services in the Karst ecological restoration[J]. Forests, 14（3）: 44-48.

Yu H, Shao C F, Wang X J, et al., 2022. Transformation Path of Ecological Product Value and Efficiency Evaluation: The Case of the Qilihai Wetland in Tianjin[J]. International Journal of Environmental Research and Public Health, 19（21）: 14575.

Zhang Z Z, Xiong K N, Chang H H, et al., 2022. A Review of eco-product value realization and ecological civilization and its enlightenment to Karst protected areas[J]. International Journal of Environmental Research and Public Health, 19（10）: 5892.

Zheng H, Wang L J, Peng W J, et al., 2019. Realizing the values of natural capital for inclusive, sustainable development[J]. Proceedings of the National Academy of Sciences of the United States of America, 116（17）: 8623-8628.

Zhou J Y, Xiong K N, Wang Q, et al., 2022. A Review of ecological assets and ecological products supply: implications for the Karst Rocky desertification control[J]. International Journal of Environmental Research and Public Health, 19（16）: 10168.

后　记

　　本书材料主要来自中国工程科技发展战略四川研究院战略研究与咨询项目"四川绿色生态价值评估及转化发展战略研究"（编号：2022JDR0349）的部分研究内容。该项目由中国工程院院士张守攻牵头主持，项目承担单位为四川省林业科学研究院，项目参与单位有中国林业科学研究院、西南财经大学、四川省林业和草原调查规划院等单位，主要研究人员包括中国林业科学研究院生态价值评估首席专家王兵研究员、生态经济专家叶兵研究员，西南财经大学社会经济专家苗壮教授，四川省林草调查规划院生态资源专家赖长鸿高级工程师，四川省林业科学研究院费世民研究员、骆宗诗研究员、林静副研究员等。

　　全书围绕国家发展战略，全面贯彻新发展理念，突出四川特色，创新开展四川绿色生态优势及其转化发展研究，共分五章，第一章系统综述了目前国内外绿色生态相关研究进展；第二章阐述了绿色生态转化的时代背景；第三章从四川的战略地位、绿色生态空间数量、分布格局及绿色生态供给能力等方面，系统分析了四川绿色生态优势；第四章对四川绿色生态效益进行了科学评估，并创新构建了青山绿水指数；第五章通过案例分析、面临的战略形势与挑战分析等，提出了森林"四库"建设、生态产品价值实现和生态转化成效考核等路径及绿色生态转化发展的政策建议。以期为推动四川"绿水青山"向"金山银山"转化的革新及绿色发展、高质量发展提供科学依据。

　　本书基于四川及国内相关研究成果，收集总结了相关研究的发表文献、新闻报道等资料，四川省林业和草原局张革成主任、秦茂二级调研员等相关处室专家领导提供了相关研究资料，在调研过程中，得到了黑龙江、福建、江西等省林业部门及科研单位的支持与帮助，在此表示衷心的感谢！在本书编写过程中，得到中国工程科技发展战略四川研究院、四川省科技厅、四川省林业和草原局、中国林业科学研究院、西南财经大学、四川省林业和草原调查规划院、四川省林业科学研究院等单位领导、专家的指导和关怀，得到了国家林业和草原局重点实验室四川森林生态与资源环境研究实验室、四川省竹产业科技创新联盟的资助和支持。同时，也凝聚了编委会成员的辛勤耕耘，在此一并表示衷心的感谢！

　　本书成书仓促，编者的水平所限，书中对相关研究引用与总结也难免有许多不妥之处，涉及的相关引文编注也有不颇之处，期望读者，特别是高校师生、科研工作者及被引文作者，能够予以谅解，欢迎共同研讨，并恳请予以批评指正！

编　者

2024年7月